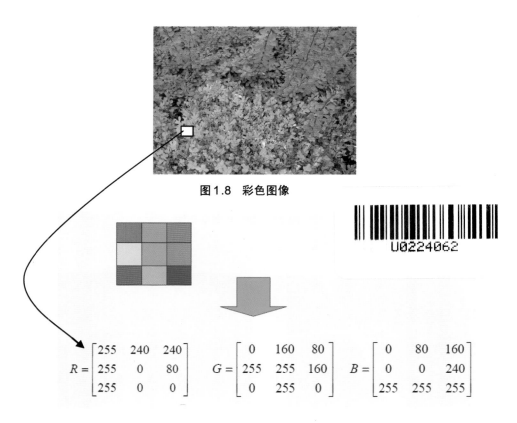

图1.8　彩色图像

图 1.9　3×3彩色子图像的矩阵表示法

$$R = \begin{bmatrix} 255 & 240 & 240 \\ 255 & 0 & 80 \\ 255 & 0 & 0 \end{bmatrix} \quad G = \begin{bmatrix} 0 & 160 & 80 \\ 255 & 255 & 160 \\ 0 & 255 & 0 \end{bmatrix} \quad B = \begin{bmatrix} 0 & 80 & 160 \\ 0 & 0 & 240 \\ 255 & 255 & 255 \end{bmatrix}$$

(a) 8级灰度图像

(b) 100~200灰度范围图像

(c) 二值图像（0红色，1蓝色）

(d) 直接显示磁盘上图像文件

图 1.15　命令窗口下运行的结果图

 +  =

图 3.1 加法运算效果图

(a) 大面积色块图像

(b) 颜色纷杂图像

图 5.6 图片示例

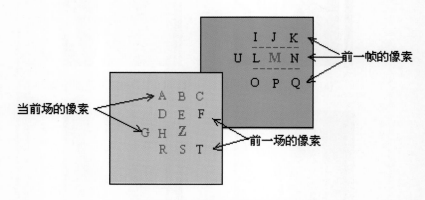

图 5.9 帧间预测示意图

高等学校应用型特色规划教材

数字图像处理

王润辉　主　编

黄彩云　杨红云　刘　迪　副主编

清华大学出版社

北　京

内 容 简 介

本书系统地讲述了数字图像技术的基础知识、基本理论和基本方法。重点突出、实用性强,力求从初学者角度分析原理和相关技术,书中原理推导详细,给致力于步入该领域的人员打开了方便之门。本书主要内容包括:概论、数字图像处理基础、图像变换、图像增强、图像压缩编码、图像分割、图像描述及图像复原。

本书既可作为高校电子工程、计算机、自动化、通信工程等相关专业的高年级本科教材,也可作为相关领域的研究生教材。

图书在版编目(CIP)数据

数字图像处理/王润辉主编;黄彩云,杨红云,刘迪副主编. --北京:清华大学出版社,2013
(2022.1 重印)
(高等学校应用型特色规划教材)
ISBN 978-7-302-31168-3

Ⅰ. ①数… Ⅱ. ①王… ②黄… ③杨… ④刘… Ⅲ. ①数字图像处理—高等学校—教材 Ⅳ. ①TN911.73

中国版本图书馆 CIP 数据核字(2012)第 317532 号

责任编辑:李春明
装帧设计:杨玉兰
责任校对:王 晖
责任印制:曹婉颖
出版发行:清华大学出版社
　　　　网　　　址:http://www.tup.com.cn, http://www.wqbook.com
　　　　地　　　址:北京清华大学学研大厦 A 座　　　　邮　　编:100084
　　　　社 总 机:010-62770175　　　　邮　　购:010-62786544
　　　　投稿与读者服务:010-62776969, c-service@tup.tsinghua.edu.cn
　　　　质量反馈:010-62772015, zhiliang@tup.tsinghua.edu.cn
　　　　课件下载:http://www.tup.com.cn, 010-62791865
印 装 者:三河市龙大印装有限公司
经　　销:全国新华书店
开　　本:185mm×260mm　　　印　张:14.25　　彩插:1　　　字　数:342 千字
版　　次:2013 年 4 月第 1 版　　　　　　印　次:2022 年 1 月第 6 次印刷
定　　价:39.00 元

产品编号:039267-03

前　　言

数字图像技术是 20 世纪 60 年代末发展起来的新兴学科。近年来，由于大规模集成电路和计算机技术的发展以及诸多领域的需求，数字图像技术已经逐步涉及人类生活和社会发展的各个方面，并显示出广阔的应用前景，例如航空航天、生物医学工程、工业、军事、公安、通信等领域。就发展方向而言，数字图像技术正在向实时性、智能化、普及化、网络化方向发展；就技术方法而言，除了传统方法外，将小波、模糊、神经网络、遗传算法、分形等智能信息处理技术运用于数字图像技术中，使其更具活力。

为了更好地培养数字图像技术人才，本书在内容上力求系统翔实、通俗易懂。本书共8 章，内容包括概论、数字图像处理基础、图像变换、图像增强、图像压缩编码、图像分割、图像描述及图像复原。

本书具有如下特色。

(1)　内容系统。本书系统地讲述了数字图像技术的基础知识、基本理论和基本方法。

(2)　重点突出。本书侧重原理分析和与原理相关的实例分析。

(3)　实用性强。本书包含大量的实例分析和相关的 MATLAB 代码，更能够加深学生理解和掌握数字图像相关技术。

(4)　通俗易懂。本书力求从初学者角度分析原理和相关技术，原理推导详细，给致力于步入该领域的人员打开了方便之门。

本书第 1 和 8 章由东北电力大学王润辉编写，第 2 和 7 章由东北电力大学刘迪编写，第 3 和 5 章由湖南涉外经济学院黄彩云编写，第 4 和 6 章由江西农业大学杨红云编写。全书由东北电力大学王润辉统稿。

本书在编写过程中参考了大量专业书籍，对本书的完成起到了一定的指导意义，特向这些作者致以崇高的敬意和感谢。

鉴于作者水平有限，书中难免存在不妥和疏漏之处，敬请广大读者批评指正。

编　者

目　　录

V

第1章 概　论

【教学目标】

通过本章学习，使学生了解图像的基本概念、图像与图形的区别与联系、连续图像与数字图像的区别与联系，掌握图像的表示方法、图像的显示原理和图像的存储方法，了解数字图像技术的主要应用领域以及国内外数字图像技术的发展现状。

本章从图像的基本概念出发，介绍图像与图形的区别与联系、图像与数字图像的区别与联系，给学生建立起初步的图像印象；重点介绍图像的表示方法、图像的显示原理和图像的存储方法；数字图像技术的主要应用领域和国内外数字图像技术发展现状。通过以上方面的学习，使学生建立起完整的数字图像技术概念，为后续章节的学习打下坚实基础。

1.1　数字图像技术的发展

20 世纪初，图像技术受到了极大的限制，直到 20 世纪 20 年代，纽约至伦敦海底电缆传输一幅数字化的新闻图片，传递时间从一个多星期减少到 3 个小时，图像技术才有了些起色。20 世纪 50 年代，随着计算机技术的发展，数字图像技术才真正地引起人们的兴趣。20 世纪 60 年代中期，美国喷气推进实验室利用数字图像技术对太空船发回的月球照片进行处理，将数字图像技术应用到太空研究中。20 世纪 60 年代末和 70 年代初，发明了计算机断层技术(CT)，数字图像技术开始应用于医学领域。随后几年，数字图像技术继续用于空间研究计划并成为一门新兴的学科。20 世纪 80 年代，各种硬件的发展使人们不仅能够处理二维图像，而且开始进入三维图像领域。20 世纪 90 年代，数字图像技术已经逐步涉及人类生活和社会发展的各个方面，如航空航天、生物医学工程、工业、军事、公安、通信等。到目前为止，就发展方向而言，数字图像技术已向实时性、智能化、普及化、网络化和低成本的方向发展；就技术方法而言，主要将小波、模糊、神经网络、遗传算法、分形等智能信息处理技术运用于数字图像中，使得其更具活力。总之，数字图像技术在 40 多年的时间里，迅速发展成一门独立的学科。随着计算机技术和半导体工业的发展以及各种实际应用的需求，可以预料，数字图像技术的发展必将更加迅猛。

1.2　图像及其表示

理解图像概念和图像的表示法是学习图像技术的基础，只有对数字图像数值表示法有充分认识后，才能对其进行各种操作，才能充分利用数字图像技术。

1.2.1　图像和图像的类别

自然界的图像无论是在亮度、色彩，还是在空间分布上都是连续的。图像概念可从下列两个方面解释："图"是物体投射或反射光的分布，"像"是人的视觉系统接收图后在大脑中形成的印象或反映。人类通过眼、耳、鼻、舌、体接收信息来感知世界，其中约有75%的信息是通过视觉系统获取的。

图像的种类较多，分类也较为复杂，按照所占的空间维数来分，可分为二维图像、三维图像以及多维图像；按照人眼通常所能感受的成像光源波长范围来分，可分为可见光图像和不可见光图像；按照图像是否随时间变化来分，可分为静止图像和运动图像；按照图像的色彩来分，可分为无彩色图像和彩色图像；按照图像的色彩空间和位置空间的取值范围来分，可分为连续图像和抽样图像。一幅静止的二维连续图像可用$f(x,y)$来表示，该连续图像是由无数个像素(光点)组成的，其中 x、y 代表像素所在的二维空间位置，f 代表该像素的灰度、颜色等，x、y、f 的值都是实数，由于它们是由无数像素和无数级灰度或颜色组成的，因此不能直接用计算机来处理，必须通过数字化设备对它们进行抽样变成数字图像后才能进行计算机处理。

1.2.2　数字图像及其表示法

数字图像是利用各种数字成像设备(如数码相机、扫描仪等)直接从客观景物、图片等连续图像得到的，从原理上也可以看成是从连续图像经抽样得来的。数字图像也用 $f(x,y)$ 来表示，x、y、f 的值是整数，并且是有限数值，因此可以利用计算机来处理。数字图像通用表示法如图 1.1 所示。

$$f = \begin{bmatrix} f_{(1,1)} & f_{(1,2)} & \cdots & f_{(1,N)} \\ f_{(2,1)} & f_{(2,2)} & \cdots & f_{(2,N)} \\ \vdots & \vdots & & \vdots \\ f_{(M,1)} & f_{(M,2)} & \cdots & f_{(M,N)} \end{bmatrix}$$

图 1.1　数字图像通用表示法

无彩色图像可分成二值图像(只有黑白两种亮度等级)和灰度图像(有多种亮度等级)。二值图像如图 1.2 所示。每个像素的亮度用一个数值来表示，通常用数值 0 和 1 表示，一般 0 表示黑、1 表示白，二值子图像(图中小方框围起的部分)的矩阵表示法如图 1.3 所示。

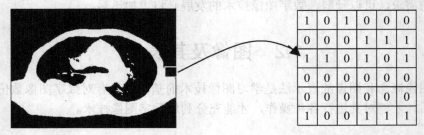

图 1.2　黑白二值图像　　　　**图 1.3　6×6 个像素的二值子图像矩阵表示法**

【例1.1】　图1.2为二值图像，　以tu1.jpg为文件名存于C盘matlab目录下，其子图像为图中小方框围起的部分，图1.3为子图像矩阵表示法。用MATLAB编程显示子图像数值。

例1.1的MATLAB代码如下：

```
Clear
I=imread('c:\matlab\tu1.jpg');          %输入文件
y=I(341:346,471:476)                     %取子图像
```

命令窗口下运行结果如下：

```
1    0    1    0    0    0
0    0    0    1    1    1
1    1    0    1    0    1
0    0    0    0    0    0
0    0    0    0    0    0
1    0    0    1    1    1
```

灰度图像的每个像素灰度都是介于黑和白之间的一个灰度颜色，可以有不同灰度级图像。例如，8级灰度图像，如图1.4所示。每个像素的亮度也用一个数值来表示，通常数值范围是0~7，一般0表示黑、7表示白，而1~6表示从黑到白之间的过渡色。8级灰度子图像的矩阵表示法如图1.5所示。

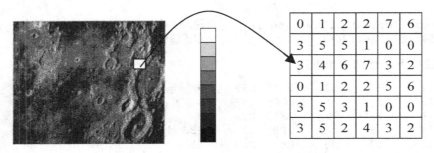

图1.4　8级灰度图像　　　　　图1.5　6×6个像素8级灰度子图像矩阵表示法

【例1.2】　图1.4为8级灰度图像，以tu2.jpg为文件名存于C盘matlab目录下，其子图像为图中小方框围起的部分，图1.5为子图像矩阵表示法。用MATLAB编程显示子图像数值。

例1.2的MATLAB代码如下：

```
Clear
I=imread('c:\matlab\tu2.jpg') ;          %输入文件
y=I(141:146,411:416)                     %取子图像
```

命令窗口下运行结果如下：

```
0    1    2    2    7    6
3    5    5    1    0    0
3    4    6    7    3    2
0    1    2    2    5    6
3    5    3    1    0    0
3    5    2    4    3    2
```

对于256级灰度图像而言，通常数值范围是0~255，即可以用一个二进制字节来表示，

一般 0 表示黑、255 表示白，而数字 1～254 表示从黑到白之间的过渡色。256 级灰度图像如图 1.6 所示，256 级灰度子图像的矩阵表示法如图 1.7 所示。

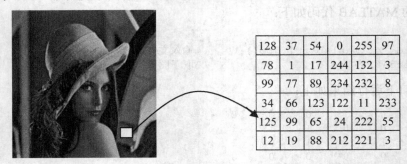

128	37	54	0	255	97
78	1	17	244	132	3
99	77	89	234	232	8
34	66	123	122	11	233
125	99	65	24	222	55
12	19	88	212	221	3

图 1.6　256 级灰度图像　　　图 1.7　6×6 个像素 256 级灰度子图像矩阵表示法

【例 1.3】 图 1.6 为 256 级灰度图像，以 tu3.jpg 为文件名存于 C 盘 matlab 目录下，其子图像为小方框围起的部分，图 1.7 为子图像矩阵表示法。用 MATLAB 编程显示子图像数值。

例 1.3 的 MATLAB 代码如下：

```
Clear
I=imread('c:\matlab\tu3.jpg');        %输入文件
y=I(541:546,361:366)                   %取子图像
```

命令窗口下运行结果如下：

```
   128       37        54        0         255       97
   78        1         17        244       132       3
   99        77        89        234       232       8
   34        66        123       122       11        233
   125       99        65        24        222       55
   12        19        88        212       221       3
```

彩色图像如图 1.8 所示。计算机屏幕上显示的彩色图像是由彩色像素构成的，每个彩色像素含 R、G、B 三种成分，其中 R 表示红色，G 表示绿色，B 表示蓝色。RGB 又是由不同的亮级来描述的。随着彩色像素的 R、G、B 分量值的不同，像素会呈现出不同的颜色，图像会呈现出彩色信息。彩色子图像的矩阵表示法如图 1.9 所示。

【例 1.4】 图 1.8 所示为彩色图像(可参看前面彩色插图)，以 tu4.jpg 为文件名存于 C 盘 matlab 目录下，其子图像为图中小方框围起的部分，图 1.9 为子图像矩阵表示法。用 MATLAB 编程显示子图像数值。

例 1.4 的 MATLAB 代码如下：

```
Clear
[x,map]=imread('c:\matlab\tu4.jpg');   %输入文件
imshow(I)                              %显示文件
y=x(241:243,90:92)                     %取子图像
R=x(241:243,90:92,1)
255  240  240
255  0    80
255  0    0
G=x(241:243,90:92,2)
```

```
0      160     80
255    255     160
0      255     0
B=x(241:243,90:92,3)
0      80      160
0      0       240
255    255     255
```

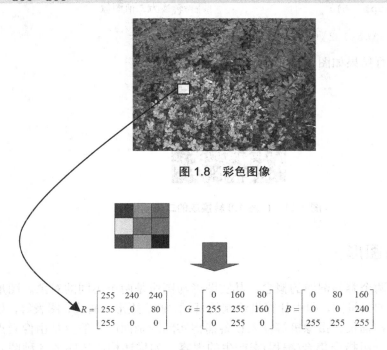

图 1.8 彩色图像

图 1.9 3×3 彩色子图像的矩阵表示法

$$R = \begin{bmatrix} 255 & 240 & 240 \\ 255 & 0 & 80 \\ 255 & 0 & 0 \end{bmatrix} \quad G = \begin{bmatrix} 0 & 160 & 80 \\ 255 & 255 & 160 \\ 0 & 255 & 0 \end{bmatrix} \quad B = \begin{bmatrix} 0 & 80 & 160 \\ 0 & 0 & 240 \\ 255 & 255 & 255 \end{bmatrix}$$

【例 1.5】 图 1.6 为 256 级灰度图像,以 tu3.jpg 为文件名存于 C 盘 matlab 目录下,用 MATLAB 编程将其转换为二值图像。

例 1.5 的 MATLAB 代码如下:

```
Clear
I=imread('c:\matlab\tu3.jpg');          %输入文件
J=im2bw(I,0.5);                          %转换为二值图像,第二个参数在 0~1 间
imshow(J)                                %显示文件
imwrite(J,'c:\matlab\tu5.jpg','jpg');    %文件存盘
```

命令窗口下运行结果如图 1.10 所示。

图 1.10 由图 1.6 转换成的二值图像

【例 1.6】 图 1.8 为彩色图像,以 tu4.jpg 为文件名存于 C 盘 matlab 目录下,用 MATLAB 编程将其转换为二值图像。

例 1.6 的 MATLAB 代码如下。

```
Clear
[x,map]=imread('c:\matlab\tu4.jpg');          %输入文件
J= im2bw(x,map,0.5);                          %转换为二值图像
imshow(J)                                     %显示文件
imwrite(J,'c:\matlab\tu6.jpg','jpg');         %文件存盘
```

命令窗口下运行结果如图 1.11 所示。

图 1.11　由图 1.8 转换成的二值图像

1.2.3　图像与图形

图形和图像是两个容易混淆的概念,其实图形与图像是两个不同的对象。图形是指由外部轮廓线条构成的矢量图,即由计算机绘制的直线、圆、矩形、曲线、图表等,如图 1.12 所示;而图像是由扫描仪、摄像机等输入设备捕捉实际的画面产生的,是由像素点阵构成的位图。图形是用一组指令集合(编程)来产生的内容,如描述构成该图的各种图元位置维数、形状等,描述对象可任意缩放,不会失真;而图像是用数字来描述像素点的强度和颜色,描述信息文件存储量较大,所描述对象在缩放过程中会损失细节或产生锯齿。图形描述的是轮廓,不是很复杂,其色彩不是很丰富的对象,如几何图形、工程图纸、CAD、3D 造型软件等;而图像表现的是含有大量细节(如明暗变化、场景复杂、轮廓色彩丰富)的对象,如照片、绘图等,通过图像软件可进行复杂图像的处理,以得到更清晰的图像或产生特殊效果。图形的产生是主观的,图像的产生则是客观的。

图 1.12　几种几何图形

1.3　图像的显示

显示器屏幕是由许许多多光点构成的,显示图像时一个光点对应图像的一个像素。显

示时采用扫描的方法,普通 CRT 显示器如图 1.13 所示,电子枪每次从左到右扫描一行,为每个像素着色,然后从上到下扫描若干行,就扫过了一屏。为了防止闪屏,每秒要扫 25 屏以上。我国标准为每秒 50 屏,每屏显示的像素多少称为屏幕分辨率,屏幕分辨率为 640×480,意思是说每行是由 640 个像素组成的,一共有 480 行,共显示 640×480 个像素。

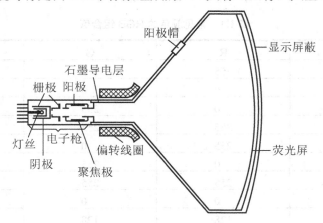

图 1.13　单枪 CRT 显示器

图 1.13 所示显示器称为位映像设备,而所谓位映像就是指一个二维的像素矩阵。位图就是采用位映像方法显示和存储的图像。显示器显示图像是工作在图形方式下,黑白二值图像每个像素有两种灰度选择,对应显示光点的亮与不亮。显示缓冲区(显示存储器)一字节对应 8 个像素,像素值为 1 或 0(一般亮为 1,不亮为 0),分别由电子束打(或不打)到屏幕相应位置来控制。灰度图像的每个像素都是介于黑和白之间的一个灰度颜色,可以有不同灰度级图像。对于 256 级灰度图像而言,每个像素有 256 种灰度选择,显示缓冲区一字节对应 1 个像素的灰度值,像素值为 0～255、一般亮为 255,不亮为 0。其他值对应其他灰度颜色,分别由电子束打到屏幕相应位置的强弱来控制。彩色图像由光的三基色 R、G、B 组合而成,自然界中的所有颜色都可以由红、绿、蓝(R、G、B)组合而成。普通 CRT 显示器一个彩色像素是由红、绿、蓝三个光点组成的,一般分别由红、绿、蓝三个电子枪打到屏幕对应发光点形成。三枪 CRT 显示器如图 1.14 所示。

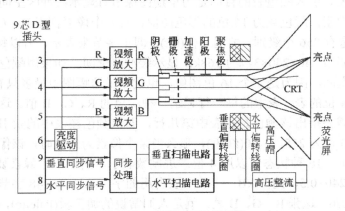

图 1.14　三枪 CRT 显示器

红颜色的深红、浅红到不含红色成分之间有 256 个等级，0 级表示不含红色成分，255 级表示深红，一般由红色电子枪打到屏幕对应发光点的强弱来控制。同样，绿色和蓝色也被分成 256 个等级。根据红、绿、蓝各种不同的组合可以表示出 256×256×256(约 1670 万) 种颜色，这么多种颜色对于人眼来说已经足够丰富了。表 1.1 列出了一些常见的颜色组合。

表 1.1　常见颜色的 RGB 组合值

颜　色	R	G	B
红	255	0	0
蓝	0	0	255
绿	0	255	0
黄	255	255	0
紫	255	0	255
青	0	255	255
白	255	255	255
黑	0	0	0
灰	128	128	128

对于真彩图像，显示缓冲区 3(24 位真彩)或 4(32 位真彩)字节对应 1 个像素，红色、绿色和蓝色各对应一字节值，第 4 字节对应像素透明度。真彩色图并不是说一幅图包含了所有的颜色，而是说它具有显示所有颜色的能力，即最多可以包含所有的颜色。在 Windows 下 DIB 位图，RGB 颜色阵列存储的格式为 BGR。也就是说，对应 24 位的 DIB 位图像素数据格式是蓝色 B 值、绿色 G 值、红色 R 值；对应 32 位的 DIB 位图像素数据格式是蓝色 B 值、绿色 G 值、红色 R 值，透明通道 A 值。透明通道也称 Alpha 通道，该值是像素点的透明属性，取值为 0(全透明)～255(不透明)。对于 24 位的图像来说，因为没有 Alpha 通道，所以整个图像都不透明。有些图像文件像素数据格式为 RGB，有些则为 BGR，在编程对图像文件处理时应注意。

真彩图像虽为目前的主流图像，但在实际应用中仍然有一些其他彩色图像在使用，这些图像的图像数据一般不是像素值，需要查颜色表才能找到真正的像素值。颜色表又称调色板或颜色查找表。引入颜色表的目的是为早期图像节省显示缓冲区空间。例如，有一个长宽各为 240 个像素，颜色数为 16 色的彩色图像，每一个像素都用 R、G、B 三个分量表示。因为每个分量有 256 个级别，要用 8 位(bit)，即 1 字节来表示，所以每个像素需要用 3 字节。整个图像要用 240×240×3，约 168kB 显示缓冲区空间。如果用颜色表的方法，就能节省显示缓冲区空间，因为是一个 16 色图像，也就是说这幅图中最多只有 16 种颜色，可以用一个 16 行 24 位的表，表中的每一行记录一种颜色的 R、G、B 值。这样当表示一个像素的颜色时，只需要指出该颜色是在表中第几行，即该颜色在表中的索引值即可。举个例子，如果表的第 0 行为 255、0、0(红色)，那么当某个像素为红色时，该像素值只需为 0 即可。在这种情况下，16 种状态可以用 4 位二进制数表示，所以一个像素要用 0.5 字节。整个图像要用 240×240×0.5，约 28kB，再加上表占用的字节为 3×16=48 字节，整个占用的字节数约为前面的 1/6。这张 R、G、B 表，就是人们常说的调色板(Palette)，又称颜色查找表或颜色表。Windows 位图、图像文件格式(如 PCX、TIF、GIF)等都用到了调色板技术，所以很好地掌握调色板的概念是十分有用的。

在 MATLAB 中图像显示使用的是图像显示函数 imshow( )、montage( )、image( )和 imagesec( )，其中最为常用的是 imshow( )函数。imshow( )函数的格式如下。

imshow(I,n)：将图像 I 显示成 n 级灰度图像。

imshow(I,[low high])：以指定的灰度范围显示灰度图像，即限制显示图像的灰度范围。

imshow(BW)：使用调色板显示二值图像。例如 imshow(BW,[1 0 0,0 0 1])，其中数值 0 显示为红色，数值 1 显示为蓝色。

imshow(X,map)：显示索引图像。

imshow(RGB)：显示真彩图像。

imshow filename：在未用 imread( )函数先输入图像的情况下，直接显示图像文件。

【例1.7】图 1.6 为 256 级图像，以 tu3.jpg 为文件名存于 C 盘 matlab 目录下，用 MATLAB 编程实现。

(1) 将其以 8 级灰度图像显示；

(2) 将其以 100～200 灰度范围显示；

(3) 将其转换为二值图像，并以数值 0 显示为红色，数值 1 显示为蓝色；

(4) 在未用 imread( )函数先输入图像的情况下，直接显示图像文件。

例 1.7 的 MATLAB 代码如下：

```
Clear
I=imread('c:\matlab\tu3.jpg');        %输入文件
imshow(I,8)                           %显示文件
imshow(I,[100 200])                   %显示文件
J=im2bw(I)
imshow(J,[1 0 0,0 0 1])               %显示文件
```

命令窗口下运行结果如图 1.15 所示(可参看前面彩色插图)：其中图 1.15(a)为以 8 级灰度显示的图像；图 1.15(b)为以 100～200 灰度范围显示的图像；图 1.15(c)为转换成的二值图像，数值 0 显示为红色，数值 1 显示为蓝色；图 1.15(d)为在未用 imread( ) 函数先输入图像的情况下，直接显示图像。

(a) 8 级灰度图像　　　(b) 100～200 灰度　　　(c) 二值图像　　　(d) 直接显示磁盘
　　　　　　　　　　　　范围图像　　　　　　(0 红色，1 蓝色)　　　上图像文件

图 1.15　命令窗口下运行的结果图

1.4 图像的存储

一幅图像可以以文件的形式永久存放在外存中，要对图像进行处理必须将图像文件调入内存，要想显示图像需将内存中的图像传到显示存储器中。当然，图像从外存到内存、从内存传到显存，其原理上不是简单地传送，而是需要一定的软件技术。目前，流行的图像编程语言主要有 C++和 MATLAB 两种。C++编程工具——VC++编程较为复杂，需要编程人员了解图像文件格式、图像文件如何调入内存等较全面的知识；MATLAB 编程较简单，因为它提供了将一些常用的格式图像文件直接读入内存并将图像像素数据赋给二维矩阵变量的函数；C++编程工具——VC++.NET 也能将一些常用的不同格式图像文件直接读入内存。本书虽采用 MATLAB 编程，但为了适用更广泛的读者，本节仍较详细地剖析了几种图像文件格式及内存图像，以便不同编程人员理解相关原理。

1.4.1 图像文件

一幅图像在外存中是以文件形式永久存储的，图像文件具有多种格式。为了便于将不同的格式图像文件读入内存，同时将内存中的图像以文件的形式永久存在外存中，必须了解图像文件的格式，即图像文件的数据构成。目前已有几十种图像文件格式，它们是由不同的公司、厂商等制定的。例如，BMP、GIF、PCX、JPEG 等格式文件，分别是由微软、CompuServe 公司、Zsoft 公司、软件开发联合会制定的。

1. BMP 格式文件

BMP 文件是 Windows 采用的图形文件格式。在 Windows 环境下运行的所有图像处理软件都支持 BMP 图像文件格式。Windows 系统内部各图像绘制操作都是以 BMP 为基础的。Windows 3.0 以前的 BMP 图像文件格式与显示设备有关，因此把这种 BMP 图像文件格式称为设备相关位图(DDB)。此后出现了与显示设备无关的 BMP 图像文件格式，把这种 BMP 图像文件格式称为设备无关位图(DIB)，使用设备无关位图 DIB 的目的是为了让 Windows 能够在任何类型的显示设备上显示图像。BMP 格式文件包含位图文件头、位图信息头、彩色查找表(真彩图像无此项)和图像数据。

1) 位图文件头

BMP 文件也称为位图，位图文件头包含文件类型、文件大小、存放位置等信息。用 BITMAPFILEHEADER 结构可定义为

```
typedef struct tagBITMAPFILEHEADER {
WORD bfType;            //文件标识，2 字节的内容用来识别位图的类型
                       //该值必须是 0x424D，也就是字符'BM'
DWORD bfSize;          //用字节表示整个文件的大小
UINT bfReserved1;      //保留，必须设置为 0
UINT bfReserved2;      //保留，必须设置为 0
DWORD bfOffBits;       //从文件头开始到实际的图像数据之间的字节偏移量
} BITMAPFILEHEADER;
```

2) 位图信息头

BITMAPINFOHEADER 结构包含位图文件的大小、压缩类型和颜色格式等，其结构定义为

```
typedef struct tagBITMAPINFOHEADER { /* bmih */
DWORD biSize;                //BITMAPINFOHEADER 结构所需要的字数 40
LONG biWidth;               //图像的宽度，以像素为单位
LONG biHeight;              //图像的高度，以像素为单位
WORD biPlanes;              //目标设备位面数，其值总是被设为 1
WORD biBitCount;            //比特数/像素，其值为 1、4、8、16、24 或 32，其中 1 表示二
                             值位图；4 表示 16 色位图；8 表示 256 色位图；16 表示 16bit 高
                             彩色位图；24 表示 24bit 真彩色位图；32 表示 32bit 增强型真彩
                             色位图
DWORD biCompression;        //图像数据压缩的类型表示 BI_RGB 表示没有压缩；BI_RLE8 表示
                             每个像素 8bit 的 RLE 压缩编码；BI_RLE4 表示每个像素 4bit
                             的 RLE 压缩编码；BI_BITFIELDS 表示位域存放方式，每个像素
                             的比特由指定的掩码决定

DWORD biSizeImage;          //   实际图像的大小，以字节为单位
LONG biXPelsPerMeter;       // 目标设备水平分辨率，用像素/米表示
LONG biYPelsPerMeter;       // 目标设备垂直分辨率，用像素/米表示
DWORD biClrUsed;            // 位图实际使用的彩色表中的颜色索引数(为 0 则说明使用所有
                             调色板项)
DWORD biClrImportant;       //对图像显示有重要影响的颜色索引的数目，如果是 0 则表示都重要
} BITMAPINFOHEADER;
```

3) 彩色查找表

```
typedef struct tagRGBQUAD{
BYTE  rgbBlue;        //该颜色的蓝色分量
BYTE  rgbGreen;       //该颜色的绿色分量
BYTE  rgbRed;         //该颜色的红色分量
BYTE  rgbReserved;    //保留值
} RGBQUAD;
```

4) 图像数据

紧跟在彩色查找表(调色板，即颜色表)之后的是图像数据。对于用到调色板的位图，图像数据就是该像素颜色在调色板中的索引值；对于真彩图像，图像数据就是实际的 B、G、R 值。

2. GIF 格式文件

GIF 格式的特点是压缩比高，同样的图像占用存储空间小，所以这种图像格式迅速得到了广泛的应用。GIF 分为静态 GIF 和动画 GIF 两种，扩展名为.gif，是一种压缩位图格式，支持透明背景图像，适用于多种操作系统。GIF 文件压缩比高，优势明显，所以网上很多小动画都是 GIF 格式。其实 GIF 是将多幅图像保存为一个图像文件，从而形成动画，所以归根结底 GIF 格式仍然是图像文件格式。GIF 只能显示 256 色，和 JPEG 格式一样，这是一种在网络上非常流行的图像文件格式。GIF 有 GIF 87a 和 GIF 89a 两个版本。

GIF 格式文件包含文件头、逻辑视屏描述块、图像数据块和尾记录块。逻辑视屏描述块中指明是否带全局色表，若带全局色表则全局色表紧跟在逻辑视屏描述块之后，不带则无全局色表，因此可以说全局色表为可选项。图像数据块可由成像块或特殊用途块组成，

成像块前可带图像控制扩充块也可不带，因此可以说图像控制扩充块为可选项。成像块可由基于表的图像块或纯文本扩充块组成，基于表的图像块包含图像描述符(图像描述符块中指明是否带局部色表，若带局部色表则局部色表紧跟在图像描述符块后面，不带则无全局色表，使用全局色表)和图像数据。特殊用途块由应用扩充块或注释扩充块组成。

1)　文件头(6 字节)

标识符(3 字节) ——其内容固定为 GIF，程序可根据此值判断是否为 GIF 格式文件。
版本(3 字节) ——其内容固定为 87a(或 89a)，程序可根据此值判断 GIF 文件版本。

2)　逻辑视屏描述块

逻辑屏幕宽(2 字节)
逻辑屏幕高(2 字节)
全局色表描述(1 字节)：第 7 位为全局色表标志，1 表示有全局色表，0 表示无全局色表；第 4～6 位为颜色方案，指定图像的色彩分辨率大小为 $3\times2^{\text{颜色方案值}+1}$；第 3 位为短标志，1 表示全局色表的 RGB 是按使用率从高到低排序；第 0～2 位为全局色表位数，可以根据该值计算全局色表大小为 $3\times2^{\text{全局色表位数值}+1}$。
背景色索引(1 字节)：为逻辑屏背景指定颜色。
像素高宽比(1 字节)：用于计算像素的近似高宽比。

　　GIF 格式利用色表来显示基于光栅的图像，色表分为全局色表和局部色表。全局色表对于那些没有设置局部色表的图像起作用。全局色表的作用域是所有未设局部色表的图像，而局部色表对于紧接在其后的单张图像起作用，这两种色表都是可选的。

　　全局色表类似调色板，如果要修改 GIF 图片的颜色，修改全局色表就可以了；如果有全局色表，那么它一定从 gif 流的 13 字节(头部 6 字节+逻辑视频描述块 7 字节) 开始。

　　格式为

```
Red 0
Green 0
Blue 0
⋮
Red n
Green n
Blue n
```

3)　图像数据块

(1)　图像控制扩充块(版本为 89a)。图像控制扩充块包含处理一个成像块时所需的参数，该块是可选的。通常一个图像控制扩充块在成像块之前，这也是在一个数据流中对成像控制扩充的唯一限制。该块开始为扩充块标记(1 字节)：用于识别一个扩充块的开始，若是扩充块则该字段值为 0x21。图像控制扩充块标记(1 字节)：识别当前块是否为图像控制扩充块，若是扩充块则该字段值为 0xF9。

　　数据组成格式为

　　块尺寸(1 字节)：该控制扩充块中所包含的字节数。

　　Flag：用来描述图像控制的相关数据，数据结构为

{透明颜色标志 1 bit：用来指明图像中是否有透明性的颜色，1 为有，若有则由透明颜色索引指明哪种颜色为透明色。
用户输入标志 1 bit：用来判断在显示一幅图像后，是否需要用户输入(如按键盘)后再显示下一幅图像。
配置方法 3 bits：指定显示一幅图像后的处理方式，如该值为 2，表明图像显示后擦除背景色。

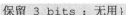

保留 3 bits：无用}

延长时间(2 字节)：用来指明应用程序进行下一步操作前的延迟时间。若没有指定延迟时间，则用户输入(如按键盘)后再显示下一幅图像。

透明颜色索引(1 字节)：用来指明图像中透明色的索引。

块结束(1 字节)：标志着图像控制扩充结束。

(2)　基于表的图像数据块。基于表的图像数据由一系列子块组成，每个子块最多 255字节，包含一个为图像中每个像素所指定的有效色表的索引。索引的顺序用 LZW 算法进行编码。

数据组成格式为

图像压缩数据的结构如图 1.16 所示，其中 $n \leqslant 255$ ，By_LZW_MinCodeLen(1 字节)表示 LZW 编码的最小编码长度。

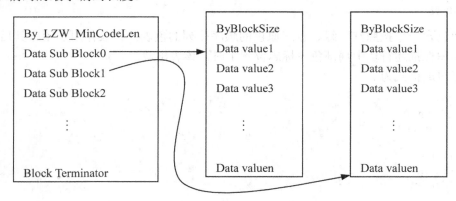

图 1.16　图像压缩数据的结构图

(3)　纯文本扩充块(版本为 89a)。纯文本扩充块定义了与图像同时显示的文字信息所必需的参数，该块为可选块。该块开始为扩充块标志(1 字节)：标志一个扩充块的开始，值为 0x21。纯文本扩充块标记(1 字节)：标志当前块为纯文本扩充块，值为 0x01。

数据组成格式为

块尺寸(1 字节)：扩充块的字节数。

文本显示方格左坐标(2 字节)：逻辑视屏的左边，用像素表示的左边列数。

文本显示方格顶坐标(2 字节)：逻辑视屏的上边，用像素表示的上边行数。

文本显示方格宽度(2 字节)

文本显示方格高度(2 字节)

字符宽度(1 字节)

字符高度(1 字节)

字符前景色索引值(1 字节)

字符背景色索引值(1 字节)

纯文本数据子块(n 字节)：格式如图 1.16 所示。

(4)　图像描述符。一个 GIF 图像文件中可以存储多幅图像，图像显示必须在逻辑视屏描述块中所定义的逻辑视屏界限之内。图像描述符包含处理图像的必要参数。在这个块中给定的坐标是参照逻辑视屏的像素坐标。该块是一个成像块，在其前面可以选择加上一个或多个控制块，如图像控制扩充块，或者是后面接有局部色表；图像描述符后面总是图像压缩数据。图像描述符是一幅图所必需的，一幅图像对应一个图像描述符。该块开始为图像描述符标志(1 字节)：用于识别图像描述符的开始，值为 0x2c 。

数据组成格式为

```
图像左坐标(2 字节)
图像顶坐标(2 字节)
图像宽度(2 字节)
图像高度(2 字节)
Struct localflag
{
局部色表尺寸 3 Bits
保留 2 Bits
短标志 1 Bit
隔行处理标志 1 Bit
局部色表标志 1 Bit
}
局部色表
```

该块包含一个按照红、绿、蓝三原色的顺序排列的色表，该表作用于紧跟其后的图像数据。当图像描述符块中局部色表标志位置 1 时，该表出现。

数据组成格式为

```
Red 0
    Green 0
    Blue 0
    ⋮
    Red n
    Green n
    Blue n
```

(5) 应用程序扩充块(版本为 89a)。应用程序扩充块包含制作该 GIF 的应用程序信息，该块开始为扩充块标志(1 字节)：定义该块为扩充块，值为 0x21。应用程序扩充块标志(1 字节)：标志该块为应用程序扩充块，值为 0xFF。

数据组成格式为

```
块尺寸(2 字节)：指示该块中包含的字节数。
应用标识符(8 字节)：用来指明应用程序名称。
应用证明码(3 字节)： 用来指明应用程序的识别码。
块结束符(1 字节)
```

(6) 注释扩充块(版本为 89a)。注释扩充块包含图像的文字注释说明。该块开始为扩充块标志(1 字节)：标志扩充的开始，值为 0x21。注释扩充块标志(1 字节)：标志该块为注释扩充块，值为 0xFE。

数据组成格式为

```
注释数据子块(n 字节)：按照子块顺序，每个注释块最少 1 字节、最多 255 字节。序列结尾用块结束符标志。
块结束符(1 字节)：用来标志注释扩充块的结束。
```

4) 尾记录块

该块为一个单字段块，用来指示该数据流的结束，值为 0x3b。

3. PCX 格式文件

PCX 格式是 ZSOFT 公司在开发图像处理软件 Paintbrush 时开发的一种格式，基于 PC

的绘图程序的专用格式，一般的桌面排版、图形艺术和视频捕获软件都支持这种格式。PCX
支持 256 色调色板或 24 位真彩。PCX 图像由三部分组成，即文件头、位图数据和一个最
多可达 256 种色彩的调色板。

1) 文件头

PCX 文件的文件头为固定的 128 字节，其中包含版本号、打印或扫描图像的分辨率(单
位为每英寸点数)、大小(单位为像素数)、每扫描行字节数、每像素位数和彩色平面数等信
息，还可能包括一个调色板以及表明该调色板是灰度还是彩色的一个代码。

数据组成格式为

Zsoft 标志：10(0x0a)，Zsoft PCX 文件的标志(占 1 字节)。
版本号：0 表示 PC Paintbrush 2.5，2 表示 PC Paintbrush 2.8 带调色板，3 表示 PC Paintbrush
2.8 不带调色板，4 表示 PC Paintbrush for windows，5 表示 PC Paintbrush 3.0 以上版
本(占 1 字节)。
编码：取固定值 1，表示 PCX 采用行程长度编码(占 1 字节)。
位/像素：每个像素所需位数，可能值为 1、2、4 或 8(占 1 字节)。
图像大小：图像边界极限为 X_{min}、Y_{min}、X_{max}、Y_{max}，以像素为单位(占 8 字节)。
水平分辨率：打印时，X 方向的每英寸点数(占 2 字节)。
垂直分辨率：打印时，Y 方向的每英寸点数(占 2 字节)。
文件头调色板：16 色的"EGA/VGA"头调色板(占 48 字节)。
保留字节：Zsoft 保留，为 0(占 1 字节)。
平面数：彩色/灰度平面数。PCX 图像可以是单彩色，也可以具有多个彩色平面(占 1 字节)。
每行字节数：每个色彩平面的每行字节数，即存储未压缩图像的一个扫描行所需的字节数，总是偶
数(占 2 字节)。
调色板类型：1 表示彩色或黑白，2 表示灰度(占 2 字节)。
视频屏幕大小 X：视频输出的水平像素数-1(占 2 字节)。
视频屏幕大小 Y：视频输出的垂直像素数-1(占 2 字节)。
全空直到文件结束：0(占 54 字节)。

2) 位图数据

文件的核心部分是位图数据。位图数据以类似于 Packbits 压缩法的游程长度压缩形式
记录，像素值通常是单字节的索引值，指向调色板中的相应位置。因为在一个 PCX 文件中
可以用到几种不同的记录方法，因此其中必须包含所用方法的标志。在对 PCX 进行解码时，
单靠读取版本号是不够的，最可靠的标志是每像素的位数(文件头的第 3 字节)和色彩平面
数(文件头的第 65 字节)，这两个标志与图像色彩数的对应关系如表 1.2 所示。

表 1.2　像素位数、色平面及色彩对照表

每像素的位数	色彩平面数	解　释
1	1	单色
1	2	4 色
1	3	8 色
1	4	16 色
2	1	4 色
2	4	16 色
4	1	16 色
8	1	2566 色
8	3	16.7M 色

平面数说明是否使用了调色板。多于一个平面则没有调色板。如果使用了调色板，则可以由版本号和每像素位数决定 PCX 图像所使用的调色板类型。PCX 图像数据的存储如果没有使用调色板，则数据是实际的像素值；否则是调色板表项的索引值。当数据是实际的像素值时，它们按色彩平面和扫描行存储。其存储格式为

```
第 0 行 RRRRRR...GGGGGG...BBBBBB...
第 1 行 RRRRRR...GGGGGG...BBBBBB...
  ⋮
第 n 行 RRRRRR...GGGGGG...BBBBBB...
```

如果有两个平面，那么色彩是任选的；如果有三个平面，其颜色为 RGB；如果有四个平面，则颜色信息包含 RGB 和光强。光强位只是给像素一种名义上的较高亮度。

当使用调色板时，数据为调色板的索引值，它们构成一个完整的图像平面，即不会被分解为单独的色彩平面。数据将按如下的简单方式排列(i 是调色板中的索引值)：

```
第 0 行 iiiiiiiiiiiii...
第 1 行 iiiiiiiiiiiii...
  ⋮
第 n 行 iiiiiiiiiiiii...
```

i 的长度取决于每像素的位数，如每像素位数为 4，则 i 就是 0.5 字节长。

PCX 的编码是以最大 64 个重复单元为一组进行压缩的，不论要记录的是何种类型的数据，都使用同样的行程编码长度压缩算法。在扫描行中有编码间隔标志，但是，在一个扫描行中的色彩平面之间没有间隔标志。同样，也没有分隔符来标识一个扫描行结束。

3) 调色板

任何 PCX 文件，如果像素位数超过 1 但只有一个色彩平面，则需要使用调色板。PCX 图像由三种不同的调色板实现。版本代码为 5 的文件最容易确认。如果有一个色彩平面，则它们会在文件结尾处使用 256 色的"VGA"调色板，其他基于调色板的文件均使用头调色板。头调色板有两种可能的实现，即 EGA 和 CGA。三种不同的调色板介绍如下。

位于文件末尾的 256 色"VGA"调色板：如果版本号为 5，则文件尾处还有一个单一的位平面和一个 RGB 值的 256 色调色板，三种原色各占 1 字节。256 色的调色板从文件末尾(EOF)前 768 字节开始，而且以十进制码 12(十六进制 0C)开始(768=256×1×3 字节，每个 R、G 和 B 都是 1 字节)。因此，值为 n 的像素指向调色板中的"EOF-768+3×n"处；后面 3 字节分别为该像素红、绿、蓝的值。

16 色的"EGA/VGA"头调色板：头调色板位于第 16～第 63 字节，共 48 字节，数据按 3 元组组织，具有 16 组 3 字节数据，每字节分别对应 R、G 和 B。对于为 EGA 建立的文件，每种原色只可以有 4 级，所以每字节提供的 256 个值的范围被分成 4 个区域。每个区域与相应的级相对应：0～63 对应第 0 级、64～127 对应第 1 级、128～192 对应第 2 级、193～254 对应第 3 级。

"CGA"调色板：这种调色板现已过时，在 PCX 的版本 5 及更高的版本中不再使用。这种方法只需要字节 16 和字节 19 的最高位数据。

另外，版本 5 或更高版本的 PCX 文件能够支持 24 位真彩色的 PCX 文件，其色彩平面为 3 个位平面。

4. JPEG 格式文件

JPEG 压缩技术十分先进，JPEG 与 GIF 不同，GIF 压缩是无损压缩，复原后图像与原图像一模一样，而 JPEG 采用有损压缩。JPEG 格式是目前网络上最流行的图像格式，是可以把文件压缩到最小的格式，在 Photoshop软件中以 JPEG 格式储存，提供 11 级压缩级别，以 0～10 级表示。其中 0 级压缩比最高，但图像品质最差。即使采用细节几乎无损的 10 级质量保存时，压缩比也可达 5：1。以 BMP 格式保存时得到 4.28MB 图像文件；在采用 JPG 格式保存时，其文件仅为 178KB，压缩比达到 24：1。经过多次比较，采用第 8 级压缩是存储空间与图像质量兼得的最佳比例。JPEG 格式的应用非常广泛，特别是应用在网络和光盘读物上。目前各类浏览器均支持 JPEG 图像格式，因为 JPEG 格式的文件尺寸较小，下载速度快。

JPEG 格式又可分为标准 JPEG、渐进式 JPEG 及 JPEG2000 三种格式。

1) 标准 JPEG 格式

此类型图像在网页下载时只能由上而下依序显示图片，直到图片资料全部下载完毕，才能看到全貌。

2) 渐进式 JPEG 格式

渐进式 JPG 为标准 JPEG 的改良格式，可以在网页下载时，先呈现出图片的粗略外观后，再慢慢地呈现出完整的内容(就像 GIF 格式的交错显示)，而且存成渐进式 JPEG 格式的图像比存成标准 JPEG 格式的图像要小，所以如果要在网页上使用图片，可以多采用这种格式。

3) JPEG2000 格式

JPEG2000 格式是新一代的影像压缩法，压缩品质更好，并可改善无线传输时常因信号不稳造成马赛克及位置错乱的情况，改善传输的品质。

JPEG 格式图像的压缩内容详见第 5 章。

1.4.2　内存图像

在 Windows 系统中，存入内存的图像数据采用的是 DIB 格式，也即在 Windows 应用程序中，将图片读入内存实际上就是将图像文件转换成 DIB 格式的位图。DIB 格式的位图其实就是去掉文件头的 BMP 格式非压缩文件，压缩图像文件调入内存需要解码，带调色板的图像文件需要转换成 DIB 调色板格式,内存图像存成不同格式的外存文件同样需要转换。

前面讲过，目前流行的图像编程语言主要有 C++和 MATLAB 两种。利用 C++编程工具——VC++编程较为复杂，需要编程人员编程完成解码和调色板转换，并把内存看成一维数组，编程读取像素数据时需要知道像素的地址；MATLAB 编程较简单，提供了相关函数将一些常用的不同格式图像文件直接读入内存并将图像像素数据赋给二维矩阵变量，编程对像素数据操作时，只需对二维矩阵操作即可；C++编程工具——VC++.NET 也有将一些常用不同格式图像文件直接读入内存的函数，编程对像素数据操作时和 VC++编程一样。但其他一些格式的图像文件，MATLAB 和 VC++.NET 并没有提供直接读入内存的函数，仍然需要像 VC++编程一样，需要编程人员编程完成解码和调色板转换。

1. MATLAB 中图像输入函数 imread( )

在 MATLAB 中图像输入函数 imread( )，其功能是将外存图像文件读入内存中。

常用 imread( )函数格式如下：

```
A = imread('filename', 'fmt'):
```

将 matlab\work 目录下给定文件名和给定图像格式的文件读到内存图像 A 中，filename 为给定的文件名，fmt 为给定的图像格式。例如，A=imread('tu2.jpg','jpg') 是将 matlab\work 目录下以给定 JPG 格式和给定 tu2.jpg 文件名的文件读到内存图像 A 中。

```
[X,map] = imread('filename','fmt')
```

将 matlab\work 目录下给定文件名和给定图像格式的文件读到内存索引图像 X 中，并将调色板同时调入内存。其中 filename 为给定的文件名，fmt 为给定的图像格式。例如，[X,map]=imread('tu2.jpg','jpg') 是将 matlab\work 目录下以给定JPG格式和给定tu2.jpg 文件名的文件读到内存索引图像 X 中，并将调色板同时调入内存。

```
[...] = imread(...,idx)    (仅适用于 CUR、GIF、ICO 和 TIFF 格式文件)
```

用于读取相关图像格式文件中的一帧，idx 指定帧号，若无 idx 则默认为第一帧。例如，I=imread('tu2.tif', 'tif',2) 是将 matlab\work 目录下以给定 TIF 格式和给定 tu2.tif 文件名的文件的第二帧读到内存图像 I 中。

【例 1.8】 文件名为 tu2.tif 的文件，存于 C 盘 matlab 目录下，将其第二帧读入内存图像 I 中。

例 1.8 的 MATLAB 代码如下：

```
Clear
I=imread('c:\matlab\tu2.tif',2);      %输入文件
Imshow(I)
```

2. MATLAB 中图像输出函数 imwrite( )

在 MATLAB 中图像输出函数 imwrite( )即为图像文件存储函数，其功能是将内存图像写入外存图像文件中。

常用 imwrite( )函数格式：

```
imwrite(A,'filename','fmt'):
```

将内存图像 A 以给定的文件名和给定的图像格式存储到磁盘默认目录中，filename 为给定的文件名，fmt 为给定的图像格式。例如，imwrite(I,'tu2.jpg','jpg') 是将内存图像 I 以给定的 JPG 格式和给定的 tu2.jpg 文件名存储到 matlab\work 目录下。

```
imwrite(X,map,filename,fmt):
```

以给定的文件名和给定的图像格式将内存索引图像 X 和调色板 map 存储到磁盘默认目录中，filename 为给定的文件名，fmt 为给定的图像格式。例如 imwrite(X,map,'tu2.jpg','jpg') 是将内存图像 X 以给定的 JPG 类型和给定的 tu2.jpg 文件名存储到 matlab\work 目录下。

【例 1.9】 图 1.6 为 256 级图像，文件名为 tu3.jpg，存于 C 盘 matlab 目录下，将其转换为二值图像，然后以 tu8.jpg 为文件名存到 matlab\work 目录下。

例 1.9 的 MATLAB 代码如下:

```
Clear
I=imread('c:\matlab\tu3.jpg');      %输入文件
J=im2bw(I);
imwrite(J,'tu8.jpg','jpg');
```

1.5　图像像素间关系

像素间关系是指像素与像素之间的空间排列位置、像素间距离等关系,它是图像表达与描述的基础。

1. 像素的位置关系

4 邻域关系——$N_4(P)$:与像素 R 相邻且为像素 R 的前后左右方向的像素 P 为像素 R 的 4 邻域像素,也可以说 R 与 P 互为 4 邻域像素,如图 1.17(a)所示。

对角邻域关系——$N_D(P)$:与像素 R 相邻且为像素 R 的对角线方向的像素 P 为像素 R 的对角邻域像素,也可以说 R 与 P 互为对角邻域像素,如图 1.17(b)所示。

8 邻域关系——$N_8(P)$:与像素 R 相邻且为像素 R 的对角线方向和前后左右方向的像素 P 为像素 R 的 8 邻域像素,也可以说 R 与 P 互为 8 邻域像素,如图 1.17(c)所示。

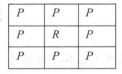

	P	
P	R	P
	P	

P		P
	R	
P		P

P	P	P
P	R	P
P	P	P

(a) 4 邻域关系　　　　　　　(b) 对角邻域关系　　　　　　　(c) 8 邻域关系

图 1.17　像素的位置关系图

在图像技术中研究像素与像素间是否连接和连通是有一定的实际意义的,连接是连通的一种特例,两个像素是否连接要从以下两个方面考虑。

(1) 是否接触(近邻像素)。

(2) 灰度值是否满足某个特定的相似准则(如它们灰度值相等)。

在图像技术中主要存在以下三种连接。

(1) 4-连接:2 个像素 P 和 R 在 V(满足某个特定的相似准则,如 $V=\{0,1\}$)中取值且 R 在 P 的 4 邻域中,如图 1.18(a)所示。

(2) 8-连接:2 个像素 P 和 R 在 V 中取值且 R 在 P 的 8 邻域中,如图 1.18(b)所示。

(3) m-连接(混合连接):2 个像素 P 和 R 在 V 中取值且满足下列条件之一:①R 在 P 的 4 邻域中;②R 在 $N_D(P)$ 中且 $N_4(P) \cap N_4(R)$ 是空集(这个集合是由 P 和 R 在 V 中取值的 4-连接像素组成的),如图 1.18(c)所示。

混合连接可以消除 8-连接可能产生的歧义性原始图。

由一系列依次相邻的像素(灰度值有某个特定的相似准则)按照某种连接方式组成的像素通路称之为连通。

(a) 4-连接

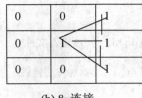
(b) 8-连接

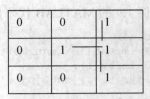
(c) m-连接(混合连接)

图 1.18   像素的连接关系图

2. 距离关系

在图像技术中研究量度两个像素之间的距离也是有一定的实际意义的，在图像技术中规定两个像素之间的距离总是正的，即 $D(p, q) \geq 0$；距离与起点和终点的选择无关，即 $D(p, q) = D(q, p)$；最短距离是直线，即 $D(p, r) \leq D(p, q) + D(q, r)$。距离量度函数主要有三种，设两个像素 p, q 的坐标分别为 (x, y)、(s, t)。

(1) 欧氏(Euclidean)距离：$D_E(p, q) = [(x-s)^2 + (y-t)^2]^{1/2}$ 。

(2) 城区(city-block)距离：$D_4(p, q) = |x-s| + |y-t|$ 。

(3) 棋盘(chessboard)距离：$D_8(p, q) = \max(|x-s|, |y-t|)$ 。

1.6   图像技术及应用

1. 图像工程和图像技术

图像工程是系统地研究图像技术的科学，是一门交叉学科，从研究方法上来说，与数学、物理学(光学)、生理学、心理学、电子学、计算机科学相互关联；在研究范围上，与计算机图形学、模式识别、计算机视觉相互交叉。图像工程包含三个层次，即图像处理(图像→图像)、图像分析(图像→数据)、图像理解(图像→解释)。

图像处理是指对图像进行各种加工，以改善图像的视觉效果，强调图像之间进行的变换(图像处理是一个从图像到图像的过程)。图像分析是指对图像中感兴趣的目标进行提取和分割，获得目标的客观信息(如特点或性质)，建立对图像的描述(图像分析是一个从图像到数据的过程)。图像理解是指研究图像中各目标的性质和它们之间的相互联系，得出对图像内容含义的理解及原来客观场景的解释，并借助知识和经验来推理，来认识客观世界。可见，图像处理、图像分析和图像理解是处在三个抽象程度和数据量各有特点的不同层次上。图像处理是比较低层的操作，它主要在图像像素级上进行处理，处理的数据量非常大；图像分析则进入了中等层次操作，它主要进行图像分割和特征提取，把原来以像素描述的图像转变成比较简洁的非图像形式的描述；图像理解是高层次操作，它主要对描述抽象出来的符号进行运算，其处理过程和方法与人类的思维推理有许多类似之处。根据本课程的任务和目标，本书主要着眼图像处理和图像分析，学习图像处理和图像分析的基本理论和方法。

图像技术在广义上是各种与图像有关技术的总称，主要包括图像采集和获取、图像重建、图像变换、图像增强、图像恢复、图像压缩编码、边缘检测、图像分割、目标表达、

目标分析、目标识别、分类和提取、图像匹配、图像融合、图像镶嵌、图像感知等技术。

2. 图像技术应用

随着计算机技术和半导体工业的发展以及各种实际应用的需求，图像技术已经逐步涉及人类生活和社会发展的各个方面，主要有以下几方面的应用。

(1) 视频通信：包括可视电话、电视会议、按需电视、远程教育。

(2) 文字档案：包括文字识别、过期档案复原、邮件分拣、支票、签名辨伪、办公自动化。

(3) 生物医学：包括红白血球计数，染色体分析，X 光、CT、MRI、PET 图像分析，医学手术模拟规划，远程医疗。

(4) 遥感测绘：包括巡航导弹制导、无人驾驶飞机飞行、精确制导、矿藏勘探、资源探测、气象预报、自然灾害监测。

(5) 工业生产：包括工业检测、工业探伤、自动生产流水线监控、移动机器人、无损探测、金相分析、印制板质量检验、精细印刷品缺陷检测。

(6) 军事公安：包括雷达图像分析、巡航导弹路径规划/制导、罪犯脸形合成/识别、指纹/印章的鉴定识别。

(7) 交通管理：包括太空探测、航天飞行、公路交通管理。

1.7　MATLAB 和图像处理工具箱简介

MATLAB(MATRIX LABoratory)是矩阵实验室的意思。MATLAB 除具备卓越的数值计算能力外，还提供了专业水平的符号计算、文字处理、可视化建模仿真和实时控制等功能。目前，在大学里 MATLAB 已成为线性代数、自控理论、信号处理、图像处理等高级课程的基本处理工具。

1. 图像处理工具箱函数

图像处理工具箱是一个 MATLAB 函数集，数字图像处理工具箱函数包括以下 15 类。

(1) 图像显示函数；

(2) 图像文件输入、输出函数；

(3) 图像几何操作函数；

(4) 图像像素值及统计函数；

(5) 图像分析函数；

(6) 图像增强函数；

(7) 线性滤波函数；

(8) 二维线性滤波器设计函数；

(9) 图像变换函数；

(10) 图像邻域及块操作函数；

(11) 二值图像操作函数；

(12) 基于区域的图像处理函数；

(13) 颜色图操作函数；

(14) 颜色空间转换函数；

(15) 图像类型和类型转换函数。

2. 图像工具箱所实现的常用功能

MATLAB 图像处理工具箱支持 4 种图像类型，分别为真彩色图像、索引色图像、灰度图像、二值图像。由于有的函数对图像类型有限制，这四种类型可以用工具箱的类型转换函数相互转换。MATLAB 可操作的图像文件包括 BMP、HDF、JPEG、PCX、TIFF、XWD 等格式。下面简单介绍图像工具箱所实现的常用功能。

(1) 图像操作功能。图像的读/写与显示操作：用 imread( ) 读取图像、用 imwrite( ) 输出图像，用 imshow( )、image( ) 等函数把图像显示于屏幕上。图像裁剪用 imcrop( ) 实现，图像的插值缩放可用 imresize( ) 函数实现，图像旋转用 imrotate( ) 实现。

(2) 图像增强功能。例如，灰度直方图均衡化函数 histeq( )，灰度调整函数 imadjust( )，创建预定义的滤波算子函数 fspecial( )，卷积滤波函数 filter2( ) 或 conv2( )。

(3) 图像变换功能。MATLAB 工具箱提供了常用的变换函数，如 fft2( ) 与 ifft2( ) 函数分别实现二维快速傅里叶变换及其逆变换，dct2( ) 与 idct2( ) 函数实现二维离散余弦变换及其逆变换，Radon( ) 与 iradon( ) 函数实现 Radon 变换及其逆变换。

(4) 边缘检测和图像分割功能。MATLAB 工具箱提供的 edge( ) 函数可针对 sobel、prewitt、Roberts、log 和 canny 算子实现检测边缘的功能。

(5) 图像复原功能。MATLAB 在图像处理工具箱中提供了四个图像复原函数，用于实现图像的复原操作，分别是维纳滤波复原 deconvwnr 函数、约束最小平方滤波复原 deconvreg 函数、Lucy-Richardson 复原 deconvlucy 函数、盲解卷积算法复原 deconvblind 函数。

(6) 图像形态学功能。MATLAB 还提供了二值图像的膨胀运算函数 dilate( )、腐蚀运算函数 erode( )。

(7) 其他函数。例如，其他图像转换成二值图像函数 im2bw( )、转换灰度图像为索引色图像函数 gray2ind( )、转换索引色图像为灰度图像函数 ind2gray( ) 等。

小　　结

本章主要介绍图像的基本知识，详细叙述了二值图像、灰度图像、彩色图像的表示方法及 MATLAB 编程，阐述了图像的显示原理，详细分析了典型格式图像文件的结构和图像文件读入内存的方法，概括介绍了数字图像的主要应用领域和国内外数字图像技术发展现状。为初学者建立起完整的数字图像技术概念，为后续章节的学习打下了坚实基础。

习　　题

1. 为什么用 0~255 表示灰度级，可不可以用别的范围，有什么区别？

2. 举例说明获取数字图像的方法。

3. 连续图像 $f(x,y)$ 与数字图像 $f(x,y)$ 中各量的含义各是什么？它们有什么区别和联系？它们的取值各在什么范围内？

4. 简述图像与图形的区别。

5. 明确文件的类型的目的是什么？

6. 思考图像分辨率和图像文件大小的关系，并举例说明。

7. 叙述 CRT 显示器显示图像原理。

8. 从一个像素点 p，按照一定的连接方式，走到另一个像素点 q，所经历的最少像素点数，称为通路长度。

计算图 1.19 所示图像子集：

(1) $V=\{0,1\}$ 时，p 和 q 之间的 4、8 和 m 通路的长度；

(2) $V=\{1,2\}$ 时，p 和 q 之间的 4、8 和 m 通路的长度。

$$
\begin{array}{cccc}
3 & 1 & 2 & 1\,(q) \\
2 & 2 & 0 & 2 \\
1 & 2 & 1 & 1 \\
(p)\,1 & 0 & 1 & 2
\end{array}
$$

图 1.19　图像子集

9. 图像处理、图像分析和图像理解各有什么特点？它们之间有哪些区别和联系？

10. 如图 1.20 所示的图像子集：

$$
\begin{array}{cccc}
3 & 1 & 2 & 1\leftarrow(q) \\
3 & 1 & 2 & 1 \\
1 & 2 & 1 & 1 \\
(p)\rightarrow1 & 0 & 1 & 2
\end{array}
$$

图 1.20　图像子集

令 $V=\{0,1\}$，计算 p 和 q 之间的 D_4、D_8 和 D_m 距离。

令 $V=\{1,2\}$，仍计算上述 3 个距离。

11. 设有 3 个图像子集如图 1.21 所示(方框中为 S 和 T，方框外为 U)，如果 $V=\{1\}$，则

	S				T				
0	0	0	0	0	0	0	1	1	0
1	0	0	1	0	0	1	0	0	1
1	0	0	1	1	1	1	0	0	1
0	0	1	1	1	0	0	1	0	0
0	0	1	1	1	0	0	1	1	1

图 1.21　图像子集

子集 S 和子集 T 是否是：(1) 4-连通；(2) 8-连通；(3) m-连通？

子集 S 和子集 U 是否是：(1) 4-连通；(2) 8-连通；(3) m-连通？

子集 T 和子集 U 是否是：(1) 4-连通；(2) 8-连通；(3) m-连通？

12. Windows 系统中，存入内存的图像数据采用什么格式？

第2章 数字图像处理基础

【教学目标】

了解图像采集设备和采集原理，掌握采样和量化的数学模型和方法，理解彩色图像的多种表示空间和表示方法以及人眼的视觉特性，了解常用的图像质量评价方法，掌握像素间不同距离的计算方法。

本章介绍了数字图像的基础知识，数字图像处理系统和采样量化过程，人眼的视觉特性及各种颜色模型，给出了一些常用的图像质量评价方法，并且阐述了图像像素之间的关系。

2.1 概 述

数字图像处理工程大体上可分为图像信息的采集、图像信息的传输、图像信息处理和分析、图像信息的存储和显示，如图 2.1 所示。

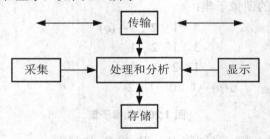

图 2.1 图像处理系统

图中每个模块都具有一定的功能，分别为采集、显示、存储、传输、处理和分析。为完成各自的功能，每个模块都需要一些特定的设备。图像采集可采用电荷耦合器件(Charge Coupled Devices，CCD)照相机、带有视像管(Vidicon)的视频摄像机和扫描仪(Scanners)等；图像显示可用电视显示器(TV monitors)、随机读取阴极射线管(Cathode Ray Tubes，CRT)和各种打印机(Printers)等；图像存储可采用磁带(Magnetic Tape)、磁盘(Magnetic Disks)、光盘(Optical Disks) 和磁光盘(Magneto Optical Disks)等；图像传输可借助因特网(Internet)、计算机局域网(LAN)，甚至普通电话网(PSTN)等；图像处理和分析主要是运算，所使用的设备主要是计算机，当然必要时还可借助专用硬件。

2.2 数字图像处理系统

2.2.1 图像采集模块

在采集数字图像的过程中，需要两种装置。一种装置是对某个电磁能量谱波段(如 X 射线、紫外线、可见光、红外线等)敏感的物理器件，它能产生与所接收到的电磁能量成正比的电(模拟)信号；另一种装置是数字化器，它能将上述电(模拟)信号转化为数字(离散)的形式。一般来说，所有采集数字图像的设备都需要这两种装置。

以常见的 X 光透视成像仪为例，由 X 光源发出的射线穿越物体到达另一端对 X 光敏感的媒体。该媒体能获得物体材料对 X 光不同吸收的图像。它可以是胶片，也可以是一个带有将 X 光转化为光子的电视摄影机，或其他能输出数字图像的离散检测器。

用于可见光和红外线成像的设备主要有显微密度计(Micro Densito Meters)、析像管(Image Dissector)、视像管和对光子敏感的固态阵(Solid State Arrays)等。使用显微密度计时，需要数字化的图像应该是透明底片或照片的形式。视像管和对光子敏感的固态阵除了可接收以上形式的图像外，还可以把有足够光强入射检测器的自然图像数字化。

在使用显微密度计时，需要将透明底片或照片放在一个平板上或卷在一个圆鼓上，当光线聚焦在图像上时，平移平板或转动圆鼓就可以完成扫描。如果是透明底片，则光穿过透明底片；如果是照片，则光从表面反射。在这两种情况下，光束都聚焦在光子检测器上，各个检测器根据光强度记录下对应当前位置图像的灰度值。如果灰度值和位置坐标都取整数，就得到一幅数字图像。尽管显微密度计的速度比较慢，但是由于机械平移过程的连续性，它的空间精确度很高。

视像管摄影机的工作原理基于光导性质。聚焦在视像管表面的图像能形成与光学图像的灰度分布相对应的光导模式。用另一个独立的电子束扫描光导管的另一面，由于中和作用，这个电子束在一个接收器上产生与输入光亮度模式对应的压差信号。如果量化这个信号并记录下对应的扫描束位置，就可得到一幅数字图像。

固态阵是由称为感光基元(Photosites)的离散硅成像元素构成的。这样的感光基元能产生与所接收的输入光强成正比的输出电压。固态阵可按几何组织形式分为两种：线扫描器和平面扫描器。线扫描器包括一行感光基元，它靠场景和检测器之间的相对运动来获得 2-D 图像。平面扫描器由排成方阵的感光基元组成，可直接得到 2-D 图像。固态平面传感器阵的一个显著特点是它具有非常快的快门速度(可达 10^{-4}s)，所以能将许多运动定格下来。

电荷耦合平面阵的工作原理与线阵相似，但这里感光基元排列成一个矩阵形式。感光基元列由传输门和传输寄存器隔开。首先将奇数列感光基元的内容顺序送进垂直传输寄存器，然后送进水平传输寄存器。把水平传输寄存器的内容送进放大器就得到 1 帧隔行的视频信号。对偶数列感光基元重复以上过程就可得到另 1 帧隔行的视频信号。将 2 帧合起来就得到隔行扫描电视的 1 场(f)。NTSC 制的扫描速度是 30f/s，PAL 制的扫描速度是 25f/s。

现在常用的线扫描 CCD 一般有 512～4096 个像素或更多，而 4096×4096 个像素的平面扫描 CCD 也已在使用。利用图像处理和分析的手段，还可以通过图像的拼接用较小分辨率的 CCD 获得较大视场的图像。电视摄像机一般用 CCD 阵组成，要得到数字图像需把摄像机的视频输出送到一个数字化器中，这常通过插在计算机中的图像采集卡来实现。

2.2.2　图像显示模块

图像处理最终的处理结果主要用于显示给人看，所以图像显示对图像处理系统来说是非常重要的。

1. 阴极射线管

常用图像处理系统的主要显示设备是电视显示器。在阴极射线管(CRT)中，电子枪束的水平垂直位置可由计算机控制。在每个偏转位置，电子枪束的强度是用电压来调制的。每个点的电压都与该点所对应的灰度值成正比。这样灰度图就转化为光亮度变化的模式，这个模式被记录在阴极射线管的屏幕上。

2. 液晶显示器

液晶的发现已有 100 多年的历史，但真正用于显示技术的历史不到 30 年。尽管有人认为液晶显示器(LCD)要想取代 CRT 至少还需 15 年的时间，但是 LCD 发展势头之大、发展速度之快令人刮目相看。LCD 的突出性能是极吸引人的，它的缺点正在逐步被克服。最近的最新 LCD 产品已大有改善，如 Sharp 公司推出的彩色非晶硅 TFT-LCD 产品，屏幕尺寸 21 英寸，分辨率 640×480，像素数 921 600 点，彩色数 1670 万种。富士通推出的 10.4 英寸显示器的视角可达 120°。

3. 场致发光显示器

场致发光显示器(FED)有多种类型。总体来说，从技术上看 FED 还不能与 CRT 和 LCD 相竞争，但等离子显示器件的性能优于 LCD，其本身视角可达 160°，结构工艺简单，目前是有力的竞争者。1994 年已有 40 英寸的壁挂式 AD-PDP 显示器展出，至于彩色荧光显示目前只能用于字符显示。FED 具有光明的前途，FED 是最新发展起来的彩色平板显示器件。但目前要解决的是大面积的 FED 需要改善发光的均匀性和提高低压荧光粉的发光效率，在实用化中，封接、排气、真空维持等工艺尚有困难，这些问题解决后 FED 大有前途。

4. 打印设备

打印设备一般用于输出较低分辨率的图像。在纸上打印灰度图像的一种简便方法是利用标准行打印机的重复打印能力。输出图像上任一点的灰度值可由该点打印的字符数量和密度来控制。近年来使用的各种热敏打印机、喷墨打印机和激光打印机等具有更高的能力，可以打印较高分辨率的图像。

2.2.3　图像存储模块

图像包含有大量的信息，因而存储图像也需要大量的空间。在图像处理系统中，大容量和快速的图像存储器是必不可少的。在计算机中，图像数据最小的量度单位是比特(bit)。

存储器的存储量常用字节(B，1B=8bit)、千字节(KB)、兆(10^6)字节(MB)、吉(10^9)字节(GB)、太(10^{12})字节(TB)等表示。存储一幅 1024×1024 的 8bit 图像就需要 1MB 的存储器。用于图像处理和分析的数字存储器可分为以下三类：

(1) 处理和分析过程中使用的快速存储器。

(2) 用于比较快地重新调用的在线存储器或联机存储器。

(3) 不经常使用的数据库(档案库)存储器。

计算机内存就是一种提供快速存储功能的存储器。目前一般微型计算机的内存常为几百兆字节。另一种提供快速存储功能的存储器是特制的硬件卡，也称帧缓存，或称显示存储器。帧缓存常可存储多幅图像并可以视频速度(每秒 25 或 30 幅图像)读取。帧缓存也可以允许对图像进行放大缩小、垂直翻转和水平翻转。目前常用的帧缓存容量在几十兆字节到上百兆字节。

磁盘是比较通用的在线存储器，常用的 Winchester 磁盘已可存储几吉字节的数据。近年还常用磁光(MagnetoOptical，MO)存储器。在线存储器的一个特点是需要经常读取数据，所以一般不采用磁带一类的顺序介质。对更大的存储要求，还可以使用光盘塔，一个光盘塔可放几十个到几百个光盘，利用机械装置插入或从光盘驱动器中抽取光盘。

数据库存储器的特点是要求非常大的容量，但对数据的读取不太频繁。这里常用磁带和光盘。长 13 米的磁带可存储达吉字节的数据。但磁带的储藏寿命较短，在控制很好的环境中也只有 7 年。一般常用的一次写多次读(Write Once Read Many，WORM)光盘可在 12 英寸的光盘上存储 6GB 数据，在 14 英寸的光盘上存储 10GB 数据。另外，WORM 光盘在一般环境下可储藏 30 年以上。在主要是读取的应用中，也可将 WORM 光盘放在光盘塔中。一个存储量达到 TB 级的 WORM 光盘塔可存储上百万幅 1024×1024 的 8bit 图像。

2.2.4 图像传输模块

近年来随着信息高速公路的建设，各种网络的发展非常迅速。因而，图像的通信传输也得到了极大的关注。另一方面，图像传输可使不同的系统共享图像数据资源，极大地推动了图像在各个领域的广泛应用。图像通信传输可分成近程的和远程的，它们的发展情况不太一致。

近程图像通信传输主要指在不同设备间交换图像数据，现已有许多用于局域通信的软件和硬件以及各种标准协议，如医疗仪器间的图像传输，采用国际标准协议 DICOM(Digital Image & Communications in Medicine)。

远程图像通信传输主要指在图像系统间传输图像。长距离图像通信遇到的首要问题是图像数据量大而传输通道常比较窄，外部远距离传输主要解决占用带宽问题。解决这个问题需要对图像数据进行压缩。目前，已有多种国际压缩标准来解决这一问题，图像通信网正在逐步建立。

2.2.5 图像处理模块

通常用算法的形式对图像进行处理，而大多数的算法可用软件实现，只有在为了提高速度或克服通用计算机限制的情况下才用特定的硬件。进入 20 世纪 90 年代，人们设计了各种与工业标准总线兼容的可以插入微型计算机或工作站的图像卡。这不仅减少了成本，也促进了图像处理和分析专用软件的发展。这些图像卡包括用于图像数字化和临时存储的图像采集卡，用于以视频速度进行算术和逻辑运算的算术逻辑单元，以及显示存储器等。

目前，数字图像处理(Digital Image Processing)多采用计算机处理，因此，有时也称之为计算机图像处理(Computer Image Processing)。数字图像处理概括地说主要包括几何处理(Geometrical Processing)、算术处理(Arithmetic Processing)、图像增强(Image Enhancement)、图像复原(Image Restoration)、图像重建(Image Reconstruction)、图像编码(Image Encoding)、模式识别(Pattern Recognition)、图像理解(Image Understanding)。

1. 几何处理

几何处理主要包括坐标变换，图像的放大、缩小、旋转移动，多个图像配准，全景畸变校正，扭曲校正，周长、面积、体积计算等。

2. 算术处理

算术处理主要对图像施以+、-、×、÷等运算。算数处理主要针对像素点进行处理，如医学图像的减影处理等。

3. 图像增强

图像增强处理主要是突出图像中感兴趣的信息，而减弱或去除不需要的信息，从而使有用信息得到加强，便于区分或解释。图像增强主要方法有直方图增强、伪彩色增强法、灰度窗口等技术。

4. 图像复原

图像复原处理的主要目的是去除干扰和模糊，恢复图像的本来面目，如去除图像噪声。图像噪声包括随机噪声和相干噪声。随机噪声干扰表现为麻点干扰，相干噪声表现为网纹干扰。去模糊也是复原处理的任务，这些模糊来自透镜散焦、相对运动、大气湍流以及云层遮挡等。这些干扰可用维纳滤波、逆滤波、同态滤波等方法加以去除。

5. 图像重建

几何处理、图像增强、图像复原都是从图像到图像的处理，即输入的原始数据是图像，处理后输出的也是图像；而图像重建处理则是从数据到图像的处理，即输入的是某种数据，而处理结果得到的是图像。该处理的典型应用就是 CT 技术。CT 技术发明于 1972 年，早期为 X 射线(X Ray)CT，后来发展的有 ECT、超声 CT、核磁共振(NMR)等。图像重建的主要算法有代数法、迭代法、傅里叶反投影法、卷积反投影法等，其中以卷积反投影法运用最为广泛，因为它的运算量小、速度快。值得注意的是三维重建算法发展得很快，而且由于与计算机图形学相结合，把多个二维图像合成三维图像，并加以光照模型和各种渲染技术，能生成各种具有强烈真实感及纯净的高质量图像。三维图形的主要算法有线框法、表面法、实体法、彩色分域法等。三维重建技术也是当今比较热门的虚拟现实和科学可视化技术的基础。

6. 图像编码

图像编码研究属于信息论中信源编码范畴，其主要宗旨是利用图像信号的统计特性及人类视觉的生理学及心理学特性对图像信号进行高效编码，即研究数据压缩技术，以解决数据量大的矛盾。一般来说，图像编码的目的有三个：①减少数据存储量；②降低数据率以减小传输带宽；③压缩信息量，便于特征抽取，为识别做准备。就编码而言，Kunt 提出第一代、第二代编码的概念。Kunt 把 1948—1988 年 40 年中研究的以去除冗余为基础的编码方法称为第一代编码。如 PCM、DPCM、AM、亚取样编码法，变换编码中的 DFT、DCT、Walsh-Hadamard 变换等方法以及以此为基础的混合编码法均属于经典的第一代编码法。而第二代编码法多是 20 世纪 80 年代以后提出的新编码方法，如金字塔编码法、Fractal 编码法、基于神经元网络的编码法、小波变换编码法、模型基编码法等。现代编码法的特点是：①充分考虑人的视觉特性；②恰当地考虑对图像信号的分解与表述；③采用图像的合成与识别方案压缩数据率。

图像编码应是经典的研究课题，60 多年的研究已有多种成熟的方法得到应用。随着多媒体技术的发展，已有若干编码标准由 ITU-T 制定出来，如 JPEG、H.261、H.263、MPEG1、MPEG2、MPEG4、MPEG7、JBIG(Joint Bi-level Image Expert Group，二值图像压缩)等。相信在未来会有更多、更有效的编码方法问世，以满足多媒体信息处理及通信的需要。

7. 模式识别

模式识别是数字图像处理的又一个研究应用领域。目前模式识别方法大致有三种，即统计识别法、句法结构识别法和模糊识别法。

统计识别法侧重于特征，句法结构识别侧重于结构和基元，模糊识别法是把模糊数学的一些概念和理论用于识别处理。在模糊识别处理中不仅充分考虑人的主观概率，也考虑人的非逻辑思维方法及人的生理、心理反应。

8. 图像理解

图像理解是由模式识别发展起来的方法。该处理输入的是图像，输出的是一种描述。这种描述并不仅是单纯地用符号做出详细的描绘，而且要利用客观世界的知识使计算机进行联想、思考及推论，从而理解图像所表现的内容。图像理解有时也称景物理解。在这一领域还有相当多的问题需要进行深入研究。

上述八项处理任务是图像处理所涉及的主要内容。总体上来看，经多年的发展，图像处理经历了从静止图像到活动图像、从单色图像到彩色图像、从客观图像到主观图像、从二维图像到三维图像的发展历程。特别是与计算机图形学的结合已能产生高度逼真、非常纯净、更有创造性的图像。由此派生出来的虚拟现实技术的发展或许将从根本上改变人们的学习、生产和生活方式。

2.2.6　采样及量化

连续的图像一般为光强度(或亮度)对空间坐标的函数。在用计算机对其处理之前，必须用图像传感器将光信号转换成表示亮度的电信号，再通过模/数(A/D)转换器量化成离散信号以便于数字计算机进行各种处理。这一部分工作称为图像采集，完成图像采集的系统称为数字图像采集系统，它是计算机图像处理中的一个重要组成部分。

数字图像采集系统主要包括三个基本单元：用于检测射线强度的图像传感器；对整个景物检测数据进行扫描采集的扫描驱动硬件；将连续信号进行量化，以适应于计算机处理的 A/D 转换器。图 2.2 给出了图像采集系统的框图。

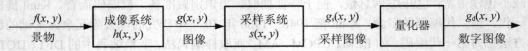

图 2.2　图像采集系统框图

连续的二维景物光谱图像通过成像系统转换成函数 $g(x,y)$。这一过程可表示为

$$g(x,y) = f(x,y)h(x,y) \tag{2.1}$$

其中 $h(x,y)$ 为成像系统的脉冲响应。成像系统的种类很多，如 CCD(Charge Coupled Device)摄像机等，CCD 摄像机是目前工业上使用最广泛的一种成像系统，它主要由镜头、CCD 芯片及驱动电路组成。由成像子系统输出的连续图像 $g(x,y)$ 进入采样系统产生采样图像 $g_s(x,y)$：

$$g_s(x,y) = g(x,y)s(x,y) \tag{2.2}$$

式中

$$s(x,y) = \sum_{m=-\infty}^{\infty} \sum_{n=-\infty}^{\infty} \delta(x-m)(y-n) \tag{2.3}$$

称为二维梳状函数，如图 2.3 所示。$\delta(x,y)$ 为二维单位脉冲函数。梳状函数构成了采样栅格，这时的采样图像 $g_s(x,y)$ 仅在 (x,y) 的整数坐标处有值，但 $g_s(x,y)$ 并不是离散的数字图像，而是定义在离散空间上的离散-连续图像，因为 $g_s(x,y)$ 的值域仍是连续的。数字计算机是无法处理这样的图像的，因而必须对每一个采样点的值做量化处理。

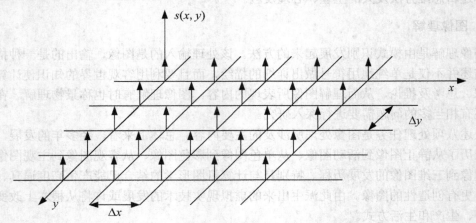

图 2.3　梳状函数(采样栅格)

量化为一个点处理过程，图 2.4 给出了常用的两种量化函数，即均匀量化函数和非均匀量化函数。$g_s(x,y)$ 通过量化器得到最终的数字图像 $g_d(x,y)$。这一过程实际上是由 A/D 转换器完成的。采样与量化构成的过程称数字化(digitization)。

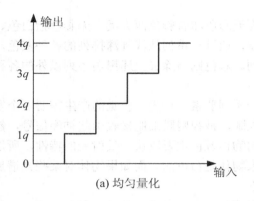

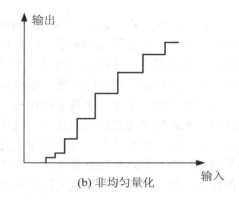

图 2.4　量化函数

注意：采样实际上是一个空间量化过程，而量化则是对图值的离散化过程。所得数字图像是连续图像 $f(x,y)$ 的一种近似表示。

前文从纯理论角度概要介绍了图像采集系统，实际上目前以微型计算机为基础的图像处理系统中，图像采集的功能通常是由摄像机(如显微摄像机)与插在主机扩展槽中的图像采集卡完成的。图像采集卡的种类很多，从处理图像的色彩角度可以分为黑白系统、伪彩色系统及真彩色系统。从图像采集的速度角度又可分为动态采集卡与静态采集卡。大部分图像采集卡除了具有将模拟图像数字化的功能外，还具有图像数据储存和显示功能。有的还具有硬件放大及漫游等功能。

计算机图像处理系统主要由图像采集(输入)系统、计算机及输出设备组成。目前，图像采集设备可选择数码相机、数字摄像机等，通过 USB 接口直接输入计算机，可不用采集卡。

2.3　图像与视觉之间的关系

2.3.1　颜色基础

尽管数字图像处理领域建立在数学和概率统计表示法的基础上，但在选择处理技术时，人的直觉和分析起到核心作用。因此，对于图像系统，尤其是输出供人观察的照片或屏幕显示的图像系统，就必须充分研究人的视觉系统。因为人的视觉系统才是这类图像系统的最终服务对象，而且输出的图像也最终是由人的视觉系统来给予评价的。对图像认识或理解是由感觉和心理状态来决定的，也就是说，这和图像内容及观察者的心理因素有关。

现实世界是五光十色的，怎样才能把这五光十色的世界成功地搬上屏幕，成功地在纸上表现出来呢？

通过理论研究和实践结果，人们对颜色的物理本质已有了相当的掌握和了解。颜色的本质是由牛顿最早系统研究和发现的。早在 17 世纪，牛顿通过用棱镜片研究对白光的折射发现白光可被分解成一系列从紫到红的连续光谱，从而证明白光是由不同颜色(而且这些颜色并不能再进一步被分解)的光线相混合而组成的。这些不同颜色的光线实际上是不同频率的电磁波。人的脑、眼将不同频率的电磁波感知为不同的颜色。

颜色和彩色严格来说并不等同。颜色可分为无彩色和有彩色两大类。无彩色指白色、黑色和各种深浅程度不同的灰色。以白色为一端，通过一系列从浅到深排列的各种灰色，到达另一端的黑色，这些可以组成一个黑白系列。彩色则指除去上述黑白系列以外的各种颜色。不过人们通常所说的颜色一般指彩色。

人的色觉的产生是一个复杂的过程，它有一系列要素。首先，色觉的产生需要一个发光光源。光源的光通过反射或透射方式传递到人眼，被视网膜细胞接收引起神经信号，然后人脑对此加以解释产生色觉。由于人感受到的物体颜色主要取决于反射光的特性，所以如果物体比较均衡地反射各种光谱，则人看起来物体是白色的。而如果物体对某些光谱反射得较多，则人看起来物体就呈现相对应的颜色。

根据人眼结构，所有颜色都可看作是三个基本颜色——红(R，Red)、绿(G，Green)和蓝(B，Blue)的不同组合。为了建立标准，国际照度委员会(CIE)早在 1931 年就规定三种基本色的波长分别为 R：700nm，G：546.1nm，B：435.8nm。由于光源的光谱是连续渐变的，所以并没有一种颜色可准确地称为红、绿、蓝。因而需要注意，定义三种基本波长并不表明仅三个固定的 R、G、B 分量就可组成所有颜色。

利用三基色叠加可产生光的三补色：品红(M，Magenta，即红加蓝)、青(C，Cyan，即绿加蓝)、黄(Y，Yellow，即红加绿)。按一定的比例混合三基色或将一个补色与相对的基色混合就可以产生白色。

以上讲的是光的三基色，除此以外还有颜料的三基色。颜料中的基色是指吸收一种光基色并让其他两种光基色反射的颜色，所以颜料的三基色正是光的三补色，而颜料的三补色正是光的三基色。如果以一定的比例混合颜料的三基色或者将一个补色与相对的基色混合就可以得到黑色。

2.3.2 颜色模型

自然界中的色彩千变万化，要准确地表示某一种颜色就需要建立颜色模型。不同的应用又有不同的颜色模型。上面提到，一种颜色可用三个基本量来描述，所以建立颜色模型就是建立一个 3D 坐标系统，其中每个空间点都代表某一种颜色。目前，常用的颜色模型有 RGB 模型、CMYK 模型、HSI 模型以及 Lab 模型等等。每一种模型都有自己的特点以及适用范围，并且各个模型之间都有可能进行转换。

1. RGB 模型

所谓 RGB 就是红(Red)、绿(Green)、蓝(Blue)三种色光原色。R、G、B 都为 0 时是黑色，都为 1 时是白色。这个模型基于笛卡儿坐标系统，三个轴分别为 R、G、B，如图 2.5 所示。人们感兴趣的部分是个正方体。原点对应黑色 K(Black)，离原点最远的顶点对应白色 W(White)。在这个模型中，从黑到白的灰度值分布在从原点到离原点最远顶点间的连线上，而立方体内其余各点对应不同的颜色，可用从原点到该点的矢量表示。为方便我们将立方体归一化为单位立方体，这样所有的 R、G、B 的值都在区间[0,1]中。

根据这个模型，每幅彩色图包括三个独立的基色图像平面，或者说可分解到三个图像平面上。反过来三个基色图像平面可以合成一幅彩色图像。在处理多光(频)谱的卫星遥感图像时常用 RGB 模型进行彩色合成。因为三种颜色每一种都有 256 个亮度水平级，所以三种色彩叠加就能形成 1670 万种颜色了(俗称"真彩")。这已经足以再现这个绚丽的世界了。

　　RGB 模型是色光的彩色模型，因为是由红、绿、蓝相叠加形成其他颜色，因此该模型也称加色合成法(Additive Color Synthesis)。所有的显示器、投影设备、电视机等都是依赖于 RGB 模型的。

　　就编辑图像而言，RGB 色彩模型是最佳的色彩模型，因为它可提供全屏幕的，达 24bit 的色彩范围，即所谓"真彩"显示。但是，如果 RGB 模型用于打印就不是最佳的了，因为 RGB 模型所提供的部分色彩已经超出了打印色彩范围之外，所以在打印一幅真彩的图像时，就必然会损失一部分亮度，并且比较鲜明的色彩肯定会失真的。这主要是因为打印所用的是 CMYK 模型，而 CMYK 模型所定义的色彩要比 RGB 模型定义的色彩要少得多，所以打印时，需进行 RGB 模型与 CMYK 模型的转换。

　　RGB 虽然表示直接，但是 R、G、B 数值和色彩的三属性没有直接的联系，不能揭示色彩之间的关系，所以在进行配色设计时，RGB 模型就不合适了。

2. CMYK 模型

　　CMYK(Cyan、Magenta、Yellow、Black)即代表印刷上用的四种油墨色，C 代表青色，M 代表品红色，Y 代表黄色。在实际应用中，它们三色很难叠加成真正的黑色，最多不过是褐色，因此又引入了 K——黑色。黑色的作用是强化暗调，加深暗部色彩。CMYK 模型是通过颜色相减来产生其他颜色的，所以人们称这种方式为减色合成法(Subtractive Color Synthesis)。图 2.5 为 RGB 与 CMYK 两个色彩模型的关系图。

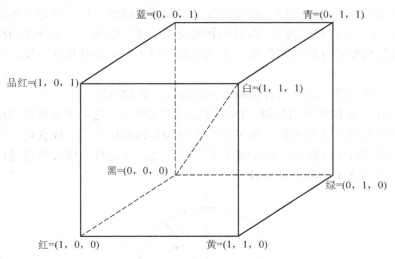

图 2.5　RGB 和 CMYK 彩色立方体

　　从图 2.5 中可以看出青、品红、黄(CMY)分别为红、绿、蓝(RGB)的补色，它们称为减色基色，红、绿、蓝称为加色基色。在 CMY 模型中，颜色由白光中减去一定成分而确定。CMY 坐标很容易从 RGB 模型中得到：

$$C = 1 - R \tag{2.4}$$

$$M = 1 - G \tag{2.5}$$

$$Y = 1 - B \tag{2.6}$$

CMY 模型可用于彩色图像打印输出，但是由于墨水的质量不可能是理想的，因而利用 CMY 模型不可能产生真正的黑色，所以引入了 CMYK 彩色模型：

$$K = \min(C, M, Y) \tag{2.7}$$
$$C = C - K \tag{2.8}$$
$$M = M - K \tag{2.9}$$
$$Y = Y - K \tag{2.10}$$

其中，K 为第四种颜色，表示黑色。

3. HSI 模式

人眼的色彩知觉主要包括三个要素，即区分颜色的三种基本特性量，称为色调(Hue)、饱和度(Saturation)和亮度(Intensity)。RGB 和 CMYK 颜色模型都是面向硬件的，但从人眼视觉特性来看，用色调、饱和度和亮度来描述彩色空间能更好地与人的视觉特性相匹配，即 HSI 模型。

色调是指光的颜色，如红、橙、黄、绿、青、蓝、紫分别表示不同的色调。就波长的意义上讲，不同的波长呈现不同的颜色，就是指色调的不同。

发光物体的色调取决于它产生的辐射光谱的分布；不发光物体的色调则由物体的吸收、反射或透射特性和照明光源的特性共同决定。

饱和度是指彩色的深浅程度，饱和度高表示颜色深，如深红；饱和度低表示颜色浅，如浅红。饱和度的深浅与色光中白光成分的多少有关，一种纯彩色光中加入的白光成分越少，则其饱和度就越高，反之白光成分越多，饱和度就越低。白光成分为零，则饱和度为100%。只有白光，则饱和度为 0。因而饱和度反映了某种色光被白光冲淡的程度。

亮度指人眼感受到光的明暗程度，光波的能量增大，亮度就增加，反之能量减弱时，亮度则变暗。

色调和饱和度说明了彩色的种类和彩色的深浅，合称色度。

图 2.6 给出了某种颜色的色调、饱和度及亮度的坐标。这种坐标可以构成一个柱坐标系，亮度在纯黑与纯白之间变化，饱和度在灰度和高饱和度色彩之间变化，色调则为从某一参考颜色(如红色)开始到某一实际颜色之间的角度。目前有多种彩色模型可以用于描述颜色的色调、饱和度及亮度，如 HIS。

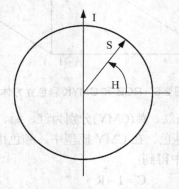

图 2.6 彩色的色调、饱和度和亮度的定义

HSI 模型建立在柱坐标系中，其中心轴为 RGB 空间中 $R=G=B$ 的直线，如图 2.7 所示。在 HSI 系统中，可显示的颜色为包含于 RGB 锥体内的颜色，因而饱和度的取值范围对于光强度大(靠近白光)及光强度很小(靠近黑色)的颜色都很小。

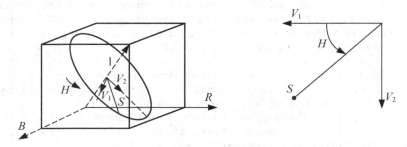

图 2.7　HSI 彩色空间

RGB 彩色模型与 HSI 彩色模型之间的转换可分以下两步完成。

第一步，首先将 RGB 坐标作一旋转，形成坐标系(I, V_1, V_2)，其对称轴为 $R=G=B$ 的直线。旋转操作可用下面线性变换来表示：

$$
\begin{bmatrix} I \\ V_1 \\ V_2 \end{bmatrix} = \begin{bmatrix} \dfrac{\sqrt{3}}{3} & \dfrac{\sqrt{3}}{3} & \dfrac{\sqrt{3}}{3} \\ 0 & \dfrac{1}{\sqrt{2}} & \dfrac{-1}{\sqrt{2}} \\ \dfrac{2}{\sqrt{6}} & \dfrac{-1}{\sqrt{6}} & \dfrac{-1}{\sqrt{6}} \end{bmatrix} = \begin{bmatrix} R \\ G \\ B \end{bmatrix} \tag{2.11}
$$

第二步，将直角坐标(V_1, V_2)转换成极坐标：

$$
H = \arctan\left(\frac{V_2}{V_1}\right) \tag{2.12}
$$

$$
S = \sqrt{V_1^2 + V_2^2} \tag{2.13}
$$

色调的变化范围是$[0, 2\pi]$或$[0, 360°]$。

HSI 到 RGB 的转换可用下面的公式计算：

$$
V_1 = S \cos H \tag{2.14}
$$

$$
V_2 = S \sin H \tag{2.15}
$$

$$
\begin{bmatrix} R \\ G \\ B \end{bmatrix} = \begin{bmatrix} \dfrac{\sqrt{3}}{3} & 0 & \dfrac{2}{\sqrt{6}} \\ \dfrac{\sqrt{3}}{3} & \dfrac{1}{\sqrt{2}} & \dfrac{-1}{\sqrt{6}} \\ \dfrac{\sqrt{3}}{3} & \dfrac{-1}{\sqrt{2}} & \dfrac{-1}{\sqrt{6}} \end{bmatrix} = \begin{bmatrix} I \\ V_1 \\ V_2 \end{bmatrix} \tag{2.16}
$$

【例 2.1】　将 RGB 图像转换为 HSI 图像使用函数 rgb2hsi。为表示方便，下面代码中用 rgb 和 hsi 分别代表 GRB 图像和 HSI 图像。

例 2.1 的 MATLAB 代码如下：

```
function hsi = rgb2hsi(rgb)
%RGB2HSI Converts an RGB image to HSI.
%   HSI = RGB2HSI(RGB) converts an RGB image to HSI. The input image
%   is assumed to be of size M-by-N-by-3, where the third dimension
%   accounts for three image planes: red, green, and blue, in that
%   order. If all RGB component images are equal, the HSI conversion
%   is undefined. The input image can be of class double (with values
%   in the range [0, 1]), uint8, or uint16.
%
%   The output image, HSI, is of class double, where:
%     hsi(:, :, 1) = hue image normalized to the range [0, 1] by
%                    dividing all angle values by 2*pi.
%     hsi(:, :, 2) = saturation image, in the range [0, 1].
%     hsi(:, :, 3) = intensity image, in the range [0, 1].
% Extract the individual component images.
rgb = im2double(rgb);
r = rgb(:, :, 1);
g = rgb(:, :, 2);
b = rgb(:, :, 3);

% Implement the conversion equations.
num = 0.5*((r - g) + (r - b));
den = sqrt((r - g).^2 + (r - b).*(g - b));
theta = acos(num./(den + eps));

H = theta;
H(b > g) = 2*pi - H(b > g);
H = H/(2*pi);

num = min(min(r, g), b);
den = r + g + b;
den(den == 0) = eps;
S = 1 - 3.* num./den;
H(S == 0) = 0;
I = (r + g + b)/3;
% Combine all three results into an hsi image.
hsi = cat(3, H, S, I);
```

【例 2.2】 函数 hsi2rgb 用于将 HSI 图像转换为 RGB 图像，下面代码中用 hsi 和 rgb 分别代表 HSI 图像和 GRB 图像。

例 2.2 的 MATLAB 代码如下：

```
function rgb = hsi2rgb(hsi)
%HSI2RGB Converts an HSI image to RGB.
%   RGB = HSI2RGB(HSI) converts an HSI image to RGB, where HSI is
%   assumed to be of class double with:
%     hsi(:, :, 1) = hue image, assumed to be in the range [0, 1] by having
been divided by 2*pi.
%     hsi(:, :, 2) = saturation image, in the range [0, 1].
%     hsi(:, :, 3) = intensity image, in the range [0, 1].
%
%   The components of the output image are:
%     rgb(:, :, 1) = red.
%     rgb(:, :, 2) = green.
%     rgb(:, :, 3) = blue.
```

```
% Extract the individual HSI component images.
H = hsi(:, :, 1) * 2 * pi;
S = hsi(:, :, 2);
I = hsi(:, :, 3);

% Implement the conversion equations.
R = zeros(size(hsi, 1), size(hsi, 2));
G = zeros(size(hsi, 1), size(hsi, 2));
B = zeros(size(hsi, 1), size(hsi, 2));

% RG sector (0 <= H < 2*pi/3).
idx = find( (0 <= H) & (H < 2*pi/3));
B(idx) = I(idx) .* (1 - S(idx));
R(idx) = I(idx) .* (1 + S(idx) .* cos(H(idx)) ./ cos(pi/3 - H(idx)));
G(idx) = 3*I(idx) - (R(idx) + B(idx));

% BG sector (2*pi/3 <= H < 4*pi/3).
idx = find( (2*pi/3 <= H) & (H < 4*pi/3) );
R(idx) = I(idx) .* (1 - S(idx));
G(idx) = I(idx) .* (1 + S(idx) .* cos(H(idx) - 2*pi/3) ./ cos(pi - H(idx)));
B(idx) = 3*I(idx) - (R(idx) + G(idx));

% BR sector.
idx = find( (4*pi/3 <= H) & (H <= 2*pi));
G(idx) = I(idx) .* (1 - S(idx));
B(idx) = I(idx) .* (1 + S(idx) .* cos(H(idx) - 4*pi/3) ./ cos(5*pi/3 - H(idx)));
R(idx) = 3*I(idx) - (G(idx) + B(idx));

% Combine all three results into an RGB image.  Clip to [0, 1] to
% compensate for floating-point arithmetic rounding effects.
rgb = cat(3, R, G, B);
rgb = max(min(rgb, 1), 0);
```

2.3.3　人眼与视觉信息

眼睛是视觉系统的重要组成部分,当外界景象通过眼球的光学系统在视网膜上成像后,视网膜产生相应的胜利电图像并经视神经传入大脑。

人眼的视网膜由感光细胞覆盖,类似于 CCD 芯片上的感受基(像素) ,如图 2.8 所示。感光细胞吸收来自于光学图像的光线,通过晶体透镜和角膜聚集在视网膜上生成了神经脉冲,并通过大约 100 万个光学神经纤维传送到大脑。这些脉冲的频率代表了入射光线的强度。

眼睛内晶状体和普通光学镜头的主要区别是前者要灵活得多。晶状体后曲面的曲率半径比它前部要大。当晶状体的屈光能力从最小变到最大时,晶状体聚焦中心和视网膜间的距离可以从约 17mm 变到约 14mm。当眼睛聚焦在一个 3m 以外的物体上时,晶状体具有最小的屈光能力;而当眼睛聚焦在一个很近的物体上时,晶状体具有最大的屈光能力。据此可以计算物体在视网膜上的成像尺寸。如图 2.9 所示,观察者在观察一棵距离自己 100m 的树,树高为 15m。如果物体在视网膜上的像高为 h,单位为 mm,由图中的几何形状可以得出 $15/100=h/17$,由此可得 $h=2.55$mm。

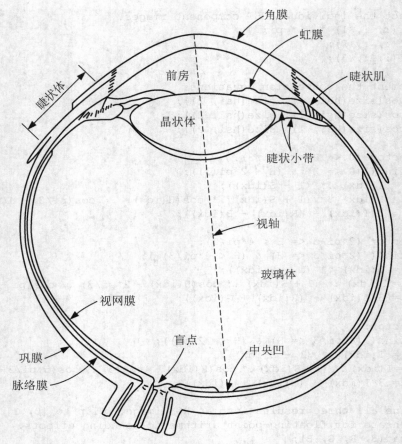

图 2.8　人眼的横断面图

角膜

虹膜

睫状肌

前房

晶状体

睫状体

睫状小带

视轴

玻璃体

视网膜

盲点

中央凹

巩膜

脉络膜

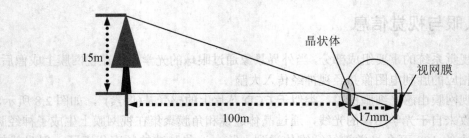

图 2.9　人眼成像图解

15m

100m

晶状体

视网膜

17mm

2.3.4　图像质量评价方法

图像质量的评价研究是图像信息科学基础研究之一。对于图像处理或者图像通信系统，其信息主体是图像，衡量这个系统的重要指标，就是图像的质量。例如在图像编码中，就是在保持被编码图像一定质量的前提下，以尽量少的码字表示图像，以便节省信道和存储容量。而图像增强就是为了改善图像的主体视觉质量。再如图像复原，则用于补偿图像的降质，使复原后的图像尽可能接近原始图像质量。所有这些都要求有一个合理的图像质量评价方法。

图像质量的含义包括两个方面：一个是图像的逼真度，即被评价图像与原标准图像的偏离程度；另一个是图像的可懂度，是指图像能向人或机器提供信息的能力。尽管最理想的情况是能够找出图像逼真度和图像可懂度的定量描述方法，以作为评价图像和设计图像系统的依据。但是由于目前对人的视觉系统性质还没有充分理解，对人的心理因素还找不出定量描述方法，因而用得较多且最具权威性的还是所谓主观评价方法。

1. 图像的主观评价

图像的主观评价就是通过人来观察图像，对图像的优劣作出主观评定，然后对评分进行统计平均，得出评价的结果。这时评价出的图像质量与观察者的特征及观察条件等因素有关。为保证主观评价在主观上有意义，选择观察者时既要考虑有未受过训练的"外行"观察者，又要考虑有对图像技术有一定经验的"内行"观察者。另外，参加评分的观察者至少要 20 名，测试条件应尽可能与使用条件相匹配。

在图像质量的主观评价方法中又分为两种评价计分方法，就是国际上通行的五级评分的质量尺度和妨碍尺度，如表 2.1 所示。它们是由观察者根据自己的经验，对被评价图像作出质量判断。在有些情况下，可以提供一组标准图像作为参考，帮助观察者对图像质量作出适合的评价。一般来说，对非专业人员多采用质量尺度，对专业人员则采用妨碍尺度较好。

表 2.1　两种尺度的图像五级评分

尺 度		得 分	尺 度		得 分
妨碍尺度	无觉察	5	质量尺度	非常好	5
	刚觉察	4		好	4
	觉察但不讨厌	3		一般	3
	讨厌	2		差	2
	难以观看	1		非常差	1

2. 图像的客观评价

尽管主观质量的评价是最权威的方式，但是在一些研究场合，或者由于试验条件的限制，也希望对图像质量有一个定量的客观描述。图像质量的客观评价由于着眼点不同而有多重方法，这里介绍的是一种经常使用的所谓逼真度测量。对于彩色图像逼真度的定量表示是一个十分复杂的问题。目前应用得较多的是对黑白图像逼真度的定量表示。合理的测量方法应与主观实验结果一致，而且要求简单易行。

对于连续图像场合，设 $f(x,y)$ 为一定义在矩形区域 $-L_x \leqslant x \leqslant L_x, -L_y \leqslant y \leqslant L_y$ 的连续图像，其降质图像为 $\hat{f}(x,y)$，它们之间的逼真度可用归一化的互相关函数 K 来表示：

$$K = \frac{\displaystyle\int_{-L_x}^{L_x}\int_{-L_y}^{L_y} f(x,y)\hat{f}(x,y)\mathrm{d}_x\mathrm{d}_y}{\displaystyle\int_{-L_x}^{L_x}\int_{-L_y}^{L_y} f^2(x,y)\mathrm{d}_x\mathrm{d}_y} \tag{2.17}$$

对于数字图像场合，设 $f(i,k)$ 为原参考图像，$\hat{f}(i,k)$ 为其降质图像，逼真度可定义为归一化的均方误差值 N：

$$N = \frac{\sum_{j=0}^{N-1}\sum_{k=0}^{M-1}\{Q[f(j,k)] - \hat{Q}[f(j,k)]\}}{\sum_{j=0}^{N-1}\sum_{k=0}^{M-1}\{Q[f(j,k)]\}^2} \tag{2.18}$$

式中，运算符 $Q[*]$ 表示在计算逼真度前，为使测量值与主观评价的结果一致而进行的某种预处理，如对数处理、幂处理等。

对数字图像的评价方法仍然是一个有待进一步研究的课题。在定量的逼真度描述和主观评价之间并没有取得真正的一致性，除非对于已经达到一定显示精度的图像，例如彩色数字电视机、高清晰度电视机，或者是高码率的会议电视图像等，这时两者之间比较统一。但在多数情况下，逼真度的测量往往与实际观察效果不一致。这时采用的就可能是多种评价方法和测量参数，如主观评分、PMSE 测量，有时甚至还要加上对画面的动感(帧频)评价等。

小   结

本章详细介绍了数字图像处理系统中每个模块的工作原理和流程，以及图像采样和量化的原理和过程；简单地论述了人类视觉系统，提供了人眼感知图像信息能力的一个基本概念；阐述了颜色基础及各种颜色模型，为后续学习彩色图像处理奠定了基础；除此之外，还介绍了图像像素之间的基本关系。

习   题

1. 将一幅光学模拟图像转化为数字图像，需要哪几个过程？采样和量化对图像质量各有什么影响？

2. 图像数字化过程中的失真原因有哪些？

3. 试从结构和功能等角度分析人类视觉中最基本的几个要素是什么？

4. 发光强度、亮度、照度、主观亮度各有什么不同？

5. 在图像处理中有哪几种彩色模式？它们各自的应用对象是什么？

6. 一幅模拟彩色图像经数字化后，其分辨率为 1024 像素×768 像素，若每个像素用红、绿、蓝三基色表示，三基色的灰度等级为 8，在无压缩的情况下，计算存储该图像将占用的存储空间。

7. 编写程序，实现 RGB 模型与 CMYK 模型之间的双向变换计算。

8. 彩色图像的获取方法有几种？

第3章 图像变换

【教学目标】

通过本章的学习，了解图像变换的两种基本方式——时域变换和频域变换的基本原理与方法；了解时域变换中的基本方法；掌握频域变换中的傅里叶变换、离散余弦变换、离散小波变换、K-L 变换、沃尔什-哈达玛变换等正交变换的原理与应用。

本章主要介绍图像的变换方式，图像变换方式分为两大类，一类是在时域(或者叫空域)的变换，还有一类是在变换域(频域)的变换。时(空)域的变换即直接对图像的像素进行操作修改使图像发生变化，而频域的变换是将图像先进行一定的运算变换到频域后再对频域的系数进行修改使图像发生变化，通常还要将频域的数据进行逆变换后变回空域的图像。

3.1 图像的空域变换

空域变换即指直接对数字图像像素值进行修改达到变换图像的目的。空域变换主要有两种：代数变换和几何变换。

3.1.1 图像的代数变换

代数变换包括算术运算和逻辑运算。算术运算即对图像的像素点进行加减乘除运算，而逻辑运算主要有与、或、非、异或等等。下面举几个例子来进行说明。

1. 加法运算

如两幅大小相同图像 A、B，利用公式 $g(x,y)=A(x,y)/2+B(x,y)/2$ 对其进行相加，则可得到 $g(x,y)$ 为二者叠加的效果，如图 3.1 所示。(可参看前面彩色插图)

 +  =

图 3.1　加法运算效果图

2. 与运算

以黑白图像为例，已知黑白图像像素取值为 0 或 1，而 x 与 0=0、x 与 1=x，所以进行与运算可以提取出感兴趣的区域，如图 3.2 所示。

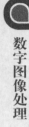

图 3.2　与运算效果图(1)

同时与运算还可以提取出两幅图像相交子图，如图 3.3 所示。

图 3.3　与运算效果图(2)

3. 或运算

同理，或运算也可提取出感兴趣区域，如图 3.4 所示。

图 3.4　或运算效果图

3.1.2　图像的几何变换

图像的几何变换包括平移、旋转、缩放、镜像等。

1. 图像的平移

图像的平移是将图像中所有的点都按照指定的平移量，进行水平、垂直移动。
设初始坐标为(x_0,y_0)的点，经过平移(t_x,t_y)后，坐标变为(x_1,y_1)。如图 3.5 所示。
显然二者的关系为

$$\begin{cases} x_1 = x_0 + t_x \\ y_1 = y_0 + t_y \end{cases}$$

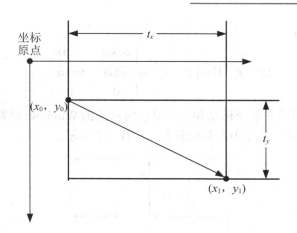

图 3.5　平移坐标图

也可使用矩阵来表示，如式(3.1)所示。

$$[x_1 \quad y_1 \quad 1] = [x_0 \quad y_0 \quad 1] \begin{bmatrix} 1 & 0 & 0 \\ 0 & 1 & 0 \\ t_x & t_y & 1 \end{bmatrix} \tag{3.1}$$

2．图像的旋转

图像旋转通常是指在平面内绕某一中心旋转一定角度，首先确定旋转的中心。而且旋转后图像的大小通常会发生变化。如图 3.6 所示，点(x_0, y_0)经过旋转α角度后坐标变成(x_1, y_1)。

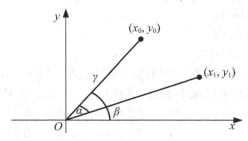

图 3.6　旋转坐标图

旋转前：

$$\begin{cases} x_0 = \gamma \cos \beta \\ y_0 = \gamma \sin \beta \end{cases} \tag{3.2}$$

旋转后：

$$\begin{cases} x_1 = \gamma \cos(\beta - \alpha) = \gamma \cos \beta \cos \alpha + \gamma \sin \beta \sin \alpha \\ \quad = x_0 \cos \alpha + y_0 \sin \alpha \\ y_0 = \gamma \sin(\beta - \alpha) = \gamma \sin \beta \cos \alpha - \gamma \cos \beta \sin \alpha \\ \quad = x_0 \sin \alpha + y_0 \cos \alpha \end{cases} \tag{3.3}$$

用矩阵表示如下：

$$[x_1 \quad y_1 \quad 1] = [x_0 \quad y_0 \quad 1] \begin{bmatrix} \cos\alpha & -\sin\alpha & 0 \\ \sin\alpha & \cos\alpha & 0 \\ 0 & 0 & 1 \end{bmatrix} \tag{3.4}$$

但是请注意：旋转所在的坐标系和图像显示时对应的 Windows 屏幕坐标系是不一样的。这里 xoy 为旋转坐标系，$x'o'y'$ 为屏幕坐标系，如图 3.7 所示。

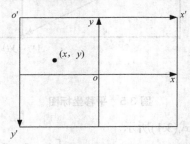

图 3.7　坐标示意图

则两个坐标系对应的坐标关系可用式 3.5 表示如下：

$$[x \quad y \quad 1] = [x' \quad y' \quad 1] \begin{bmatrix} 1 & 0 & 0 \\ 0 & -1 & 0 \\ -0.5w & 0.5h & 1 \end{bmatrix} \tag{3.5}$$

实际上可以分为以下三步进行整个旋转变换。

(1)　将坐标系 $x'o'y'$ 变成 xoy。

(2)　将该点顺时针旋转 α 角。

(3)　将坐标系 xoy 变回 $x'o'y'$。

将上面三步变换进行合成得到三个矩阵的级联矩阵，如式(3.6)所示。

(x_0,y_0) 和 (x_1,y_1) 都是 $x'o'y'$ 坐标系中的点，使用 w_{new} 和 h_{new} 是因为图像放大了。

$$[x_1 \quad y_1 \quad 1] = [x_0 \quad y_0 \quad 1] \begin{bmatrix} 1 & 0 & 0 \\ 0 & -1 & 0 \\ -0.5w_{old} & 0.5h_{old} & 1 \end{bmatrix} \begin{bmatrix} \cos\alpha & -\sin\alpha & 0 \\ \sin\alpha & \cos\alpha & 0 \\ 0 & 0 & 1 \end{bmatrix} \begin{bmatrix} 1 & 0 & 0 \\ 0 & -1 & 0 \\ -0.5w_{new} & 0.5h_{new} & 1 \end{bmatrix} \tag{3.6}$$

具体效果如图 3.8 所示。图 3.8(b) 为对图 3.8(a) 旋转 45°的效果图。

(a)　原图　　　　　　　　　　(b)　旋转 45°

图 3.8　旋转效果示意图

3．图像镜像的变换

图像的镜像变换分为两种：水平镜像和垂直镜像。

图像的水平镜像操作是以原图像的垂直中轴线为中心，将图像分为左右两部分进行对称变换；图像的垂直镜像操作是以原图像的水平中轴线为中心，将图像分为上下两部分进行对称变换。设图像高度为 Height，宽度为 Width，原图中的 (x_0,y_0) 经过水平镜像后，坐标将变成 $(Width-x_0,y_0)$，即

$$\begin{cases} x_1 = \text{Width} - x_0 \\ y_1 = y_0 \end{cases}$$

镜像变换后图像的高和宽都不变。点 (x_0,y_0) 经过垂直镜像后，坐标将变成为 $(x_0,\text{Height}-y_0)$，即

$$\begin{cases} x_1 = x_0 \\ y_1 = \text{Height} - y_0 \end{cases}$$

或者用矩阵表示如下：

水平镜像

$$[x_0 \quad y_0 \quad 1] = [x_1 \quad y_1 \quad 1]\begin{bmatrix} -1 & 0 & 0 \\ 0 & 1 & 0 \\ w & 0 & 1 \end{bmatrix} \tag{3.7}$$

垂直镜像

$$[x_0 \quad y_0 \quad 1] = [x_1 \quad y_1 \quad 1]\begin{bmatrix} 1 & 0 & 0 \\ 0 & -1 & 0 \\ 0 & h & 1 \end{bmatrix} \tag{3.8}$$

镜像效果如图 3.9 所示。

(a) 原图   (b) 水平镜像图   (c) 垂直镜像图

图 3.9 镜像效果图

4．图像的缩放

图像的缩放即沿 x 或 y 方向缩小或放大，设沿 x 方向缩放 d_1 倍，y 方向缩放 d_2 倍，则有

$$\begin{cases} x_1 = d_1 x_0 \\ y_1 = d_2 y_0 \end{cases}$$

用矩阵表示为

$$[x_0 \quad y_0 \quad 1] = [x_1 \quad y_1 \quad 1]\begin{bmatrix} d_1 & 0 & 0 \\ 0 & d_2 & 0 \\ 0 & 0 & 1 \end{bmatrix} \tag{3.9}$$

3.2 图像的正交变换

为了有效、快速地对图像进行处理和分析，常常需要将原定义在图像空间的图像以某种形式转换到另外一些空间，并利用在这些空间的特有性质方便地进行一定的加工，最后再转换回图像空间以得到所需的效果，这就是图像频域变换。图像频域变换是许多图像处理和分析技术的基础。图像的变换应该满足这样一些条件：变换是线性的、可逆的且满足一定的正交条件。

在图像处理和分析技术的发展中，离散傅里叶变换曾经起过并仍在起着重要的作用。傅里叶变换的快速算法是傅里叶变换得到广泛应用的关键，正是由于快速算法在 20 世纪 60 年代的提出，极大地推动了图像处理的发展。下面首先介绍傅里叶变换，然后介绍其他一些广泛应用于图像处理的变换技术。

3.2.1 傅里叶变换

1. 一维傅里叶变换

傅里叶变换在数学中的定义非常严格，它的定义如下所示。

设 $f(x)$ 为 x 的函数，如果 $f(x)$ 满足下面的狄里赫莱条件：

(1) 具有有限个间断点；

(2) 具有有限个极值点；

(3) 绝对可积。

傅里叶变换可以将一维信号从时域变换到频域，一个正弦信号经过傅里叶变换后，得到它的频率分布零频(直流分量)和基频。

一维傅里叶变换的定义：

$$F(u) = \int_{-\infty}^{+\infty} f(x) e^{-j2\pi u x} dx \tag{3.10}$$

一维傅里叶反变换定义：

$$f(x) = \int_{-\infty}^{+\infty} F(u) e^{j2\pi u x} du \tag{3.11}$$

式中，x 为时域变量，u 为频域变量。$F(u)$ 包含了正弦项和余弦项的无限项的和，它的每一个值确定了所对应的正弦-余弦对的频率。

根据尤拉公式

$$\exp[-j2\pi ux] = \cos 2\pi ux - j\sin 2\pi ux \tag{3.12}$$

傅里叶变换系数可以写成如式(3.13)所示的复数和极坐标形式:

$$F(u) = R(u) + jI(u) = |F(u)|e^{j\phi(u)} \tag{3.13}$$

其中，傅里叶谱(幅值函数)为

$$|F(u)| = [R^2(u) + I^2(u)]^{1/2} \tag{3.14}$$

相角为

$$\phi(u) = \arctan^{-1}\left[\frac{I(u)}{R(u)}\right] \tag{3.15}$$

能量谱为

$$E(u) = |F(u)|^2 = R^2(u) + I^2(u) \tag{3.16}$$

2. 二维傅里叶变换

二维连续函数 $f(x, y)$ 的傅里叶变换定义如下。

设 $f(x, y)$ 是独立变量 x, y 的函数，且在 $\pm\infty$ 上绝对可积，则定义积分

$$F(u, v) = \int_{-\infty}^{\infty}\int_{-\infty}^{\infty} f(x, y)e^{-j2\pi(ux+vy)}\mathrm{d}x\mathrm{d}y \tag{3.17}$$

为二维连续函数 $f(x, y)$ 的傅里叶变换，并定义

$$f(x, y) = \int_{-\infty}^{\infty}\int_{-\infty}^{\infty} F(u, v)e^{j2\pi(ux+vy)}\mathrm{d}u\mathrm{d}v \tag{3.18}$$

为 $F(u, v)$ 的反变换。$f(x, y)$ 和 $F(u, v)$ 为傅里叶变换对。

二维函数的傅里叶谱为

$$|F(u, v)| = [R^2(u, v) + I^2(u, v)]^{1/2} \tag{3.19}$$

二维函数的傅里叶变换的相角为

$$\phi(u, v) = \arctan^{-1}\left[\frac{I(u, v)}{R(u, v)}\right] \tag{3.20}$$

二维函数的傅里叶变换的能量谱为

$$E(u, v) = |F(u, v)|^2 = R^2(u, v) + I^2(u, v) \tag{3.21}$$

3. 离散傅里叶变换

由于实际问题的时间函数或空间函数的区间是有限的，或者是频谱有截止频率。至少在横坐标超过一定范围时，函数值已趋于 0 而可以略去不计。将 $f(x)$ 和 $F(u)$ 的有效宽度同样等分为 N 个小间隔，对连续傅里叶变换进行近似的数值计算，得到离散傅里叶变换(Discrete Fourier Transform，DFT)定义。

其中，一维离散傅里叶正变换为

$$F(u) = \frac{1}{N}\sum_{x=0}^{N-1} f(x)\exp(-j2\pi ux/N) \tag{3.22}$$

一维离散傅里叶反变换为

$$f(x) = \sum_{u=0}^{N-1} F(u)\exp(j2\pi ux/N) \tag{3.23}$$

二维离散傅里叶变换为

对于 $M \times N$ 图像，

$$F(u,v) = \frac{1}{MN} \sum_{x=0}^{M-1} \sum_{y=0}^{N-1} f(x,y) \exp\left[-j2\pi\left(\frac{ux}{M} + \frac{vy}{N}\right)\right] \tag{3.24}$$

$$f(x,y) = \sum_{u=0}^{M-1} \sum_{v=0}^{N-1} F(u,v) \exp\left[j2\pi\left(\frac{ux}{M} + \frac{vy}{N}\right)\right] \tag{3.25}$$

对于 $N \times N$ 图像，二维离散傅里叶变换为

$$F(u,v) = \frac{1}{N^2} \sum_{x=0}^{N-1} \sum_{y=0}^{N-1} f(x,y) \exp\left(-j2\pi\frac{ux+vy}{N}\right)$$

$$f(x,y) = \sum_{u=0}^{N-1} \sum_{v=0}^{N-1} F(u,v) \exp\left[j2\pi\left(\frac{ux+vy}{N}\right)\right]$$

【例 3.1】 用 MATLAB 实现图像的傅里叶变换。

解： MATLAB 程序如下：

```
I=imread('pout.tif');                    %读入图像
Imshow(I);                               %显示图像
I1=fft2(I);                              %计算二维傅里叶变换
I2=fftshift(I1);                         %将直流分量移到频谱图的中心
Figure;imshow(log(abs(I2)+1,[0,10]);     %显示变换后的频谱图
```

程序中为了增强显示效果，用对数进行压缩，然后将频谱幅度的对数值用 0～10 之间的值进行显示，频谱中心化的原理详见下文性质 4 平移性的介绍。MATLAB 中运行结果如图 3.10 所示。

(a) 原图   (b) 变换后的 DFT 频谱图

图 3.10　傅里叶变换频谱图

离散傅里叶变换进行图像处理时有如下特点。

(1) 直流成分为 $F(0,0)$。

(2) 幅度谱 $|F(u,v)|$ 对称于原点。

(3) 图像 $f(x,y)$ 平移后，幅度谱不发生变化，仅有相位变化。

4．二维离散傅里叶变换的性质

性质 1： $F(0,0)$ 与图像均值的关系

二维图像灰度均值定义：

$$\overline{f}(x,y) = \frac{1}{N^2}\sum_{x=0}^{N-1}\sum_{y=0}^{N-1}f(x,y)$$

而傅里叶变换变换域原点的频谱分量：

$$F(0,0) = \frac{1}{N}\sum_{x=0}^{N-1}\sum_{y=0}^{N-1}f(x,y)$$

所以有

$$\overline{f}(x,y) = \frac{1}{N}F(0,0)$$

可知 $F(0,0)$ 数值 N 倍于图像灰度均值。也即频谱图中的原点即为原图像 $f(x,y)$ 的平均值，也称作频率谱的直流成分。

性质 2：周期性和共轭对称性

离散的傅里叶变换及其反变换具有周期为 N 的周期性：

$$F(u,v) = F(u+N,v) = F(u,v+N) = F(u+mN,v+nN)$$

$$f(x,y) = f(x+mN, y+nN) \tag{3.26}$$

$$m,n = 0, \pm1, \pm2\cdots$$

傅里叶变换也存在共轭对称性：

$$F(mN-u, nN-v) = F^*(u,v) \tag{3.27}$$

$$m,n = 0, \pm1, \pm2\cdots$$

周期性和共轭对称性为计算带来了许多方便。下面首先来看一维的情况。设有一矩形函数为

$$f(x) = \begin{cases} A & 0 \leqslant x \leqslant X \\ 0 & \text{其他} \end{cases}$$

求出它的傅里叶变换为

$$F(u) = \int_{-\infty}^{\infty}f(x)e^{-j2\pi ux}dx = A\int_{0}^{X}e^{-j2\pi ux}dx = AX\frac{\sin \pi uX}{\pi uX}e^{-j\pi uX}$$

则它的幅度谱为

$$|F(u)| = AX\left|\frac{\sin \pi uX}{\pi uX}\right|$$

其幅度谱如图 3.11(a)所示，$|F(u)|$ 具有长度为 N 的周期，由对称性可知频谱是对称于原点的，因此在 $-N/2\sim N/2$ 区间可以看到一个完整的频谱，而离散傅里叶变换的区间是 $[0,N-1]$，在这个区间内频谱由两个背靠着背的半周期组成(即前一个周期的后一半和后一个周期的前一半)。要显示一个完整的周期，必须将变换的原点移至点$(u=N/2)$，如图 3.11(b)所示。

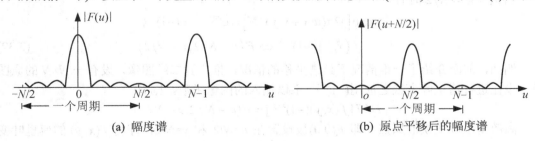

(a) 幅度谱　　　　　　　　　　(b) 原点平移后的幅度谱

图 3.11　频谱平移示意图

所以根据定义,有

$$F(u + N/2) = \frac{1}{N}\sum_{x=0}^{N-1} f(x)\mathrm{e}^{-\mathrm{j}\frac{2\pi}{N}x(u+N/2)} = \frac{1}{N}\sum_{x=0}^{N-1}(-1)^x f(x)\mathrm{e}^{-\mathrm{j}\frac{2\pi}{N}xu}$$

在进行离散傅里叶变换之前用 $(-1)^x$ 乘以输入的信号 $f(x)$,可以在一个周期的变换中 (u=0,1,2,…,N-1),求得一个完整的频谱。

性质 3:可分性

离散傅里叶变换可以用可分离的形式表示:

$$F(u,v) = \frac{1}{M}\sum_{x=0}^{M-1}\mathrm{e}^{-\mathrm{j}2\pi ux/M}\frac{1}{N}\sum_{y=0}^{N-1} f(x,y)\mathrm{e}^{-\mathrm{j}2\pi vy/N}$$

$$= \frac{1}{M}\sum_{x=0}^{M-1} F(x,v)\mathrm{e}^{-\mathrm{j}2\pi ux/M} \tag{3.28}$$

式中

$$F(x,v) = \frac{1}{N}\sum_{y=0}^{N-1} f(x,y)\mathrm{e}^{-\mathrm{j}2\pi vy/N} \tag{3.29}$$

对于每一个 x 值,当 v=0,1,2,…,N-1 时,该等式是完整的一维傅里叶变换。二维傅里叶变换可以通过两次一维傅里叶变换来实现,如图 3.12 所示。同样可以通过先求列变换再求行变换得到二维离散傅里叶变换。

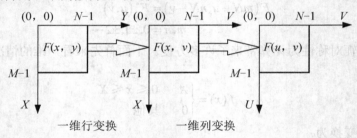

图 3.12 二维离散傅里叶变换方法

性质 4:平移性

空间域平移:

$$f(x-x_0, y-y_0) \Leftrightarrow F(u,v)\exp\left(-\mathrm{j}2\pi\frac{ux_0+vy_0}{N}\right) \tag{3.30}$$

频率域平移:

$$f(x,y)\exp\left(\mathrm{j}2\pi\frac{u_0 x+v_0 y}{N}\right) \Leftrightarrow F(u-u_0, v-v_0) \tag{3.31}$$

当 $u_0 = v_0 = N/2$ 时有

$$\exp[\mathrm{j}2\pi(u_0 x+v_0 y)/N] = \mathrm{e}^{\mathrm{j}\pi(x+y)} = (-1)^{x+y}$$

$$f(x,y)(-1)^{x+y} \Leftrightarrow F(u-N/2, v-N/2) \tag{3.32}$$

例如,前面介绍了一维情况下频谱平移的情况,推广到二维图像,设有一 $N\times N$ 的原图像,设在进行傅里叶变换之前用 $(-1)^{x+y}$ 乘以输入的图像函数,则有

$$DFT[f(x,y)(-1)^{x+y}] = F(u-N/2, v-N/2)$$

离散傅里叶变换的原点,即 $F(0,0)$ 被设置在 u=$N/2$ 和 v=$N/2$,即将 $f(x,y)$ 的傅里叶变换的原点移动到相应 $N\times N$ 频率方阵的中心,即称之为频谱中心化。在图 3.13 中,图 3.13(b)

为原始信号的频谱图，图 3.13(c)为将频谱原点搬移到中心之后的频谱图。由图可知，频谱中心化后，低频成分集中在中心，而高频成分位于四周，这样有助于观察频谱。

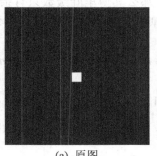 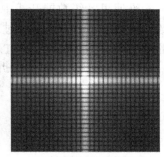

(a) 原图　　　　　　　(b) 中心化前的频谱图　　　　　　(c) 中心化后的频谱图

图 3.13　频谱平移效果图

性质 5：旋转性质

平面直角坐标改写成极坐标形式：

$$\begin{cases} x = r\cos\theta \\ y = r\sin\theta \end{cases} \qquad \begin{cases} u = \omega\cos\varphi \\ v = \omega\sin\varphi \end{cases}$$

作代换有

$$f(x,y) \rightarrow f(r,\theta) \Leftrightarrow F(\omega,\varphi)$$

如果 $f(x,y)$ 被旋转 θ_0，则 $F(u,v)$ 被旋转同一角度，即有傅里叶变换对：

$$f(r,\theta + \theta_0) \Leftrightarrow F(\omega,\varphi + \theta_0) \tag{3.33}$$

性质 6：线性性质

如果 $f_1 \Leftrightarrow F_1$，$f_2 \Leftrightarrow F_2$，

则有

$$af_1(x,y) + bf_2(x,y) \Leftrightarrow aF_1(u,v) + bF_2(u,v) \tag{3.34}$$

性质 7：卷积与相关定理

一维图像序列的卷积运算定义为

$$y(n) = \sum_{k=-\infty}^{+\infty} x(k) \cdot h(n-k) = x(n) * h(n)$$

当

$$f(x) \Leftrightarrow F(u), \quad g(x) \Leftrightarrow G(u)\text{时，}$$

则有

$$f(x) * g(x) \Leftrightarrow F(u) \cdot G(u) \qquad f(x) \cdot g(x) \Leftrightarrow F(u) * G(u) \tag{3.35}$$

注意在用傅里叶变换计算卷积时，由于函数被周期化，为了保证卷积结果正确，计算过程中两个序列长度 N_1、N_2 都要补零加长为 N_1+N_2-1。二维图像序列卷积定理的定义和计算过程与一维情况相同。*为卷积符号。

3.2.2　离散余弦变换

任何实对称函数的傅里叶变换中只含余弦项，离散余弦变换是傅里叶变换的特例，离散余弦变换(Discrete Cosine Transform，DCT)是简化离散傅里叶变换的重要方法。

1. 一维离散余弦变换

一维傅里叶级数展开式中，若被展开的函数是实偶函数，那么其傅里叶级数只有余弦函数。则可以将一个信号通过对折延拓成实偶函数，然后进行傅里叶变换，我们就可用 $2N$ 点的 DFT 来产生 N 点的 DCT。其具体步骤如下：

(1) 以 $x=-1/2$ 为对称轴折叠原来的实序列 $f(n)$，如图 3.14 所示，得偶函数序列 $f_c(n)$

$$f_c(n) = \begin{cases} f(n), 0 \leqslant n \leqslant N-1 \\ f(-n-1), -N \leqslant n \leqslant -1 \end{cases}$$

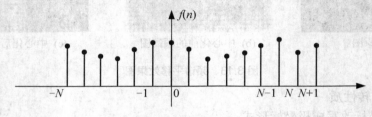

图 3.14 延拓示意图

(2) 以 $2N$ 为周期将其周期延拓，其中 $f(0)=f(-1)$，$f(N-1)=f(-N)$

所以有

$$f_c(n) = \begin{cases} f(n), 0 \leqslant n \leqslant N-1 \\ f(2N-n-1), N \leqslant n \leqslant 2N-1 \end{cases}$$

且

$$f_c(2N-n-1) = f_c(n)$$

(3) 对 $0 \sim 2N-1$ 的 $2N$ 个点的离散周期序列 $f_c(n)$ 作离散傅里叶变换，得

$$F_c(k) = \sum_{n=0}^{2N-1} f_c(n) W_{2N}^{nk}$$

$$= \sum_{n=0}^{N-1} f(n) W_{2N}^{nk} + \sum_{m=N}^{2N-1} f(2N-m-1) W_{2N}^{mk}$$

令 $i=2N-m-1$，则上式为

$$F_c(k) = \sum_{n=0}^{N-1} f(n) W_{2N}^{nk} + \sum_{i=N-1}^{0} f(i) W_{2N}^{(2N-i-1)k}$$

$$= \sum_{n=0}^{N-1} f(n) W_{2N}^{nk} + \sum_{i=0}^{N-1} f(i) W_{2N}^{(-i-1)k}$$

$$= \sum_{n=0}^{N-1} f(n) (W_{2N}^{nk} + W_{2N}^{(-n-1)k})$$

$$= W_{2N}^{\frac{k}{2}} \sum_{n=0}^{N-1} f(n) W_{2N}^{\left(n+\frac{1}{2}\right)k} + W_{2N}^{-\left(n+\frac{1}{2}\right)k}$$

$$= W_{2N}^{-\frac{k}{2}} \sum_{n=0}^{N-1} f(n) \cos \frac{\pi(2n+1)k}{2N}$$

为保证变换基的规范正交性，引入常量定义如下：

$$F(k) = C(k) \sqrt{\frac{2}{N}} \sum_{n=0}^{N-1} f(n) \cos \frac{\pi(2n+1)k}{2N} \tag{3.36}$$

式中

$$C(k) = \begin{cases} \dfrac{1}{\sqrt{2}} & k = 0 \\ 1 & 1 \leqslant k \leqslant N-1 \end{cases} \tag{3.37}$$

2. 二维离散余弦变换

同理，可得出二维信号的离散余弦变换：

$$F(u,v) = C(u)C(v)\sqrt{\dfrac{2}{MN}} \sum_{x=0}^{M-1} \sum_{y=0}^{N-1} f(x,y) \cos\left[\dfrac{\pi}{M}u\left(x+\dfrac{1}{2}\right)\right] \cos\left[\dfrac{\pi}{N}v\left(y+\dfrac{1}{2}\right)\right] \tag{3.38}$$

式中，$C(u)$，$C(V)$ 的定义同 $C(k)$。

二维离散余弦变换逆变换为

$$f(x,y) = \sqrt{\dfrac{2}{MN}} \sum_{u=0}^{M-1} \sum_{v=0}^{N-1} C(u)C(v)F(u,v) \cos\left[\dfrac{\pi}{M}u\left(x+\dfrac{1}{2}\right)\right] \cos\left[\dfrac{\pi}{N}v\left(y+\dfrac{1}{2}\right)\right] \tag{3.39}$$

【例 3.2】　用 MATLAB 实现图像的离散余弦变换。

解： MATLABT 程序如下：

```
I=imread('pout.tif');              %读入图像
I1=dct2(I);                        %对图像作 DCT 变换
Figure;imshow(I);                  %显示原图像
Figure;imshow(log(abs(I1)),[0,5]); %显示 DCT 变换结果
```

MATLAB 中运行二维离散余弦变换如图 3.15 所示。离散余弦变换矩阵的左上角代表低频分量，右下角代表高频分量。

(a) 原图　　　　　　　　　　(b) 变换后的 DCT 频谱图

图 3.15　离散分弦变换频谱图

3.2.3　沃尔什-哈达玛变换(W-H 变换)

前面的变换都是余弦型变换，基底函数选用的都是余弦型。图像处理中还有许多变换常常选用方波信号或者它的变形——沃尔什(Walsh)变换。沃尔什函数是一组矩形波，其取值为 1 和-1，非常便于计算机运算。

沃尔什函数有三种排列或编号方式，以哈达玛排列最便于快速计算。采用哈达玛排列的沃尔什函数进行的变换称为沃尔什-哈达玛变换，简称 WHT 或称哈达玛变换。

1. 哈达玛矩阵

哈达玛矩阵指元素仅由+1 和-1 组成的正交方阵。正交方阵指它的任意两行(或两列)都

彼此正交，或者说它们对应元素之和为零。哈达玛变换要求图像的大小为 $N=2^n$。

一维哈达玛变换核为

$$g(x,u) = \frac{1}{N}(-1)^{\sum_{i=0}^{n-1}b_i(x)b_i(u)} \tag{3.40}$$

式中，$b_k(z)$ 代表 z 的二进制表示的第 k 位值。

一维哈达玛正变换为

$$H(u) = \frac{1}{N}\sum_{x=0}^{n-1}f(x)(-1)^{\sum_{i=0}^{n-1}b_i(x)b_i(u)} \tag{3.41}$$

一维哈达玛反变换为

$$f(x) = \sum_{u=0}^{n-1}H(u)(-1)^{\sum_{i=0}^{n-1}b_i(x)b_i(u)} \tag{3.42}$$

二维哈达玛正反变换为

$$H(u,v) = \frac{1}{N}\sum_{x=0}^{N-1}\sum_{y=0}^{N-1}f(x,y)(-1)^{\sum_{i=0}^{n-1}[b_i(x)b_i(u)+b_i(y)b_i(v)]} \tag{3.43}$$

$$f(x,y) = \frac{1}{N}\sum_{u=0}^{N-1}\sum_{v=0}^{N-1}H(u,v)(-1)^{\sum_{i=0}^{n-1}[b_i(x)b_i(u)+b_i(y)b_i(v)]} \tag{3.44}$$

二维哈达玛正反变换都可通过两个一维变换实现。

最低阶的哈达玛矩阵为

$$\boldsymbol{H}_1 = \begin{bmatrix} 1 & 1 \\ 1 & -1 \end{bmatrix}$$

高阶哈达玛矩阵可以通过如下方法求得

$$\boldsymbol{H}_N = \begin{bmatrix} H_{N/2} & H_{N/2} \\ H_{N/2} & -H_{N/2} \end{bmatrix} \tag{3.45}$$

$N=8$ 的哈达玛矩阵为

$$\boldsymbol{H}_8 = \begin{bmatrix} 1 & 1 & 1 & 1 & 1 & 1 & 1 & 1 \\ 1 & -1 & 1 & -1 & 1 & -1 & 1 & -1 \\ 1 & 1 & -1 & -1 & 1 & 1 & -1 & -1 \\ 1 & -1 & -1 & 1 & 1 & -1 & -1 & 1 \\ 1 & 1 & 1 & 1 & -1 & -1 & -1 & -1 \\ 1 & -1 & 1 & -1 & -1 & 1 & -1 & 1 \\ 1 & 1 & -1 & -1 & -1 & -1 & 1 & 1 \\ 1 & -1 & -1 & 1 & -1 & 1 & 1 & -1 \end{bmatrix} \begin{matrix} 0 \\ 7 \\ 3 \\ 4 \\ 1 \\ 6 \\ 2 \\ 5 \end{matrix} \tag{3.46}$$

2. 沃尔什变换

在哈达玛变换矩阵中，通常把沿某列符号改变的次数称为这个列的列率。哈达玛变换矩阵的列率排列是无规则的。如式(3.46)中标出来的列率分别为 0 7 3 4 1 6 2 5。将无序的哈达玛核进行列率的排序，之后得到的有序变换就成为沃尔什(Walsh)变换。如式(3.50)所示。

一维沃尔什变换核为

$$g(x,u)=\frac{1}{N}\prod_{i=0}^{N-1}(-1)^{\sum\limits_{i=0}^{n-1}b_i(x)b_{n-1-i}(u)} \tag{3.47}$$

二维沃尔什正变换和反变换为

$$W(u,v)=\frac{1}{N}\sum_{x=0}^{N-1}\sum_{y=0}^{N-1}f(x,y)\prod_{i=0}^{n-1}(-1)^{\sum\limits_{i=0}^{n-1}[b_i(x)b_{n-1-i}(u)+b_i(y)b_{n-1-i}(v)]} \tag{3.48}$$

$$f(x,y)=\frac{1}{N}\sum_{u=0}^{N-1}\sum_{v=0}^{N-1}W(u,v)\prod_{i=0}^{n-1}(-1)^{\sum\limits_{i=0}^{n-1}[b_i(x)b_{n-1-i}(u)+b_i(y)b_{n-1-i}(v)]} \tag{3.49}$$

$N=8$ 时的沃尔什变换核为

$$\boldsymbol{H}_8=\begin{bmatrix}1&1&1&1&1&1&1&1\\1&1&1&1&-1&-1&-1&-1\\1&1&-1&-1&-1&-1&1&1\\1&1&-1&-1&1&1&-1&-1\\1&-1&-1&1&1&-1&-1&1\\1&-1&-1&1&-1&1&1&-1\\1&-1&1&-1&-1&1&-1&1\\1&-1&1&-1&1&-1&1&-1\end{bmatrix}\begin{matrix}0\\1\\2\\3\\4\\5\\6\\7\end{matrix} \tag{3.50}$$

其变换核矩阵有递推关系(直积)：

$$\boldsymbol{H}_2=\begin{bmatrix}1&1\\1&-1\end{bmatrix}\qquad\qquad \boldsymbol{H}_4=\boldsymbol{H}_2\otimes\boldsymbol{H}_2 \tag{3.51}$$

$$\boldsymbol{H}_4=\boldsymbol{H}_2\otimes\boldsymbol{H}_2=\begin{bmatrix}1&1\\1&-1\end{bmatrix}\begin{bmatrix}1&1\\1&-1\end{bmatrix}=\begin{bmatrix}1\begin{bmatrix}1&1\\1&-1\end{bmatrix}&1\begin{bmatrix}1&1\\1&-1\end{bmatrix}\\1\begin{bmatrix}1&1\\1&-1\end{bmatrix}&-1\begin{bmatrix}1&1\\1&-1\end{bmatrix}\end{bmatrix}=\begin{bmatrix}1&1&1&1\\1&-1&1&-1\\1&1&-1&-1\\1&-1&-1&1\end{bmatrix}$$

$$\boldsymbol{H}_8=\boldsymbol{H}_2\otimes\boldsymbol{H}_4\qquad\qquad \boldsymbol{H}_{2N}=\boldsymbol{H}_2\otimes\boldsymbol{H}_N$$

3．沃尔什-哈达玛变换

沃尔什-哈达玛变换定义：

$$W(i)=\frac{1}{N}\sum_{t=0}^{N-1}f(t)Wal(i,t) \tag{3.52}$$

$$f(t)=\sum_{i=0}^{N-1}W(i)Wal(i,t) \tag{3.53}$$

式中，沃尔什(Wal)函数由 Rademacher 函数构造：

$$Wal(i,t)=\prod_{k=0}^{P-1}\left[R(k+1,t)^{\langle i_k\rangle}\right] \tag{3.54}$$

式中，P 表示 i 所选用的二进制位数，$R(k+1,t)$ 是 Rademacher 函数，$\langle i_k\rangle$ 是 i 的自然二进制的位序反写后的第 k 位数字，$i_k\in\{0,1\}$。

例如，i 用 3 位二进制码，$p=3$，求

$$i = 6 = (110)_2 \qquad \langle 6 \rangle = (011)_2$$

所以 $Wal(6,t) = R(1,t)^1 \cdot R(2,t)^1 \cdot R(3,t)^0 = R(1,t)R(2,t)$

一维沃尔什-哈达玛变换可表示成矩阵形式：

$$\begin{bmatrix} W(0) \\ W(1) \\ \vdots \\ W(N-1) \end{bmatrix} = \frac{1}{N}[H_N] \begin{bmatrix} f(0) \\ f(1) \\ \vdots \\ f(N-1) \end{bmatrix} \qquad \begin{bmatrix} f(0) \\ f(1) \\ \vdots \\ f(N-1) \end{bmatrix} = [H_N] \begin{bmatrix} W(0) \\ W(1) \\ \vdots \\ W(N-1) \end{bmatrix} \tag{3.55}$$

例如，$f(x) = \{0,0,1,1,0,0,1,1\}$

$$\begin{bmatrix} W(0) \\ W(1) \\ \vdots \\ W(7) \end{bmatrix} = \frac{1}{8}[H_8] \begin{bmatrix} 0 \\ 0 \\ 1 \\ 1 \\ 0 \\ 0 \\ 1 \\ 1 \end{bmatrix} = \begin{bmatrix} \frac{1}{2} \\ 0 \\ -\frac{1}{2} \\ 0 \\ 0 \\ 0 \\ 0 \\ 0 \end{bmatrix}$$

二维沃尔什-哈达玛变换：

$$[W] = \frac{1}{N}[H_N][f(x,y)][H_N] \tag{3.56}$$

其中 H_N，$g(x,y)$ 阶数相同。

$$f(x,y) = \frac{1}{N}[H_N][W][H_N] \tag{3.57}$$

例如，

$$f(x,y) = \begin{bmatrix} 0 & 1 & 1 & 0 \\ 0 & 1 & 1 & 0 \\ 0 & 1 & 1 & 0 \\ 0 & 1 & 1 & 0 \end{bmatrix}$$

$$[W] = \frac{1}{4}[H_4][f(x,y)]P[H_4]$$

$$= \frac{1}{4} \begin{bmatrix} 1 & 1 & 1 & 1 \\ 1 & -1 & 1 & -1 \\ 1 & 1 & -1 & -1 \\ 1 & -1 & -1 & 1 \end{bmatrix} \begin{bmatrix} 0 & 1 & 1 & 0 \\ 0 & 1 & 1 & 0 \\ 0 & 1 & 1 & 0 \\ 0 & 1 & 1 & 0 \end{bmatrix} \begin{bmatrix} 1 & 1 & 1 & 1 \\ 1 & -1 & 1 & -1 \\ 1 & 1 & -1 & -1 \\ 1 & -1 & -1 & 1 \end{bmatrix} = \begin{bmatrix} 2 & 0 & 0 & -2 \\ 0 & 0 & 0 & 0 \\ 0 & 0 & 0 & 0 \\ 0 & 0 & 0 & 0 \end{bmatrix}$$

3.2.4 K-L (Karhunen-Loeve)变换

K-L 变换又称为 Hotelling 变换和主成分分析。

当变量之间存在一定的相关关系时，可以通过原始变量的线性组合，构成为数较少的不相关的新变量代替原始变量，而每个新变量都含有尽量多的原始变量的信息。这种处理问题的方法，称为主成分分析，新变量称为原始变量的主成分。

设有 M 幅图像 $f_i(x,y)$，大小为 $N \times N$。

$$\{f_1(x,y), f_2(x,y), \cdots, f_M(x,y)\}$$

每幅图像表示成向量：

$$x_i = \begin{bmatrix} f_i(0,0) \\ f_i(0,1) \\ \vdots \\ f_i(N-1,N-1) \end{bmatrix}$$

x 向量的协方差矩阵定义为

$$C_x = E\{(x-m)(x-m)'\}$$

式中

$$m_x = E\{x\}$$

令 ϕ_i 和 $i = 1, 2, \cdots, N^2$ 是 C_x 的特征向量和对应的特征值。

特征值按减序排列，即 $\lambda_1 > \lambda_2 > \cdots > \lambda_{N^2}$。

变换矩阵的行为 C_x 的特征值，则变换矩阵为

$$A = \begin{bmatrix} \phi_{11} & \phi_{12} & \cdots & \phi_{1N^2} \\ \phi_{21} & \phi_{22} & \cdots & \phi_{2N^2} \\ \vdots & \vdots & \vdots & \vdots \\ \phi_{N^21} & \phi_{N^22} & \cdots & \phi_{N^2N^2} \end{bmatrix}$$

ϕ_{ij} 对应第 i 个特征向量的第 j 个分量。

K-L 变换定义为

$$Y = A(x - m_x) \tag{3.58}$$

变换后，有

$$m_y = E\{Y\} = E\{A(x - m_x)\} = AE\{x\} - Am_x = 0$$

$$C_y = E\{(Ax - Am_x)(Ax - Am_x)^T\} = AC_xA^T$$

$$C_y = \begin{bmatrix} \lambda_1 & & & 0 \\ & \lambda_2 & & \\ & & \ddots & \\ 0 & & & \lambda_{N^2} \end{bmatrix}$$

综上所述，K-L 变换的计算步骤如下所示。

(1) 求协方差矩阵 C_x。

(2) 求协方差矩阵的特征值 λ_i。

(3) 求相应的特征向量 ϕ_i。

(4) 用特征向量 ϕ_i 构成变换矩阵 A，求 $Y = A(x - m_x)$。

其中 Y 矩阵的行向量 $Y_j = [y_{j1}, y_{j2}, \cdots, y_{jn}]$ 为第 j 主成分。经过 K-L 变换后，得到一组 (m 个)新变量(即 Y 的各个行向量)，它们依次被称为第一主成分、第二主成分、……、第 m

主成分。这时若将 Y 矩阵的各行恢复为二维图像时，即可以得到 m 个主成分图像。

K-L 变换是一种线性变换，而且是当取 Y 的前 $p(p<m)$ 个主成分经反变换而恢复的图像 $\hat{x}$ 和原图像 X 在均方误差最小意义上的最佳正交变换。K-L 变换具有以下性质和特点。

(1) 由于 K-L 变换是正交线性变换，所以变换前后的方差总和不变，变换只是把原来的方差不等量地再分配到新的主成分图像中。

(2) 第一主成分包含了总方差的绝大部分(一般在 80%以上)，其余各主成分的方差依次减小。

(3) 可以证明，变换后各主成分之间的相关系数为零，也就是说各主成分间的内容是不同的，是"垂直"的。

(4) 第一主成分相当于原来各波段的加权和，而且每个波段的加权值与该波段的方差大小成正比(方差大说明信息量大)。其余各主成分相当于不同波段组合的加权差值图像。

(5) K-L 变换的第一主成分还降低了噪声，有利于细部特征的增强和分析，适用于进行高通滤波，线性特征增强和提取以及密度分割等处理。

(6) K-L 变换是一种数据压缩和去相关技术，第一主成分虽信息量大，但有时对于特定的专题信息，第五、第六主成分也有重要的意义。

(7) 可以在图像中局部地区或者选取训练区的统计特征基础上作整个图像的 K-L 变换，则所选部分图像的地物类型就会更突出。

(8) K-L 变换在几何意义上相当于进行空间坐标的旋转，第一主成分取波谱空间中数据散布最大的方向；第二主成分则取与第一主成分正交且数据散布次大的方向，其余依此类推。

K-L 变换是在均方意义下的最佳变换，其优点是能够完全去除原信号中的相关性，因而具有非常重要的理论意义；其缺点是基函数取决于待变换图像的协方差矩阵，因而基函数的形式是不定的，且计算量很大。

3.2.5 离散小波变换

小波分析是当前数学中一个迅速发展的新领域，它同时具有理论深刻和应用十分广泛的重要意义，它与傅里叶变换、窗口傅里叶变换(Gabor 变换)相比，这是一个时间和频率的局域变换，因而能有效地从信号中提取信息，通过伸缩和平移等运算功能对函数或信号进行多尺度细化分析(Multiscale Analysis)，解决了傅里叶变换不能解决的许多难题，从而小波变换被誉为"数学显微镜"。它是调和分析及发展史上里程碑式的进展。

小波变换在信号分析、图像处理、量子力学、电子对抗、计算机识别、图像压缩、CT成像、地震勘测与数据处理、边缘检测、音乐与语言嵌入人工合成、机械故障诊断、大气与海洋波的分析、分形力学、流体湍流及天体力学等方面都已取得了具有科学意义应用价值的重要成果。除了微分方程的求解之外，原则上能用傅里叶分析的问题均可用小波分析，甚至获得更好的结果。

1. 小波变换的定义

具有有限能量的函数 $f(t)$ [即 $f \in L^2(R)$] 的小波变换定义为函数族。

$\Psi_{a,b} = \dfrac{1}{\sqrt{a}}\Psi\left(\dfrac{t-a}{b}\right)$ 为积分核的积分变换，具体如式(3.59)所述：

$$W_f(a,b) = (W_\varphi f)(a,b) = W_f(a,b) = \int_{-\infty}^{+\infty} f(t)\Psi_{a,b}(t)\mathrm{d}t$$

$$= \int_{-\infty}^{+\infty} f(t)\dfrac{1}{\sqrt{a}}\Psi\left(\dfrac{t-b}{a}\right)\mathrm{d}t \qquad a>0 \; f \in L^2(R) \quad (3.59)$$

式中，a 是尺度参数，b 是定位参数，函数 $\psi_{a,b}(t)$ 称为小波。在 $\psi_{a,b}(t)$ 是复变函数时，上述积分中要用复共轭函数 $\psi_{a,b}(t)$，改变 a 的值，对函数 $\psi(t)$ 具有伸展($a>1$)或收缩($a<1$)的作用。

由上可知，小波变换的主要特点如下。

(1) 有多分辨率(Multi-resolution)也称多尺度(Multi_scale)的特点，可以由粗及细地逐步观察信号。

(2) 可以看成由基本频率特性为 $\psi(w)$ 的带通滤波器在不同尺度 a 下对信号滤波。由于傅里叶变换的尺度特性可知这组滤波器具有品质因数恒定，即相对带宽(带宽与中心频率之比)恒定的特点。注意，a 越大相当频率越低。

(3) 适当的选择基小波，使 $\psi(t)$ 在时域上为有限支撑，$\psi(w)$ 在频域上也比较集中，就可以使小波变换在时、频域都具有表征信号局部特征的能力，因此有利于检测信号的瞬态或奇异点。

2. 离散小波变换的原理

在实际应用中对尺度参数 a 和定位参数 b 进行离散化处理，可以选取 $a = a_0^m$，m 是整数，a_0 是大于 1 的固定伸缩步长。令 $b = nb_0 a_0^m$，此处 $b_0 > 0$ 且与小波 $\psi(t)$ 具体形式有关，而 n 为整数。这种离散化的基本思想体现了小波变换作为"数学显微镜"的主要功能，选择适当的放大倍数 a_0^{-m}，在一个特定的位置研究一个函数或信号过程，然后平移到另一位置继续研究，如果放大倍数过大，也就是尺度太小，就可以按小步长移动一个距离；反之亦然。这一点通过选择递增步长反比于放大倍数(也就是与尺度 a_0^m 成比例)很容易实现。而该放大倍数的离散化则由平移定位参数 b 的离散化方法来实现，于是离散小波可定义为

$$\Psi_{m,n}(t) = \dfrac{1}{\sqrt{a_0^m}}\Psi\left(\dfrac{t - nb_0 a_0^m}{a_0^m}\right) = a_0^{-2/m}\Psi(a_0^{-m}t - nb_0) \qquad (3.60)$$

相应的小波变换为

$$<f, \Psi_{m,n}> = a_0^{-m/2}\int_{-\infty}^{\infty} f(t)\Psi_{m,n}(t)\mathrm{d}t = a_0^{-m/2}\int_{-\infty}^{\infty} f(t)\Psi(a_0^{-m}t - nb_0)\mathrm{d}t \qquad (3.61)$$

就称为离散小波变换。

1) 一阶滤波：近似与细节

对于大多数信号来说，低频部分往往是最重要的，给出了信号的特征。而高频部分则与噪声及扰动联系在一起。将信号的高频部分去掉，信号的基本特征仍然可以保留。正因为这个原因，在信号的分析中，经常会提到对信号的近似与细节。近似主要是系统大的、低频的成分，而细节往往是信号局部、高频成分。信号的滤波过程可以用图 3.16 来表示。

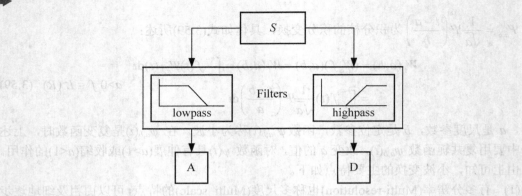

图 3.16　信号的滤波过程

原主信号 S 通过两个互补对称滤波器后，得到两路信号。但如果完全按照滤波器运算进行下去，则得到的数据尺度将是原来数据长度的两倍，这显然存在信息冗余。例如，如果原始信号 S 有 1000 个点，则通过低通滤波器后有 1000 个点，通过高通滤波器后有 1000 个点，得到的信号总长度有 2000 个点，如图 3.17(a)所示。

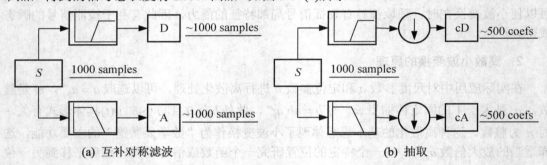

(a)　互补对称滤波　　　　　　　　　　(b)　抽取

图 3.17　滤波与抽取示意图

为了解决这个问题，可以用抽取的方法。即滤波后，每隔一个数据就扔掉一个数据，如图 3.17(b)所示。这样，数据 S 经过滤波与抽取后，得到了在 MATLAB 小波工具箱中的离散小波变换系数。

2)　多尺度分解

上述分解过程可以反复进行，信号的低频部分还可以被继续分解，这样就得到图 3.18 所示的小波分解树。

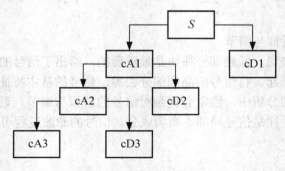

图 3.18　小波分解树

3)　小波重构

将信号分解成一个个互相正交小波函数的线性组合，可以展示信号的重要特性，但这并不是小波分析的全部。小波分析另一个重要的方面就是在分析、比较、处理(如去掉高频信号、加密等)小波变换系数后，根据新系数去重构信号。这个过程称之为逆离散小波变换(IDWT)，或称小波重构、合成等。信号重构的基本过程如图 3.19 所示。

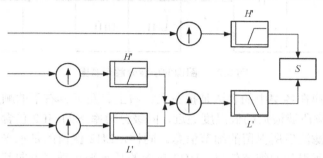

图 3.19　信号重构的基本过程

在图像处理技术中，鉴于本书所讨论的图像可以理解为二维矩阵，此处所使用的小波技术采用了二维离散小波变换技术，这里将对二维数字图像的二维离散小波技术进行介绍。将一维小波变换推广到二维空间，只需分别在 X 方向和 Y 方向上进行一次一维小波变换。前面已给出了一维信号进行小波变换的分解与重构图，图 3.20 及图 3.21 则给出了二维信号进行分解与重构的原理。

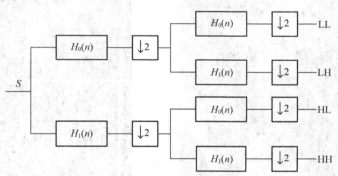

图 3.20　二维小波分解图

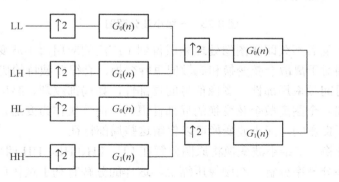

图 3.21　二维小波重构图

由上可知，图像经过小波分解后，被分解为四个子带——LL、LH、HL、HH 子带，其分解的数据传递示意如图 3.22 所示。

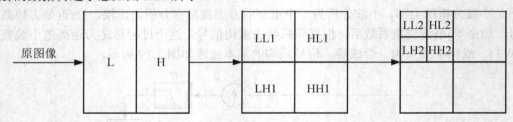

图 3.22　图像的小波分解示意图

显然，小波变换在各层中的表达是按左上、右上、左下、右下的顺序，并递归地进行下去。LL2 是最低频段滤波后的低尺度逼近，同级分辨率下的 HL2 包含了水平方向高通滤波、垂直方向低通滤波后所保留的细节信息。同样，LH2 保留的是水平方向低通滤波、垂直方向高通滤波后所得到的细节信息，HH2 包含的是水平和垂直方向都经过高通滤波后的细节信息。这种分解过程在低分辨率层和高分辨率层递归进行。

为了便于理解，举实例进行说明。图 3.23(a)为标准 LENA 图像，图 3.23(b)为对其进行一次小波分解后所得到的图像，可以看出，一幅图像经过一次小波分解后得到了四个子图像，其低频子带保留了原图像的最基本特征，而其余三个子带则为高频方向的细节部分。

(a) 原图

(b) 一级小波分解图

图 3.23　一级小波分解图

小波变换在出现后不久即在图像处理领域得到了广泛的应用，小波变换之所以如此受欢迎，是因为它相对于离散余弦变换和离散傅里叶变换，有很多独特的优点。

(1) 良好的时间频率局部性。图像信号的局部性，如局部纹理、亮度等，对于图像分析与处理非常关键，全图离散余弦变换的局部性很差，而分块作为变通，则会导致马赛克效应，对结果有不良影响，而小波变换可以保留这些局部特征。

(2) 多尺度变换。二维小波变换将原图分解在 LL、LH、HL、HH 四部分。对 LL 分量继续分解，得到多分辨率分解。在图像压缩上，这样的分解有利于量化后提高压缩比。在数字水印技术中，水印的嵌入系数选择有多样性，子带编码时也很方便。

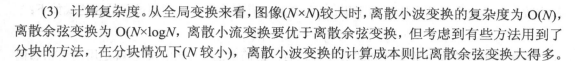

(3)　计算复杂度。从全局变换来看，图像($N×N$)较大时，离散小波变换的复杂度为 O(N)，离散余弦变换为 O($N×\log N$)，离散小流变换要优于离散余弦变换，但考虑到有些方法用到了分块的方法，在分块情况下(N 较小)，离散小波变换的计算成本则比离散余弦变换大得多。

3. 整数小波变换

1994 年，Swelden 提出了一种不依赖于傅里叶变换的小波构造方法——提升方法，即第二代小波变换或称整数小波变换，它脱离了傅里叶分析，实现了整数到整数的映射，不引入量化误差，且在图像边界处无需数据延拓，重构时可以无失真地恢复图像，具有更为灵活与优良的性质。目前，这种技术已经被广泛应用到新一代图像压缩标准 JPEG2000 的核心部分研究，整数小波变换将在信号和图像处理领域得到更加广泛的研究和应用。

提升格式(Lifting Scheme)被誉为构造第二代小波的关键技术，是一种基于 Mallat 算法思想而比 Mallat 算法更为有效的算法，Daubechies 证明，凡是用 Mallat 算法实现的小波变换都可以用提升格式来实现。与传统的 Mallat 算法相比，提升格式完全是基于空域的构造方法，它不依赖于平移和伸缩的概念，也不需要频谱分析工具，因此适用于有限区域、曲面上以及非均匀采样等领域中小波的构造。它的基本思想是建立在双正交小波和完全可恢复滤波器组的理论基础上，在保持小波双正交特性的条件下，通过原始提升和对偶提升过程，来改善小波及其对偶的性能，以满足各种应用的需要。

小波提升格式构成的第二代小波变换共分为三个步骤：分裂/合并、预测和更新。

提升格式的分解过程如下：首先进行分裂过程，即将原始信号分为奇数和偶数两部分，然后进行预测，即对偶提升过程，利用偶数部分来预测奇数部分，奇数部分减去上一级分解的偶数部分得到细节信号，最后更新，即原始提升，是指为了使模糊信号保持原有信号的某些特征，例如均值，而用细节信号对模糊信号进行补充。

1)　分裂(Split)

将原始信号分为两个互不相交的子集，每个子集的长度是原子集的一半，通常是将一原始信号序列按偶数和奇数序号分成两个较小的，互不相交的子集。

原始信号：　$s_j = \{s_{j,i}, i = 0,1,2,\cdots,N\}$

偶数序列：　$s_{j-1} = \{s_{j-1,i}, i = 0,1,2,\cdots,N/2\}$

奇数序列：　$d_{j-1} = \{d_{j-1,i}, i = 0,1,2,\cdots,N/2\}$

即　　　　　$\mathrm{Split}(s_j) = (s_{j-1}, d_{j-1})$

三者之间关系为

$$
\begin{aligned}
s_{j-1,i} &= s_{j,2i} \\
d_{j-1,i} &= s_{j,2i-1}
\end{aligned}
\tag{3.62}
$$

式中，$i=1,2,\cdots,N/2$。

2)　预测(Predict)

偶数序列和奇数序列之间是相关联的。若信号具有局部相关结构，则偶数序列和奇数序列之间存在高度相关性。如果给出其中一个序列，则可以很容易地预测另一个序列，针对数据间的相关性，可用 s_{j-1} 去预测 d_{j-1}，故可采用一个与数据集结构无关的预测算子 p，使得 $d_{j-1} = p(s_{j-1})$ 的差值去代替 d_{j-1}，此差值反映了二者的逼近度。如果预测是合理的，则差值数据集所包含的信息比原始子集 d_{j-1} 包含的信息要少得多，预测过程的表达式如下：

$$d_{j-1} = d_{j-1} - p(s_{j-1}) \qquad (3.63)$$

把数据集合分成奇数集合和偶数集合之后，最简单的一个预测算子就是用两个相邻偶数的均值作为它们间奇数的预测值，即

$$p(si) = (s_{j,2i} + s_{j,2i+2})/2 \qquad (3.64)$$

式中 $i=1,2,\cdots,N/2$。

由此可得

$$d_{i-1,i} = d_{j-1,i} - (s_{j,2i} + s_{j,2i+2})/2 \qquad (3.65)$$

3) 更新(Update)

经过分裂和预测两个步骤产生的系数子集 s_{j-1} 的某些整体特征(如均值)可能与原始数据中的性质并不一致，为了保持原始数据的这些整体特征，需要采用一个更新过程。更新过程通过算子 U 产生一个更好的子数据集 s_{j-1}，使之保持原数据集 s_j 的一些特性。s_{j-1} 的定义如下：

$$s_{j-1} = s_{j-1} + U(d_{j-1}) \qquad (3.66)$$

可以取

$$U(d_{j-1,i}) = (d_{j-1,i+1} + d_{j-1,i})/4 \qquad (3.67)$$

式中，$i=1,2,\cdots,N/2$。

更新计算的过程可以写成

$$s_{j-1,i} = s_{j,2i} + (d_{j-1,i+1} + d_{j-1,i})/4 \qquad (3.68)$$

对于数据子集进行相同的分裂、预测和更新，即可将 s_{j-1} 分解成 d_{j-2}，s_{j-2} 经过 N 次分解后，原始数据 s_j 的小波表示为 $\{s_{j-n}, d_{j-n}, d_{j-n+1}, \cdots, d_{j-1}\}$，其中 s_{j-n} 代表了信号的低频部分，而 $\{d_{j-n}, \cdots, d_{j-1}\}$ 则是信号的高频部分。

小波提升是一个完全可逆的过程，重构过程是分解过程的逆过程，也分为三个步骤：恢复更新、恢复预测和合并。

重构过程三个步骤的提升公式分别如下：

$$s_{j-1} = s_{j-1} - U(d_{j-1}) \qquad (3.69)$$

$$d_{j-1} = d_{j-1} + p(s_{j-1}) \qquad (3.70)$$

$$s_j = \mathrm{Merge}(s_{j-1}, d_{j-1}) \qquad (3.71)$$

其中 Merge( )代表合并过程，为 Split( )的逆过程。

小波的提升根据不同的预测算子 p 和更新算子 U 可实现不同的、更灵活的小波变换。Sweldens 已经证明了在提升的基础上，可以实现整数集到整数集的集合通过小波变换得到的仍然是整数集合，由于不需对变换系数进行量化，因此可实现基于整数加和移位运算的快速算法，为实现图像压缩编码提供了可能。因此，用整数小波变换来实现数字水印算法也具有上述不引入量化误差等优点。

其中最简单的整数小波变换是 S 变换，它是 Haar 变换的整数形式。

$$d_{j-1,k} = s_{j,2k+1} - s_{j,2k}$$
$$s_{j-1,k} = s_{j,2k} + [d_{j-1,k}/2] \qquad (3.72)$$

式中，[]表示取整过程。$K=1,2,\cdots,N/2$。

S 变换后，在低频系数 $s_{j-1,k}$ 的基础上进行线性预测和更新操作，进一步产生新的高频系数 $d_{j-1,k}$ 和低频系数 $s_{j-1,k}$，即 $s+p$ 变换。

$$d_{j-1,k} = s_{j,2k+1} - s_{j,2k} \tag{3.73}$$

$$s_{j-1,k} = s_{j,2k} + [d_{j-1,k}/2] \tag{3.74}$$

$$d_{j-1,k} = d_{j-1,k} + [\alpha_{-1}(s_{j-1,k-2} - s_{j-1,k-1}) + \alpha_0(s_{j-1,k-1} - s_{j-1,k}) + \\ \alpha_1(s_{j-1,k} - s_{j-1,k+1}) + \beta_1 d_{-1,k+1}] \tag{3.75}$$

式中，当 $\alpha_{-1} = \beta_1 = -2/8$，$\alpha_0 = 1/8$，$\alpha_1 = 3/8$ 时整数小波变换具有较好的特性。

整数小波变换相比于第一代小波变换，具备如下优点。

(1) 不依赖傅里叶变换直在时域完成小波变换。

(2) 小波变换后的系数是整数。

(3) 在当前位置即可进行小波变换，能实现任意图像尺寸的小波变换。

(4) 继承了第一代小波的多分辨率的特性。

(5) 图像的恢复质量与变换时边界采用何种延拓方式无关。

(6) 算法简单，速度快，适合并行处理。

(7) 对内存的需求量小，便于在 DSP 芯片上实现。

3.3 各种变换方法的比较

离散傅里叶变换(DFT)：具有快速算法，在数字图像处理中最常用。需要复数运算。可把整幅图像的信息很好地用若干个系数来表达。

离散余弦变换(DCT)：有快速算法，只需要求实数运算。在相关性图像的处理中，最接近最佳的 K-L 变换，在实现编码和维纳滤波时有用。同 DFT 一样，可实现很好的信息压缩。

沃尔什-哈达玛变换(WHT)：在数字图像处理的硬件实现时有用。容易模拟但很难分析。在图像数据压缩、滤波、编码中有应用。信息压缩效果好。

K-L 变换(KLT)：在许多意义下是最佳的。无快速算法。在进行性能评估和寻找最佳性能时有用。对小规模的向量有用，如彩色多谱或其他特征向量。对一组图像集而言，具有均方差意义下最佳的信息压缩效果。

离散小波变换(DWT)：具备很多独特的优点，如具有良好的时间频率局部性及良好的多尺度变换能力，而且新一代小波整数小波变换去掉了浮点运算，实现整数到整数的变换，减少了误差，被广泛应用于图像压缩等技术中。

小　结

原则上，所有图像处理都是图像的变换，而本章所谓的图像变换特指数字图像经过某种数学工具的处理，把原先二维空间域中的数据，变换到另外一个"变换域"形式描述的过程。例如，傅里叶变换将时域或空域信号变换成频域的能量分布描述。

任何图像信号处理都不同程度改变图像信号的频率成分的分布，因此，对信号的频域(变换域)分析和处理是重要的技术手段，而且，有一些在空间域不容易实现的操作，可以在频域(变换域)中简单、方便地完成。

本章介绍了基于空域的代数几何变换，以及频域的几种正交变换如傅里叶变换、离散余弦变换、沃尔什-哈达玛变换、离散小波变换、K-L 变换等，每种变换方式有其优缺点，变换技术在其他图像处理技术中发挥了重要作用。

习　题

1. 什么是图像的空域变换，空域变换有什么样的方式与特点？

2. 什么是图像的正交变换，它的目的是什么？

3. 在 MATLAB 环境中，实现一幅图像的傅里叶变换。

4. 利用 MATLAB 对一幅 8×8 的图像进行 DCT 变换，写出它变换后的系数。

5. 离散沃尔什变换与哈达玛变换之间有哪些异同？

6. 求 $N=4$ 所对应的沃尔什变换核矩阵。

7. 什么是 K-L 变换？K-L 变换有什么优点？

8. 小波变换有什么特点？

9. 整数小波变换相比于第一代小波变换有何优点？

10. 在 MATLAB 中进行图像的一级小波变换，观察变换后的四个子图像及其系数有何特点？

第4章 图 像 增 强

【教学目标】

通过本章的学习，了解图像增强的概念、目的及主要技术，理解其中的直接灰度变换的各种方法原理；在理解直方图的定义、性质及用途的基础上，掌握直方图均衡化技术细节；掌握图像的时域及频域的平滑增强技术方法；理解同态滤波增强方法的原理。

本章从图像增强的概念出发，重点介绍图像增强的目的和主要技术，介绍直接灰度变换的各种方法原理，在分析直方图的定义、性质及用途的基础上，介绍直方图均衡化技术细节、图像的时域及频域的平滑增强技术方法和同态滤波增强方法的原理。

4.1 图像增强技术概述

图像在采集过程中不可避免地会受到传感器灵敏度、噪声干扰以及 A/D 转换时量化问题等各种因素的影响，而导致图像无法达到令人满意的视觉效果，为了实现人眼观察或者机器自动分析、识别的目的，对原始图像所做的改善行为，就被称做图像增强。图像增强包含了非常广泛的内容，凡是改变原始图像的结构关系以取得更好的判断和应用效果的所有处理手段，都可以归结为图像增强处理，其目的就是为了改善图像的质量和视觉效果，或将图像转换成更适合于人眼观察或机器分析、识别的形式，以便从中获取更加有用的信息。图像增强处理并不能增加原始图像的信息，而只能增强对某种信息的辨识能力，并且这种处理有可能损失一些其他信息。

常用的图像增强技术主要包括灰度变换、直方图修正、图像锐化、图像平滑去噪、图像几何畸变校正、频域滤波和彩色增强技术等。图像增强处理方法根据增强处理过程所在的空间不同，可以分为两类，一类是空域处理方法，一类是频域处理方法。空域处理方法是直接对图像中的像素进行处理，基本上是以灰度映射变换为基础的，所用的映射变换取决于增强的目的。例如，增加图像的对比度、改善图像的灰度层次等处理均属于空域处理方法。频域处理方法的基础是卷积定理，在图像的某种变换域内(如傅里叶变换)对图像的变换系数值进行修正，然后再反变换到原来的空域，得到增强后的图像。另外，还可以根据人的视觉对彩色相当敏感的特性为图像进行彩色增强处理。

4.1.1 图像增强处理的目的

在一般情况下，经过图像的传送和转换，如成像、复制、扫描、传输和显示等，经常会造成图像质量的下降。例如，在摄影时由于光照条件不足或过度，会使图像过暗或过亮。光学系统的失真、相对运动、大气流动等都会使图像模糊；传输过程中会引入各种类型的噪声。总之，输入的图像在视觉效果和识别方便性等方面可能存在诸多问题。尽管由于目的、观点、爱好等的不同，图像质量很难有统一的定义和标准，但是根据应用要求改善图像质量是一个共同的目标。因此，图像灰度增强的主要目的是改善图像的视觉质量，让观察者能够看到更加直接、清晰、适于分析的信息，使处理后的图像对某种特定的应用，比原始图像更适合，处理的结果使图像更适合于人的视觉特性或机器的识别系统。

4.1.2　图像增强方法的分类

图像增强技术大致分为时域增强技术和频域增强技术两类，具体分类如图 4.1 所示。

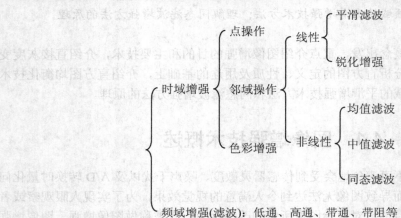

图 4.1　图像增强技术分类

4.2　时域图像增强

时域图像处理可以表示为

$$g(x,y)=T[f(x,y)] \tag{4.1}$$

式中，$f(x,y)$ 表示增强之前的图像，$g(x,y)$ 表示增强处理之后的图像，T 是对 f 的一种变换，其定义在像素 (x,y) 的邻域上。如果 T 定义在每个像素 (x,y) 点上，则称 T 为点运算处理；如果 T 定义在像素 (x,y) 的某个邻域上，则 T 称为模板运算处理。

4.2.1　图像灰度增强

在数字图像中，像素是最基本的表示单位，各个像素的亮暗程度用灰度值来标记。只含亮度信息，不含色彩信息的图像称为灰度图像。对于单色图像，它的每个像素的灰度值用 [0, 255] 区间的整数表示，即图像分为 256 个灰度等级。对于彩色图像，它的每个像素都是由 R、G、B 三个单色调配而成的。如果每个像素的 R、G、B 完全相同，也就是 $R=G=B=Y$，该图像就是灰度图像，其中 Y 被称为各个像素的灰度值。如果每个像素的 R、G、B 不完全相同，从理论上讲，等量的三基色 R、G、B 相加可以变为白色。其数学表达式为

$$白色=(1×R)+(1×G)+(1×B)$$

但是，由于人眼对 R、G、B 三个分量亮度的敏感度不一样，可以使用亮度作为图像灰度化的依据。等量的 R、G、B 混合不能得到白色，故其混合比例需要调整。大量的试验数据表明，当采用 0.299 份的红色、0.587 份的绿色、0.114 份的蓝色混合后可以得到白色，因此彩色图像可以根据以下公式变为灰度图像：

$$Y=0.299×R+0.587×G+0.114×B$$

1. 灰度 n 倍增强

当图像的灰度值比较集中在灰度区域的低端时，可以把图像像素的灰度值都扩大 n 倍，即

$$g(x,y)=nf(x,y) \tag{4.2}$$

在原始图像位置 (x,y) 处的像素灰度值 $f(x,y)$ 乘以 n 后，图像位置 (x,y) 处的像素灰度值就变为 $g(x,y)$。当结果大于 255 时，按 255 计算。

【例 4.1】　图像灰度 n 倍增强实例，实现效果如图 4.2 所示，图 4.2(a)所示为原始图像，图像偏暗，灰度集中在低端。图 4.2(b)、图 4.2(c)、图 4.2(d)放大倍数 n 分别为 3、4.5 和 5 的效果。

例 4.1 的 MATLAB 代码如下：

```
x=imread('img/t4_01.bmp');
subplot(221);
imshow(x);
subplot(222);
imshow(x.*3);
subplot(223);
imshow(x.*4.5);
subplot(224)
imshow(x.*5);
```

(a) 原始图像　　　　　　　　(b) n=3

(c) n=4.5　　　　　　　　(d) n=5

图 4.2　灰度 n 倍增强示意图

2. 图像反转

灰度级在[0, L]范围内的图像反转变换公式为

$$g(x,y)=L-f(x,y) \tag{4.3}$$

用这种方式倒转图像的强度产生图像反转的对等图像，这种处理尤其适用于增强嵌入于图像暗色区域的白色或灰色细节，特别是当黑色面积占主导地位时。反转效果如图 4.3(c)所示。

【例 4.2】 图像反转实例，实现效果如图 4.3 所示，图 4.3(a)为反转变换示意图，图 4.3(b)所示为月亮图像，图 4.3(c)所示为反转后的月亮图像。

例 4.2 的 MATLAB 代码如下：

```
x=imread('img//t4_02.bmp');
subplot(121);
imshow(x);
subplot(122);
imshow(255-x);
```

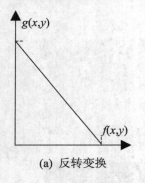

(a) 反转变换 (b) 原图 (c) 反转图

图 4.3 图像反转效果示意图

3. 线性变换

在曝光不足或过度的情况下，图像的灰度可能会局限在一个很小的范围内，这时得到的图像可能是一个模糊不清、似乎没有灰度层次的图像。采用线性变换对图像中每一个像素灰度作线性拉伸，将有效改善图像视觉效果。线性灰度变换是对图像像素的灰度级进行线性映射，使原图像某范围内的像素灰度值拓展或压缩到给定范围，来实现对亮暗差异的扩大，使图像对比度得到扩展，图像清晰。

假定原图像$f(x,y)$的灰度范围为[a,b]，变换后的图像$g(x,y)$的灰度范围线性扩展至[c,d]，要求$g(x,y)$和$f(x,y)$均在[0,255]变化，但是g的表现效果要优于f。因为f和g的取值范围相同，所以通过抑制不重要的部分，来扩展所关心部分的对比度。为了达到上面所提出的目的，原图(横轴上的$f(x,y)$)与处理后图(纵轴上的$g(x,y)$)的灰度线性变换映射关系如图 4.4(a)所示。对于图像中的任一点的灰度值$f(x,y)$，变换后为$g(x,y)$，其数学表达式如式(4.4)所示：

$$g(x,y)=\frac{d-c}{b-a}[f(x,y)-a]+c \tag{4.4}$$

若图像中大部分像素的灰度级集中分布在区间[a,b]内，则为了改善图像增强的效果，

可以令

$$g(x,y) = \begin{cases} \dfrac{(d-c)[f(x,y)-a]}{b-a} + c & a \leqslant f(x,y) \leqslant b \\ c & 0 \leqslant f(x,y) < a \\ d & b < f(x,y) \leqslant 255 \end{cases} \tag{4.5}$$

对于分段线性变换图像增强,常用的是三段线性变换方法,如图 4.4(b)所示。其中 $f(x,y)$、$g(x,y)$ 分别为原图像和变换后图像的灰度级,原图像和变换后图像的最大灰度级为 255。灰度区间 $[a,b]$ 为要增强的目标所对应的灰度范围,变换后灰度范围扩展至 $[c,d]$。变换时对 $[a,b]$ 进行了线性拉伸,而 $[0,a]$ 和 $[b,255]$ 则被压缩,这两部分对应的细节信息损失了。三段线性变换的一般表达式如式(4.6)所示:

$$g(x,y) = \begin{cases} \dfrac{(d-c)[f(x,y)-a]}{b-a} + c & a \leqslant f(x,y) \leqslant b \\ \dfrac{c}{a}f(x,y) & 0 \leqslant f(x,y) < a \\ \dfrac{255-d}{255-b}[f(x,y)-b]+d & b < f(x,y) \leqslant 255 \end{cases} \tag{4.6}$$

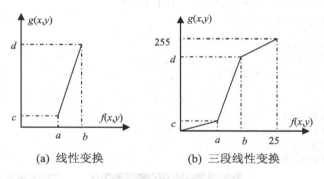

(a) 线性变换   (b) 三段线性变换

图 4.4　线性灰度变换示意图

【例 4.3】 线性灰度增强实例,实现效果如图 4.5 所示。

 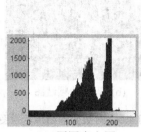 

(a) 原图   (b) 原图直方图   (c) 线性拓展结果

图 4.5　线性灰度变换示意图

给定的原图灰度范围主要局限于 $[60,200]$,通过线性灰度变换到区间 $[0,255]$ 后,图像的区分度有所增强。线性灰度增强效果如图 4.5 所示,图 4.5(a)所示为原图像,图 4.5(b)所示为为原图的直方图，图 4.5(c)所示为灰度线性变换到[0,255]之后的图像。

例 4.3 的 MATLAB 代码如下：

```
x=imread('img/t4_03.bmp');
subplot(131);
imshow(x);
subplot(132);
imhist(x);
y=imadjust(x,[0.2 0.8],[0 1]);
subplot(133);
imshow(y);
```

4. 对数变换

对数函数变换的一般表达式为

$$g(x,y)=c*\log[f(x,y)+1] \tag{4.7}$$

式中，c 为常数。此种变换使一窄带低灰度输入图像值映射为一宽带输出值。可以利用这种变换来扩展被压缩的高值图像中的暗像素。曲线形状如图 4.6(a)所示。

【例 4.4】 在傅里叶频谱图像中，频谱值的范围从 0 到 10^6 甚至更高，计算机图像显示系统通常不能如实显示如此大范围的强度值，很多细节会在典型的傅里叶频谱显示时丢失。通过对数变换后的傅里叶频谱图如图 4.6(c)所示。

例 4.4 的 MATLAB 代码如下：

```
x=imread('img/lena.bmp');
g=fft2(double(x));
fg=abs(fftshift(g));%幅度谱
subplot(121);
imshow(fg,[]);
title('傅里叶频谱');
subplot(122);
imshow(log(fg+1),[]);
title('傅里叶频谱对数变换结果');
```

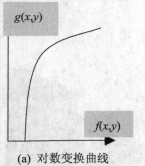

(a) 对数变换曲线   (b) 傅里叶频谱图   (c) 对数变换的结果

图 4.6　对数变换结果示意图

5. 幂次变换

幂次变换的基本形式为

$$g(x,y)=c*f(x,y)^{\gamma} \tag{4.8}$$

式中，c 和 γ 为常数。与对数变换的情况类似，幂次变换中的 γ 的部分值把输入窄带暗值映射到宽带输出值。当 $\gamma=1$ 时简化为正比变换，即对图像的灰度进行 n 倍增强处理。$\gamma>1$ 与 $\gamma<1$ 的值产生的曲线有相反的效果。实现部分由读者自己编程完成。

6. 直方图均衡化

在数字图像中，若统计出每一灰度值的像素数，并以灰度值作为横坐标、像素数作为纵坐标绘制出的图形称为该图像的灰度直方图，简称直方图，如图 4.7 所示。其中，图 4.7(a) 所示为原图各个像素的灰度级，图 4.7(b) 所示为原图各个像素灰度级的统计分布情况。灰度级为 $[0,L-1]$ 的数字图像的直方图是离散函数 $h(f)=n_f$，这里 f 是图像像素 $f(x,y)$ 的灰度值，n_f 是图像中灰度值为 f 的像素个数。

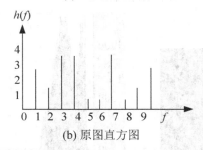

(a) 原图灰度级

(b) 原图直方图

图 4.7　图像及其对应的直方图

(注：这里为了描述方便起见，设灰度级的分布范围为[0,9])

直方图是图像处理中一种十分重要的图像分析工具，也是多种时域处理技术的基础。图像直方图灰度级的分布形态反映了图像信息的很多特征，如图像的灰度范围、每个灰度级出现的频率、灰度级的分布、整幅图像的平均明暗和对比度等，对图像的进一步处理提供了重要依据。

直方图均衡化方法把原图像的直方图通过灰度变换函数修正为灰度均匀分布的直方图，然后按均衡直方图修正原图像。当图像的直方图均匀分布时，图像包含的信息量最大，图像看起来就显得清晰。该方法以累计分布函数为基础，其变换函数取决于图像灰度直方图的累积分布函数。它对整幅图像进行同一个变换，也称为全局直方图均衡化。

直方图均衡化的具体步骤如下。

(1) 计算灰度直方图离散函数的归一化形式，即 $h_s(f)=h(f)/N_f$，$f=0,1,\cdots,L-1$，其中 N_f 是图像中的总体像素个数。

(2) 设计一个直方图均衡化增强变换函数，要求该函数满足如下两个条件：

① 在区间 $0 \leqslant f \leqslant L-1$ 范围内是一个单值，且单调增加。

② 设均衡化处理后的图像为 $g(x,y)$，则 g 在 $0 \leqslant f \leqslant L-1$ 区域内满足 $0 \leqslant g \leqslant L-1$。

条件①保证了灰度级从黑到白的次序，条件②保证变换的像素灰度级仍然在灰度级范围内。

(3) 计算原灰度图像的累计直方图，即 $h_p(i) = \sum_{f=0}^{i} h_s(f)$，其中 $i=0,1,\cdots,L-1$。

(4) 以累计直方图函数为均衡化增强变换函数，确定均衡化后新图像与原图像之间的映射关系 $f \rightarrow g$。

$$g(x,y) = \begin{cases} (L-1)h_p(f) & f(x,y) \neq 0 \\ 0 & f(x,y) = 0 \end{cases} \tag{4.9}$$

式中，$h_p(f)$ 为 $f(x,y)[f(x,y) \neq 0]$ 的累计概率分布。

直方图均衡的变换函数采用累积分布函数，它的实现方法很简单，效率也较高，只是它只能产生近似均匀分布的直方图。

大多数自然图像由于灰度分布集中在较窄的区间，引起图像细节不够清晰。采用直方图均衡化后可使图像的灰度间距拉开或使灰度均匀分布，从而增大反差，使图像细节清晰，达到增强的目的。如图 4.8 所示，原图的灰度集中在较小区域以至于视觉无法分辨图像内容，经过直方图均衡化增强后，细节清晰可辨。

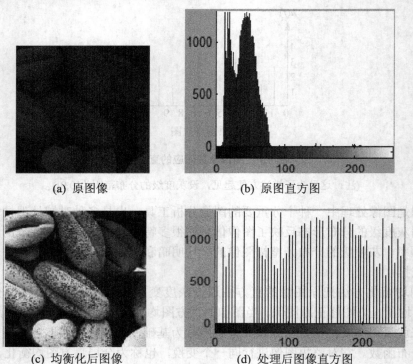

(a) 原图像　　　　　　　(b) 原图直方图

(c) 均衡化后图像　　　　(d) 处理后图像直方图

图 4.8　直方图均衡化处理示意图

【**例 4.5**】 直方图均衡化实现。

例 4.5 的 MATLAB 代码如下：

```
I=imread('img/t4_05.bmp');
```

```
subplot(221);
imshow(I);
subplot(222);
imhist(I);                    %显示图像直方图
[J,T]=histeq(I,64);           %图像灰度扩展到 0~255，但是只有 64 个灰度级
subplot(223);
imshow(J);
subplot(224);
imhist(J);
```

直方图均衡化方法有以下两个特点。

(1)　根据各灰度级别出现频率的大小，对各个灰度级别进行相应程度的增强，即各个级别之间的间距相应增大。

(2)　可能减少原有图像灰度级别的个数，即对出现频率过小的灰度级别可能出现兼并现象。直方图均衡化的兼并现象不仅使出现频率过大的灰度级别过度增强，还使所关注的目标细节信息丢失，未能达到预期增强的地目的。

7. 直方图规定化

直方图均衡化虽然使图像的对比度得到增强，但是这种增强是一种整体的变化，处理结果是得到全局均衡化的直方图，在整个计算过程中没有用户可以调整的参数，也就是说用户无法控制直方图均衡化的具体增强效果。而实际应用时往往需要将直方图变换为某种特定的形状，从而有选择地增强图像中某个灰度范围内的对比度或使图像灰度值分别满足特定的需求，以实现对输入图像进行有目的地增强。

假设 r 和 z 分别代表输入图像和期望得到图像的灰度级，$P_r(r)$ 和 $P_z(z)$ 为它们对应的连续概率密度函数，如果对原始图像和期望图像均作直方图均衡化处理，应有

$$S = T(r) = \int_0^x P_r(r)\mathrm{d}r \tag{4.10}$$

$$V = G(Z) = \int_0^x P_z(z)\mathrm{d}z \tag{4.11}$$

$$Z = G^{-1}(V) \tag{4.12}$$

由于对两幅图像都是进行均衡化处理，处理后的原图像概率密度函数 $P_s(S)$ 及理想图像概率密度函数 $P_V(V)$ 是相等的。于是，可以用变换后的原始图像灰度级 S 代替式(4.12)中的 V。其结果灰度级将是所期望的概率密度函数 $P_z(z)$ 的灰度级，即

$$Z=G^{-1}(S) \tag{4.13}$$

这时的灰度级 Z 便是所期望得到图像的灰度级。此外，利用式(4.10)与式(4.13)还可得到组合变换函数，即

$$Z = G^{-1}\left[T(r)\right] \tag{4.14}$$

对于离散图像而言，直方图规定化表达式为

$$S_k = T(r_k) = \sum_{j=0}^{k} P_r(r_j) = \sum_{j=0}^{k} \frac{n_j}{n} \qquad k = 0,1,\cdots,M-1 \tag{4.15}$$

$$V_l = G(Z_l) = \sum_{j=0}^{l} P_z(z_j) = S_l \qquad l = 0,1,\cdots,N-1 \tag{4.16}$$

$$Z_l = G^{-1}(S_k) = G^{-1}[T(r_k)] \tag{4.17}$$

式中，n 为图像像素的总和，n_j 为灰度级 r_j 的像素数量，L 为离散灰度级的数量。

上述直方图规定化过程主要有以下三个步骤：

(1) 对原始图像的灰度级均衡化；

(2) 对目标图像规定期望的直方图，并计算能使规定的直方图均衡化的变换；

(3) 将步骤(1)得到的变换反转过来，即将原始直方图对应映射到规定的直方图上。

由以上可知，一幅图像由 $T(r)$ 与反转变换函数 $Z=G^{-1}(V)$ 便可以进行直方图规定化。在步骤(3)中，通常采取单映射规则(SML)或组映射规则(GML)，因为存在取整误差的影响，所以要根据情况选择不同的方法。

单映射规则：先找到能使式(4.18)最小的 k 和 l：

$$\left|\sum_{i=0}^{k} P_r(r_i) - \sum_{j=0}^{l} P_z(z_j)\right| \quad \begin{matrix} k=0,1,\cdots,M-1 \\ l=0,1,\cdots,N-1 \end{matrix} \tag{4.18}$$

然后将 $P_r(r_i)$ 对应到 $P_z(z_j)$ 上，由于这里每个 $P_r(r_i)$ 是分别对应过的，故这种方法简单直观，但有时会有较大的取整误差。

组映射规则：设有一组整数函数 $I(l),l=0,1,\cdots,N-1$，满足：$0 \leqslant I(0) \leqslant \cdots \leqslant I(l) \leqslant \cdots \leqslant I(N-1) \leqslant M-1$，确定使式(4.19)达到最小的 $I(l)$。

$$\left|\sum_{i=0}^{I(l)} P_r(r_i) - \sum_{j=0}^{l} P_z(z_j)\right| \quad l=0,1,\cdots,N-1 \tag{4.19}$$

这时，如果 $l=0$，则将其 i 从 $I(0)$ 的 $P_r(r_i)$ 都对应到 $P_z(z_j)$ 上；如果 $l \geqslant 1$，则将其 i 从 $I(l-1)+1$ 到 $I(l)$ 都对应到 $P_z(z_j)$ 上。

【例4.6】 直方图规定化列表计算示例。

设原始图像有八个灰度级，其各灰度级像素统计和直方图规定化各个步骤计算结果如表 4.1 所示。

表 4.1 直方图规定化计算列表

序号	运算	步骤和结果							
1	列出原始图像灰度级 $r_k,k=0,1,\cdots,7$	0	1	2	3	4	5	6	7
2	统计原始图像各灰度级像素 n_k	790	1023	850	656	329	245	122	81
3	计算灰度值分布	0.19	0.25	0.21	0.16	0.08	0.06	0.03	0.02
4	计算原始累计直方图	0.19	0.44	0.65	0.81	0.89	0.95	0.98	1.0
5	定义规定直方图 $p(v)=n_k/n,n=1024$	0	0	0	0.2	0	0.6	0	0.2
6	计算规定累计直方图	0	0	0	0.2	0.2	0.8	0.8	1.0
7S	单映射规则(SML)	3	3	5	5	5	7	7	7
8S	确定映射对应关系	0,1→3		2,3,4→5			5,6,7→7		
9S	变换后直方图	0	0	0	0.44	0	0.45	0	0.11
7G	组映射规则(GML)	3	5	5	5	7	7	7	7
8G	确定映射对应关系	0→3	1,2,3→5			4,5,6,7→7			
9G	变换后直方图	0	0	0	0.19	0	0.62	0	0.19

【例4.7】 直方图均衡化和规定化效果演示示例。

图 4.9(a)为原始图像，图 4.9(b)所示为图 4.9(a)的直方图；图 4.9(c)和图 4.9(d)所示为对图 4.9(a)进行均衡化处理后的图像及其直方图；图 4.9(e)和图 4.9(f)所示为对图 4.9(a)用规定直方图 r 进行规定化处理的结果及其直方图，结果显示用直方图规定化后的结果增强是比

较明显的。直方图规定化使用 MATLAB 的函数 histeq(I,hgram)完成。程序给出了规定化直方图(r=[0.05, zeros(1,9), 0.05, zeros(1,9), 0.05, zeros(1,9), 0.05, zeros(1,9), 0.05, zeros(1,9), 0.05, zeros(1,9), 0.05, zeros(1,39), 0.05, zeros(1,19), 0.05, zeros(1,19), 0.05, zeros(1,19), ones(1,80).*0.0045, ones(1,66).*0.0088])。

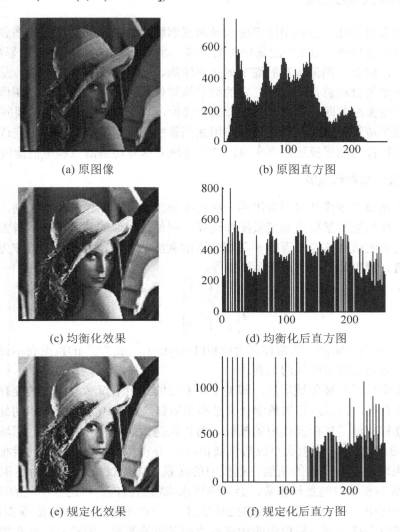

(a) 原图像　　　　　　　　　　(b) 原图直方图

(c) 均衡化效果　　　　　　　　(d) 均衡化后直方图

(e) 规定化效果　　　　　　　　(f) 规定化后直方图

图 4.9　直方图均衡化和规定化对比效果

例 4.7 的 MATLAB 代码如下：

```
h = imread('img\lena.bmp') ;
subplot(321),imshow(h)
subplot(322),imhist(h);
g=histeq(h,256);
subplot(323),imshow(g);
subplot(324),imhist(g,256);
r=[0.05,zeros(1,9),0.05,zeros(1,9),0.05,zeros(1,9),0.05,zeros(1,9),0.05,
zeros(1,9),0.05,zeros(1,9),0.05,zeros(1,39),0.05,zeros(1,19),0.05,zeros
(1,19),0.05,zeros(1,19),ones(1,80).*0.0045,ones(1,66).*0.0088];
```

```
k=histeq(h,r);
subplot(325),imshow(k);
subplot(326),imhist(k);
```

4.2.2　图像去噪处理

图像平滑去噪处理是指利用图像像素及像素邻域组成的空间进行图像增强的方法，主要目的是减少图像噪声。图像中的噪声种类很多，对图像信号幅度和相位的影响十分复杂。如果平滑不当，就会使图像本身的细节如边界轮廓、线条等变得模糊不清，从而使图像降质，所以图像平滑过程总是要付出一定的细节模糊代价。如何既能平滑掉图像中的噪声，又能尽量保持图像细节即少付出一些细节模糊代价，是图像平滑研究的主要问题之一。

图像空域平滑滤波增强处理是通过作用在图像空间像素的邻域操作来完成图像去噪处理，邻域操作往往借助模板运算来实现，常见处理方法有均值滤波和中值滤波两种方法。

1. 模板操作与卷积运算

模板操作是数字图像处理中常用的一种数据处理方式，图像的平滑去噪、边缘锐化、图像细化及边缘检测等都要用到模板操作运算。例如，图像的邻域平均平滑去噪算法是将原图中像素的灰度值和该像素周围 8-邻域像素的灰度值相加，求取平均值作为新图像中该像素的灰度值。可用如下方法来表示该操作：

$$\frac{1}{9}\begin{bmatrix} 1 & 1 & 1 \\ 1 & 1^* & 1 \\ 1 & 1 & 1 \end{bmatrix} \tag{4.20}$$

式(4.20)有点类似矩阵，通常称之为模板(Template)，带"*"的数据表示该元素为中心元素，即这个元素是将要处理的元素。

模板操作实现了一种邻域运算，即某个像素点的结果不仅和本像素灰度有关，而且和其邻域点的值有关。模板运算的数学含义是卷积运算，图 4.10 所示为卷积的处理过程。卷积运算中的卷积核就是模板操作中的模板，卷积就是做加权求和的过程。邻域中的每个像素(如邻域为 3×3 大小，模板大小应与邻域相同)，分别和模板中对应的元素相乘，乘积求和所得的结果即为中心像素的新值。模板中的元素称做加权系数(又称为卷积核的卷积系数)，改变模板卷积核中的加权系数，会影响所求像素的新值，可达到不同的降噪效果。

在实际应用中，对于模板或卷积的加权运算，当在图像上移动模板(卷积核)至图像边界时，在原图像中找不到与模板中的加权系数相对应的像素，即模板悬挂在图像缓冲区的边界上，这种现象在图像的上下左右四个边界上均会出现。例如，当使用模板(如式(4.20))时，设原图像像素灰度级为式(4.21)的矩阵所示，即

$$\begin{bmatrix} 1 & 1 & 1 & 1 & 1 \\ 2 & 2 & 2 & 2 & 2 \\ 3 & 3 & 3 & 3 & 3 \\ 4 & 4 & 4 & 4 & 4 \end{bmatrix} \tag{4.21}$$

图像式(4.21)经过模板式(4.20)操作后的图像如式(4.22)所示:

$$\begin{bmatrix} - & - & - & - & - \\ - & 2 & 2 & 2 & - \\ - & 3 & 3 & 3 & - \\ - & - & - & - & - \end{bmatrix} \tag{4.22}$$

式中, "−"表示无法进行模板操作的像素点。

解决这个问题可以采用两种简单的方法: 一种方法是忽略图像边界的数据, 另一种方法是在图像四周复制原图像边界像素值, 从而使卷积核悬挂在图像四周时可以进行正常的计算。

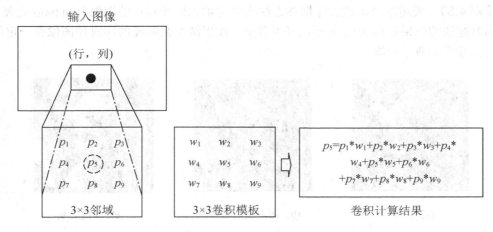

图 4.10　卷积处理过程

2. 均值滤波去噪处理

均值滤波是一种简单的空域滤波方法。因为图像上噪声像素点的灰度值总是与其邻域附近像素点的灰度值不同, 均值滤波方法的基本思想就是用像素邻域内各个像素的灰度平均值代替该像素原来的灰度值, 实现图像的平滑去噪处理, 降低噪声对图像的影响。

假设原图像为 $f(x,y)$, 平滑处理后的图像为 $g(x,y)$, 均值滤波图像平滑处理的数学表达可表示为

$$g(x,y) = \frac{1}{M} \sum_{(m,n) \in S} f(x-m, y-n) \tag{4.23}$$

式中, S 为 (x,y) 事先确定的邻域内像素坐标的集合, M 为邻域内所包含的像素总数。

可见, 邻域均值滤波法就是将当前像素邻域内各像素的灰度平均值作为其输出值的去噪方法。

例如, 对图像采用 3×3 的邻域平均法, 对于像素 (m,n) 预定邻域像素如图 4.11 所示。

(m−1,n−1)	(m−1,n)	(m−1,n+1)
(m,n−1)	(m,n)	(m,n+1)
(m+1,n−1)	(m+1,n)	(m+1,n+1)

图 4.11　像素 (m,n) 的领域

那么均值滤波法处理的结果为

$$g(m,n) = \frac{1}{9}\sum_{i\in S}\sum_{j\in S} f(m+i,n+j) \tag{4.24}$$

邻域均值法的思想是通过一点和邻域内的像素点求平均来去除突变的像素点，从而滤掉一定的噪声。在实际应用中，也可以根据不同的需要选择使用不同的模板尺寸，如 3×3、5×5、7×7、9×9 等。邻域均值处理方法是以图像模糊为代价来减小噪声的，且模板尺寸越大，噪声减小的效果越显著。这种算法简单，但它的主要缺点是在降低噪声的同时使图像产生模糊，特别是在边缘和细节处，原因是它对所有的点都是同等对待。而且邻域越大，在去噪能力增强的同时模糊程度越严重。

【例 4.8】 采用均值滤波去噪增强方法实现对加入椒盐噪声的图像 lena.bmp 处理。

均值滤波的效果如图 4.12 所示，可以看出，在平滑增强降噪的同时使图像有一定的模糊，而且降噪的效果一般。

(a) 原图 　　　　　 (b) 加入椒盐噪声图 　　　　　 (c) 均值去噪

图 4.12　均值滤波去噪处理实例

例 4.8 的 MATLAB 代码如下：

```
I=imread('img/lena.bmp');
subplot(131);
imshow(I,[]);
f=imnoise(I,'salt & pepper',0.04);
subplot(132);
imshow(f);
H0=ones(3,3)/9;  %3×3 邻域模板
g=imfilter(f,H0);
subplot(133);
imshow(g,[]);
```

3. 加权平均滤波去噪处理

均值滤波去噪处理方法的缺点是，会使图像变得模糊，原因是它对所有的点都是同等对待。为了改善效果，就可采用加权平均的方式来构造模板卷积核，其数学定义式如下：

$$g(x,y) = \frac{\sum\limits_{s=-a}^{a}\sum\limits_{t=-b}^{b} w(s,t)f(x+s,y+t)}{\sum\limits_{s=-a}^{a}\sum\limits_{t=-b}^{b} w(s,t)} \tag{4.25}$$

一般认为距离模板中心像素近的像素对平滑结果影响较大，所以接近中心的系数应较

大，模板边界附近的系数应较小，常用的加权平均操作模板如图 4.13 所示。

$$H_1 = \frac{1}{10}\begin{bmatrix} 1 & 1 & 1 \\ 1 & 2 & 1 \\ 1 & 1 & 1 \end{bmatrix} \quad H_2 = \frac{1}{16}\begin{bmatrix} 1 & 2 & 1 \\ 2 & 4 & 2 \\ 1 & 2 & 1 \end{bmatrix}$$

$$H_3 = \frac{1}{8}\begin{bmatrix} 1 & 1 & 1 \\ 1 & 0 & 1 \\ 1 & 1 & 1 \end{bmatrix} \quad H_2 = \frac{1}{2}\begin{bmatrix} 1 & \frac{1}{4} & 1 \\ \frac{1}{4} & 4 & \frac{1}{4} \\ 1 & \frac{1}{4} & 1 \end{bmatrix}$$

图 4.13　常用加权平均模板

【例 4.9】　采用 H1、H2、H3、H4 模板分别对椒盐噪声图像进行滤波去噪增强处理，处理效果如图 4.14 所示。图 4.14(a)为原图，图 4.14(b)为加入椒盐噪声图，图 4.14(c)～图 4.14(f)分别为采用图 4.13 中 H1～H4 模板去噪效果图。

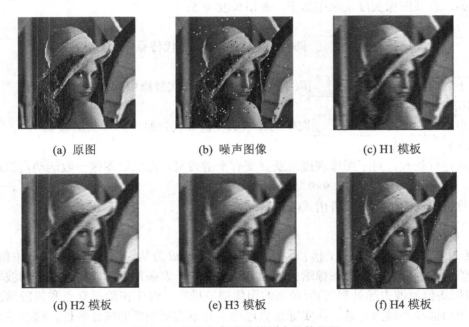

(a) 原图　　　　　　　(b) 噪声图像　　　　　　(c) H1 模板

(d) H2 模板　　　　　　(e) H3 模板　　　　　　(f) H4 模板

图 4.14　不同加权平均模板去噪效果图

例 4.9 的 MATLAB 代码如下：

```
I=imread('img/lena.bmp');
subplot(231);
imshow(I,[]);
f=imnoise(I,'salt & pepper',0.01);
subplot(232);
imshow(f);
H1=1/10.*[1 1 1 1 2 1 1 1 1];              %H1 邻域模板
H2=1/16.*[1 2 1 2 4 2 1 2 1];              %H2 邻域模板
```

```
H3=1/8.*[1 1 1 1 0 1 1 1 1];                    %H3 邻域模板
H4=1/2.*[0 0.25 0 0.25 1 0.25 0 0.25 0];        %H4 邻域模板
g1=imfilter(f,H1);
subplot(233);
imshow(g1,[]);
g2=imfilter(f,H2);
subplot(234);
imshow(g2,[]);
g3=imfilter(f,H3);
subplot(235);
imshow(g3,[]);
g4=imfilter(f,H4);
subplot(236);
imshow(g4,[]);
```

4. 中值滤波去噪处理

所谓中值滤波，是指把以某点(x,y)为中心的小窗口内的所有像素的灰度按从小到大的顺序排列，将中间值作为点(x,y)的新灰度值(若窗口中有偶数个像素，则取两个中间值的平均值)。

例如，设某图像灰度值顺序如下，窗口长度为5：

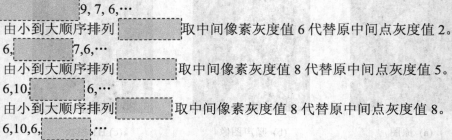

由小到大顺序排列 取中间像素灰度值 6 代替原中间点灰度值 2。

由小到大顺序排列 取中间像素灰度值 8 代替原中间点灰度值 5。

由小到大顺序排列 取中间像素灰度值 8 代替原中间点灰度值 8。

如此进行处理，对于图像灰度跳跃突变有平滑效果。而二维图像一般活动窗口选为二维窗口，如 3×3、5×5、7×7、9×9 等。

二维中值滤波去噪处理可由式(4.26)表示：

$$g_{ij} = \underset{f_{ij} \in A}{Med}\{f_{ij}\} \tag{4.26}$$

式中，A 为邻域像素区域窗口，$\{f_{ij}\}$ 为二维数据序列，Med 为从二维数据序列中取中值操作。

中值滤波是一种非线性图像增强处理方法，它在一定条件下可以克服线性滤波增强方法(如邻域均值滤波去噪处理等)所带来的图像细节模糊，对于消除孤立点和线段脉冲等干扰与图像扫描噪声最为有效。在实际运算过程中并不需要图像的统计特性，这也带来不少方便。但是对一些细节多，特别是点、线、尖顶细节多的图像不宜采用中值滤波。

【例 4.10】 选用 3×3 窗口对椒盐噪声进行中值滤波去噪处理，中值滤波去噪效果如图 4.15 所示。

例 4.10 的 MATLAB 代码如下：

```
I=imread('img/lena.bmp');
subplot(231);
imshow(I);
f=imnoise(I,'salt & pepper',0.04);
subplot(232);
```

```
imshow(f);
g=medfilt2(f,[3,3]);
subplot(233);
imshow(g);
```

从图 4.12 和图 4.15 中可以看出，在处理椒盐噪声时，中值滤波效果明显优于均值滤波效果。

(a) 原图　　　　　　　　(b) 椒盐噪声图　　　　　　　　(c) 中值滤波结果

图 4.15　3×3 邻域中值滤波实例

4.3　频域图像增强

频域图像增强是对图像经傅里叶变换后的频谱成分进行操作。频谱主要分成低频和高频两个部分，在频谱的低频部分，代表原始图像的变化比较缓慢的轮廓的能量部分；在高频部分，代表原始图像中的边缘、噪声和陡峭变化的部分。根据频谱的这种表现，在频域增强时，核心是要设计或者选择某种滤波器，该滤波器根据用户的需要选择频谱中的低频、中频或高频，然后进行逆傅里叶变换获得所需结果。

频域滤波图像增强实现的基本思路如下。

(1) 将原图像 $f(x,y)$ 乘以 $(-1)^{x+y}$，相当于图像频谱平移了 $N/2$(设原图为 $N×N$ 大小)，把原点移到滤波器中心位置。一般的情况下会这样做，但不是必要的步骤。

(2) 计算图像的傅里叶变换得到 $F(u,v)$。

(3) 选择一个滤波函数 $H(u,v)$，并乘以 $F(u,v)$。

(4) 进行反傅里叶变换，并取其实部。

(5) 乘以 $(-1)^{x+y}$ 得到最后的增强图像 $g(x,y)$。

实现原理如图 4.16 所示。

图 4.16　频域图像增强原理图

常用的频域增强方法有低通滤波技术和高通滤波技术，低通滤波技术是利用低通滤波器去掉反映细节和跳变性的高频分量，但在去除图像尖峰细节的同时也将图像边缘的跳变细节去除掉了，而使得图像变得较模糊。低通滤波有理想低通滤波器、巴特沃斯低通滤波器、指数滤波器等。高通滤波器技术是利用高通滤波器来忽略图像中过渡平缓的部分，突出细节和跳变等的高频部分，使得增强后的图像边缘信息分明清晰。高通滤波技术进行增强处理后的图像，视觉效果不好，较适用于图像中物体的边缘提取。高通滤波器有理想高通滤波器、梯形滤波器、指数滤波器等。频域增强方法中还有带通滤波和带阻滤波、同态滤波等，一般是用来解决光动态范围过大或者光照不均而引起的图像不清等情况。

图像在频域中的处理与时域这种对应关系主要由卷积定理来决定，频域变换的基础是卷积定理，因此其基本原理为：设原始图像为 $f(x,y)$，处理后图像为 $g(x,y)$，而 $h(x,y)$ 是线性不变算子(模板)，则根据卷积定理，有

$$g(x,y) = f(x,y) * h(x,y) \tag{4.27}$$

式中，*代表卷积。若 $G(u,v)$、$H(u,v)$、$F(u,v)$ 分别是 $g(x,y)$、$h(x,y)$、$f(x,y)$ 的傅里叶变换，则式(4.27)的卷积关系可表示为

$$G(u,v) = H(u,v) * F(u,v) \tag{4.28}$$

式中，$H(u,v)$ 用线性系统理论来说，是响应函数。在具体的增强中，$f(x,y)$ 是给定的，则 $F(u,v)$ 也可通过变换求出。$H(u,v)$ 可通过不同的滤波器来确定，则由式(4.29)可得

$$g(x,y) = F^{-1}[H(u,v)F(u,v)] \tag{4.29}$$

4.3.1　频域低通滤波方法

1. 理想低通滤波器

理想低通滤波器(ILPF)的响应函数定义为

$$H(u,v) = \begin{cases} 1 & D(u,v) \leqslant D_0 \\ 0 & D(u,v) > D_0 \end{cases} \tag{4.30}$$

式中，D_0 为截止频率，$D(u,v)$ 的含义是频域空间任意一点(u,v)到滤波器中心位置的距离，若滤波器中心在坐标原点上，则 $D=(u^2+v^2)^{1/2}$。对于图像为 $N \times N$ 大小，一般通过平移 $N/2$ 把坐标原点移到频域中心，所以 $D=[(u-N/2)^2+(v-N/2)^2]^{1/2}$。图 4.17 所示分别为理想低通滤波器响应函数 $H(u,v)$的一个剖面图、二维图像显示方式和三维透视图。在半径为 D_0 的圆内，所有频率没有衰减地通过滤波器，而在此半径的圆之外的所有频率完全被衰减掉。由于高频成分包含有大量的边缘信息，因此采用该滤波器在去噪的同时将会导致边缘信息损失而使图像变模糊。如果 D_0 较小，滤波器滤除的能量就会越多，则图像中会有多数尖锐细节信息会被滤除，就会使图像变得模糊。当增加 D_0 时，滤波器滤除的能量会减少，图像则会越接近原始图像。

尽管理想低通滤波器在数学上定义得很清楚，在计算机模拟中也可实现，但在截止频率处直上直下的理想低通滤波器是不能用实际的电子器件实现的。

图像能量谱即图像功率值 $P(u,v)$定义为图像傅里叶变换后，其实部平方和虚部平方之和，即

$$P(u,v) = |F(u,v)|^2 = R(u,v)^2 + I(u,v)^2 \tag{4.31}$$

总功率谱 P_T 为

$$P_T = \sum_{u=0}^{M-1} \sum_{v=0}^{N-1} P(u,v) \tag{4.32}$$

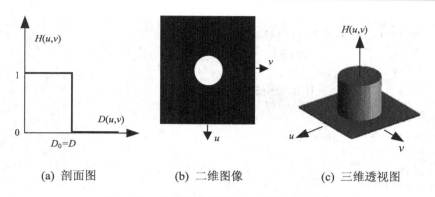

(a) 剖面图　　　　　　　(b) 二维图像　　　　　　　(c) 三维透视图

图 4.17　理想低通滤波器响应函数示意图

图像能量百分比 α 定义为

$$\alpha = 100\% \times \left[\sum_{u \in R} \sum_{v \in R} P(u,v) / P_{\mathrm{T}} \right] \tag{4.33}$$

式中，R 为频域中心半径。

图像能量谱主要是在讨论滤波器不同响应的时候会用到，看看取出多少能量来进行反变换对图像的影响情况。在图像低通滤波时，当截止频率 D_0 选择较小时，反变换后的图像除了比较模糊外，还出现了很多"方块斑点"等负面信息，这种现象称为振铃现象。理想滤波器的响应函数 $H(u,v)$，是一个方波的形状(脉冲)，对一个方波进行傅里叶变换，会出现一个振荡衰减的过程，这个振荡衰减过程反变换后的图像就多出了一些负面信息。

如图 4.18 所示为不同截止频率 D_0 的理想低通滤波结果，图 4.18(a)所示为加入了椒盐噪声的原图，图 4.18(b)所示为傅里叶变换频谱图，其上叠加了 4 个半径分别为 5、11、45 和 68 的圆，这些圆周内分别包含了原图 90%、95%、99%和 99.5%的能量。当 D_0=5 时得到图 4.18(c)结果，这幅图没有实际意义，已经严重模糊，尽管只滤除了 10%的能量(高频)，这表明了图像中多数尖锐的细节信息包含在被滤除的 10%的能量内；当 D_0=11 时得到图 4.18(d)所示结果，从图像中可以看到一个粗略轮廓，但图像的振铃效应明显；当 D_0=45 时得到图 4.18(e)所示结果，图像仅有 1%的能量被滤除，图像中的椒盐噪声得到较好的平滑，图像虽有一定的模糊和振铃效应，但视觉效果还可以；当 D_0=68 时得到图 4.18(f)所示结果，图像轮廓等信息与原图区分度已经不大，图像椒盐噪声也有一定的缓解。D_0 选择越大，得到的图像越接近原图，包括噪声，所以低通滤波器的主要目的是对图像的细节起到一定的模糊作用以及平滑图像噪声作用。

【例 4.11】　理想低通滤波器实现。

例 4.11 实现理想低通滤波器的 MATLAB 部分代码如下：

```
%理想低通滤波
I1=imread('img/lena.bmp');
subplot(121);
imshow(I1);
f=double(I1)            ;%matlab 不支持图像的无符号整型的计算
g=fft2(f)               ;%傅里叶变换
g=fftshift(g)           ;%为原点平移到中心位置而转换数据矩阵
[N1,N2]=size(g)         ;%取得对象 g 的行数和列数
d0=68                   ;%改变 d0 的值，可以观察到滤波的不同效果
n1=fix(N1/2);
n2=fix(N2/2);
for i=1:N1
```

```
    for j=1:N2
        d=sqrt((i-n1)^2+(j-n2)^2);
        if d<=d0
            h=1;
        else
            h=0;
        end            %计算理想低通滤波响应函数
         result(i,j)=h*g(i,j);
    end
end
result=ifftshift(result);
x2=ifft2(result);
x3=uint8(real(x2));
subplot(122);
imshow(x3);
```

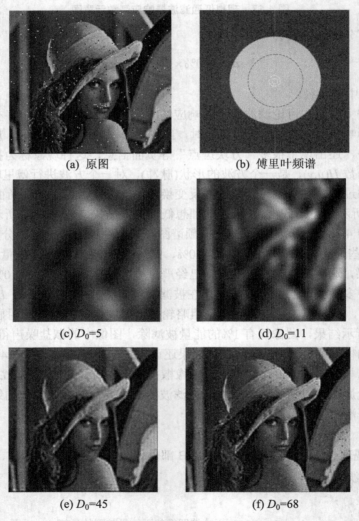

(a) 原图   (b) 傅里叶频谱

(c) $D_0=5$ (d) $D_0=11$

(e) $D_0=45$ (f) $D_0=68$

图 4.18 理想低通滤波器滤波效果示意图

2. 巴特沃斯低通滤波器

n 阶巴特沃斯低通滤波器(BLPF)的响应函数 $H(u,v)$ 定义为

$$H(u,v) = \frac{1}{1 + (D(u,v)/D_0)^{2n}} \tag{4.34}$$

式中，D_0 和 $D(u,v)$ 定义同理想低通滤波器，为距离频谱中心的距离值；n 为一个阶数值。当 $D=D_0$ 时，H 从最大值降到 0.5。巴特沃斯滤波器的特性是连续性衰减，而不像理想滤波器那样陡峭变化，即明显的不连续性。因此采用该滤波器滤波在抑制噪声的同时，图像边缘的模糊程度大大减小，一阶巴特沃斯滤波器没有振铃效应，阶数越高振铃效应越明显，也越接近于理想滤波器。图 4.19(a)为 $n=3$ 时的巴特沃斯滤波器的剖面图，图 4.19 (b)将滤波器显示为灰度图像形式，图 4.19(c)为滤波器的三维透视图。

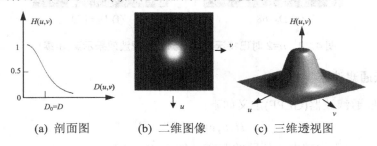

(a) 剖面图　　　(b) 二维图像　　　(c) 三维透视图

图 4.19　巴特沃斯低通滤波器响应函数示意图

图 4.20 为二阶巴特沃斯滤波效果示意图，图 4.20(a)为加入椒盐噪声的原图，图 4.20(b)为 $D_0=5$ 的滤波效果图，图像模糊，但振铃效应减弱很多，图 4.20(c)、(d)和(e)的模糊程度随着 D_0 的增加不断减弱，其中的噪声平滑效应也在减弱，与图 4.18 所示的理想低通滤波器结果不同的是二阶巴特沃斯低通滤波器对于振铃效应要明显减少。当 $D_0=150$ 时，图 4.20(f)所示的结果与原图几乎没有区别。可以看出巴特沃斯滤波器是在实用滤波器和减少振铃效应之间的一个折中。

(a) 原图　　　　　　　　　　　(b) $D_0=5$

(c) $D_0=11$　　　　　　　　　　(d) $D_0=45$

图 4.20　$n=2$ 时巴特沃斯低通滤波器滤波效果示意图

(e) $D_0=68$ (f) $D_0=150$

图 4.20 $n=2$ 时巴特沃斯低通滤波器滤波效果示意图(续)

3. 高斯低通滤波器

二维高斯低通滤波器(GLPF)定义如下：

$$H(u,v) = e^{-D^2(u,v)/2\delta^2} \tag{4.35}$$

$D(u,v)$ 是点 (u,v) 距频谱中心位置的距离，使 $\delta=D_0$，即

$$H(u,v) = e^{-D^2(u,v)/2D_0^2} \tag{4.36}$$

当 $D(u,v)=D_0$ 时，滤波器下降到最大值的 0.607。

高斯低通滤波器的傅里叶反变换也是高斯的，这也意味着通过计算式(4.35)或式(4.36)的傅里叶反变换而得到的空间高斯滤波器将没有振铃，其透视图、二维图像显示以及 GLPF 函数的径向剖面如图 4.21 所示。

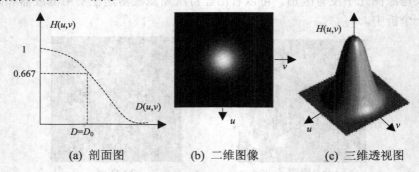

(a) 剖面图   (b) 二维图像   (c) 三维透视图

图 4.21   高斯低通滤波器响应函数示意图

【例 4.12】 三种低通滤波器的效果比较。

图 4.22(a)所示为噪声的原图像,经过理想低通滤波器处理后所得效果如图 4.22(b)所示,经过巴特沃斯低通滤波器处理后所得效果图像如图 4.22(c)所示,经过高斯低通滤波器处理后所得图像如图 4.22(d)所示。可以看出，上述三种滤波器均可起到降噪作用，但理想低通滤波器存在振铃效应，其他两种低通滤波器振铃现象明显少于理想滤波器。高斯低通滤波器滤去的高频分量最多，图像最为模糊，巴特沃斯低通滤波器滤去的高频分量较少，图像较为清晰。

(a) 原图　　　　　　　　　　(b) 理想低通滤波

(c) 巴特沃斯低通滤波　　　　(d) 高斯低通滤波

图 4.22　三种低通滤波器实现效果示意图

4. 梯形低通滤波器

梯形低通滤波器的响应函数定义如下：

$$H(u,v)=\begin{cases}1 & D(u,v)\leqslant D_1\\ \dfrac{D(u,v)-D_0}{D_1-D_0} & D_1<D(u,v)<D_0\\ 0 & D(u,v)>D_0\end{cases} \qquad(4.37)$$

式中，$D_1<D_0$，D_0 为截止频率，D_1 对应分段线性函数的分段点。梯形低通滤波器响应函数的剖面如图 4.23 所示，此滤波器对噪声平滑效果较差，而图像模糊程度最轻，但其响应函数在高低频率之间有个过渡，可以减缓一些振铃现象。

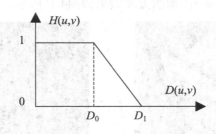

图 4.23　梯形低通滤波器剖面示意图

4.3.2　频域高通滤波方法

图像中的边缘和线条与图像频谱中高频分量对应，因此，可以通过高通滤波的方法，使低频分量得到抑制，从而达到增强高频分量、使图像的边缘或线条变得清晰的目的。本

节中的高通滤波器响应函数是对低通滤波器响应函数的精确反操作，即本节讨论的高通滤波器的响应函数可由下面的关系式得到：

$$H_{hp}(u,v) = 1 - H_{lp}(u,v) \tag{4.38}$$

式中，$H_{lp}(u,v)$ 是相应低通滤波器的响应函数。也就是说，被低通滤波器衰减的频率能通过高通滤波器，反之亦然。

1. 理想高通滤波器

理想高通滤波器(IHPF)响应函数定义为

$$H(u,v) = \begin{cases} 0 & D(u,v) \leqslant D_0 \\ 1 & D(u,v) > D_0 \end{cases} \tag{4.39}$$

图 4.24(a)为响应函数 H 的三维透视图，图 4.24(b)为剖面示意图。理想高通滤波器与理想低通滤波器的剖面和透视示意图正好相反。

高通滤波器是与低通滤波器相对的，它将以 D_0 为半径的圆周内的所有频率置零，而毫不衰减地通过圆周外的任何频率。与理想低通滤波器的情况相同，理想高通滤波器也是物理上用电子元件无法实现的。

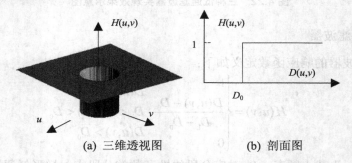

(a) 三维透视图   (b) 剖面图

图 4.24   理想高通滤波器响应函数透视、剖面示意图

【例 4.13】   理想高通滤波器实例。

理想高通滤波器对lena.bmp图像的处理效果如图4.25所示。

图 4.25   截止频率 D_0=35 时理想高通滤波效果示意图

2. 巴特沃斯高通滤波器

n 阶巴特沃斯高通滤波器(BHPF)响应函数定义如下(其中 D_0 为截止频率)：

$$H(u,v) = \frac{1}{1 + (D_0 / D(u,v))^{2n}} \tag{4.40}$$

当 $D(u,v)=D_0$ 时，$H(u,v)$ 下降到最大值的 1/2。图 4.26(a)、(b)所示分别为巴特沃斯高通滤波器响应函数的透视图和剖面示意图。

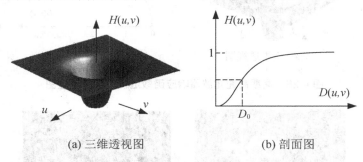

(a) 三维透视图　　　　　　　　(b) 剖面图

图 4.26　巴特沃斯高通滤波器响应函数透视、剖面示意图

同低通滤波器的情况一样，可以认为巴特沃斯高通滤波器比理想高通滤波器更平滑。$n=2$ 且 $D_0=35$ 时，巴特沃斯高通滤波器的处理效果如图 4.26 所示。边缘失真比图 4.24 所示小得多，甚至对于最小的截止频率也一样。由于巴特沃斯高通滤波器在高低频率间的过渡比较平滑，所以得到的输出图像振铃效应不明显。

【例 4.14】　巴特沃斯高通滤波器实例。

图 4.27 为截止频率 $D_0=35$ 时的 lena.bmp 图像巴特沃斯高通滤波效果示意图。

图 4.27　截止频率 $D_0=35$ 时巴特沃斯高通滤波效果示意图

3. 高斯高通滤波器

截止频率为 D_0 的高斯高通滤波器(GHPF)的响应函数是

$$H(u,v) = 1 - e^{-D^2(u,v)/2D_0^2} \tag{4.41}$$

图 4.28 为 GHPF 响应函数的透视图和剖面示意图。对于高斯高通滤波器来说，没有振铃效应现象。

【例 4.15】　高斯高通滤波效果实例。

图 4.29 为截止频率 $D_0=35$ 时的 lena.bmp 图像高斯高通滤波效果示意图。

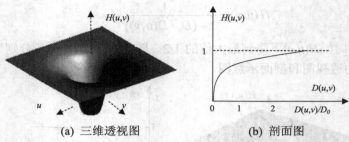

(a) 三维透视图   (b) 剖面图

图 4.28   高斯高通滤波器响应函数透视、剖面示意图

图 4.29   截止频率 D_0=35 时高斯高通滤波效果示意图

4.3.3   同态滤波

一幅图像 $f(x,y)$ 不仅可以用像素矩阵来表示，还可以用它的照明分量和反射分量来表示，其数学表达式为

$$f(x,y)=i(x,y) \cdot r(x,y) \qquad (4.42)$$

式中，$0<i(x,y)<+\infty$ 为照明分量；$0<r(x,y)<1$ 为反射分量。如果光源照射到物体上的光分布不均匀，那么分布较强的部分就较为明亮，分布较弱的部分就较暗淡，且细节模糊不清。一般情况下，照明分量 $i(x,y)$ 是均匀的或变化缓慢的，其频谱落在低频区域；反射分量 $r(x,y)$ 反映物体的细节内容，倾向于急剧的空间变化，其频谱有相当部分落在高频区域。

因为两个函数乘积的傅里叶变换是不可分的，所以表达式(4.42)不能直接用来分别对照明分量和反射分量进行处理。但是将式(4.42)两边取自然对数，便可将乘法运算转换为加法运算，即

$$\ln f(x,y) = \ln i(x,y) + \ln r(x,y) \qquad (4.43)$$

对式(4.43)进行傅里叶变换，得

$$F(u,v)=I(u,v)+R(u,v) \qquad (4.44)$$

通过式(4.44)的转换可将照明分量和反射分量拆分开来，从而利用同态滤波器分别加以处理。为了消除照明分布不均的影响，则应衰减 $I(u,v)$ 频率成分；为了彰显物体的细节，提高对比度，则应提升 $R(u,v)$ 的频率成分。同态滤波器转换函数 $H(x,y)$ 的剖面如图 4.30 所示。

$r_L<1$ 和 $r_H>1$ 意味着衰减低频和提升高频，这样就能同时使灰度动态范围压缩和对比度增强。用一个频域增强函数 $H(u,v)$ 去处理 $F(u,v)$，滤波器输出结果为

$$H(u,v)F(u,v) = H(u,v)I(u,v) + H(u,v)R(u,v) \tag{4.45}$$

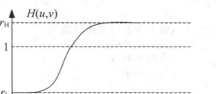

图 4.30 同态滤波器剖面图

将滤波器输出结果反变换到时域，得

$$h_f(x,y) = h_i(x,y) + h_r(x,y) \tag{4.46}$$

最后将反变换的结果做指数运算，可得图像的同态滤波系统输出

$$g(x,y) = \exp(h_f(x,y)) \tag{4.47}$$

同态滤波是一种特殊的滤波技术，可用于压缩图像灰度的动态范围，且增强对比度。这种处理方法与其说是一种数学技巧，倒不如说因为人眼视觉系统对图像亮度具有类似于对数运算的非线性特性。

【例 4.16】 使用巴特沃斯高通滤波转换函数实现同态滤波增强处理。

图 4.31 为同态滤波增强效果示意图。

图 4.31 同态滤波增强效果示意图

例 4.16 的 MATLAB 代码如下：

```
f1=imread('img/lena.bmp');
f1=double(f1);
f_log=log(f1+1);              %取自然对数
f2=fft2(f_log);              %傅里叶变换
% 产生 Butterworth 高通滤波器
n=5;
D0=0.05*pi;                  %截止频率
rh=0.8;
r1=0.3;
[m n]=size(f2);
for i=1:m
    for j=1:n
        D1(i,j)=sqrt(i^2+j^2);
```

```
            H(i,j)=r1+(rh/(1+(D0/D1(i,j))^(2*n)));
        end
end
f3=f2.*H;                    %输入图像通过滤波器
f4=ifft2(f3);                %反傅里叶变换
g=exp(real(f4))-1;           %取指数对数
subplot(2,2,1);              %显示结果
imshow(uint8(f1));
subplot(2,2,2);
imshow(uint8(g));
```

小　结

　　本章对几种常用的图像增强处理方法，如灰度变换、直方图修正、噪声清除、频域滤波、同态滤波等，作了详细的介绍，并阐明了各自的增强原理。由于对图像质量的要求越来越高，单一的增强处理往往难以达到令人满意的效果。因此，在图像的实际增强处理中，常常是几种方法组合运用，各取所长以达到最佳的增强效果。

习　题

　　1. 什么是图像增强处理？图像增强的目的是什么？

　　2. 设有一幅图像的灰度范围为 $[10, 100]$，若需要将该图像的灰度范围扩展至 $[0, 200]$ 内，则相应的线性变换表达式是什么？

　　3. 什么是数字图像的直方图？直方图的主要作用是什么？

　　4. 试述直方图均衡化增强的原理，说明图像均衡化后产生灰阶兼并现象(灰度直方图不平坦现象)的根本原因以及减少灰阶兼并现象的方法。

　　5. 有一幅灰度图像，直方图如下所示：

$[0,520,920,490,30,40,5190,24040,6050,80,20,80,440,960,420,0]$

请建立直方图均衡化的灰度变换函数。

　　6. 已知一幅图像的灰度级为 8，即(0,1)之间划分为 8 个灰度级。图像的左边一半为深色，其灰度级为 1/7；而右边一半为黑色，其灰度级为 0，如图 4.32 所示。试对此图进行直方图均衡化处理，并描述一下处理后的图像是什么样的图像。

图 4.32　灰度图

　　7. 设一幅图像有如图 4.33(a)所示的直方图，拟对其进行规定直方图变换，所需规定直方图如图 4.33(b)所示。请给出该处理的步骤、过程和处理结果。

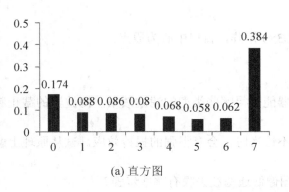

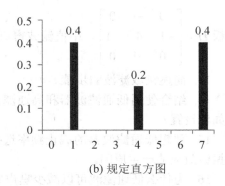

(a) 直方图　　　　　　　　　　　　　(b) 规定直方图

图 4.33　图像直方图与规定直方图

8. 在图 4.34 所示的 4 种规定化直方图中，哪种能使图像的明暗对比更加明显？

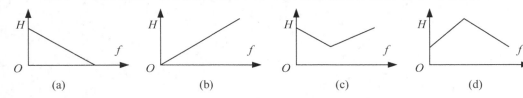

(a)　　　　　　　(b)　　　　　　　(c)　　　　　　　(d)

图 4.34　直方图

9. 试述图像平滑去噪的目的，采用时域滤波和频域滤波的基本原理。

10. 什么是图像平滑？试述均值滤波的基本原理。

11. 设原图像为：2 4 7 4 3 5 4 6 4 4 4，求经过中值滤波后的值，中值滤波取一维的模板如图 4.35 所示，待处理像素的灰度取这个模板中的灰度的中值。边界点保持不变。

| $m-2$ | $m-1$ | m | $m+1$ | $m+2$ |

图 4.35　一维中值滤波模板

12. 图像中每个像素点的灰度值如图 4.36 所示。

1	1	4	5
2	1	3	8
2	2	3	8
2	2	3	3

图 4.36　图像灰度值

分别求经过邻域平滑模板、邻域高通模板和中值滤波处理后的结果。其中不能处理的点保持不变，如果处理后的值为负数则变为 0。邻域平滑模板 $H = \dfrac{1}{4}\begin{bmatrix} 0 & 1 & 0 \\ 1 & 0 & 1 \\ 0 & 1 & 0 \end{bmatrix}$，邻域高通

模板 $H = \begin{bmatrix} 0 & -1 & 0 \\ -1 & 4 & -1 \\ 0 & -1 & 0 \end{bmatrix}$，中值滤波窗口取 3×3 矩阵，窗口中心为原点。

13. 简述频域滤波的步骤。

14. 结合使用低通滤波器和高通滤波器能获得哪些类型的滤波效果，滤波器的截止频率如何设置？

15. 理想低通滤波器的截止频率选择不恰当时，会有很强的振铃效应。试从原理上解释振铃效应的产生原因。

16. 为什么低通滤波可以减少噪声？图像低通滤波去噪有哪些步骤？

17. 如何增强图像中人们感兴趣的高频部分信息？

18. 如何改善有光照变化的图像？

第 5 章　图像压缩编码

【教学目标】

通过本章的学习，了解图像压缩编码的基本原理与方法，掌握无损编码如统计编码等的基本原理与方法，掌握有损编码如预测编码和变换编码的基本原理与方法，了解图像压缩的基本流程和步骤，了解图像压缩编码的国际标准。

本章主要介绍图像压缩编码的基本原理与方法、图像编码的国际标准、典型的图像压缩编码算法等。本章介绍的图像压缩编码方法主要有统计编码、预测编码、变换编码、混合编码以及一些新型的压缩算法等。

5.1　概　　述

数据编码的主要目的是用于信息保密、信息的压缩存储和传输等。而随着多媒体技术和通信技术的不断发展，多媒体娱乐、信息高速公路等不断对信息数据的存储和传输提出了更高的要求，也给现有的有限带宽以严峻的考验，特别是具有庞大数据量的数字图像通信,更难以传输和存储，极大地制约了图像通信的发展，因此通过编码技术对图像进行压缩的研究受到了越来越多的关注。

5.1.1　数据压缩的基本概念

数据压缩是指在不丢失信息的前提下，缩减数据量以减少存储空间，提高其传输、存储和处理效率的一种技术方法。或按照一定的算法对数据进行重新组织，减少数据的冗余和存储的空间。数据压缩包括有损压缩和无损压缩。

数据压缩处理主要由编码和解码两个过程组成。编码对原始的信源数据进行压缩，便于传输和存储；解码是编码的逆过程，使不能被用户直接使用的压缩数据还原成可用数据。

对于任何形式的通信来说，只有当信息的发送方和接收方都能够理解编码机制的时候压缩才能够工作。例如，只有当接收方知道这篇文章需要用英语字符解释时，这篇文章才有意义。同样，只有当接收方知道编码方法时才能够理解压缩数据。一些压缩算法利用了这个特性，在压缩过程中对数据进行加密，例如利用密码加密，以保证只有得到授权的一方才能正确地得到数据。

数据压缩能够实现是因为多数现实世界的数据都有统计冗余。例如，字母 e 在英语中比字母 z 更加常用，字母 q 后面是 z 的可能性非常小。无损压缩算法通常利用了统计冗余，更加简练且完整地表示发送方的数据。

如果允许一定程度的保真度损失，那么还可以实现进一步的压缩。例如，人们看图画或者电视画面时可能并不会注意到一些细节并不完善。同样，两个音频录音采样序列可能听起来一样，但实际上并不完全一样。有损压缩算法在带来微小差别的情况下，使用较少的位数表示图像、视频或者音频。

由于可以帮助减少如硬盘空间与连接带宽这样的昂贵资源的消耗，所以压缩非常重要，然而压缩需要消耗信息处理资源，这也可能要付出昂贵的费用。所以数据压缩机制的设计需要在压缩能力、失真度、所需计算资源以及其他需要考虑的不同因素之间进行折中。

一些机制是可逆的，这样就可以恢复原始的数据，这种机制称为无损数据压缩；另外一些机制为了实现更高的压缩率允许一定程度的数据损失，这种机制称为有损数据压缩。

然而，经常有一些文件不能被无损数据压缩算法压缩，实际上对于不含可以辨别样式的数据任何压缩算法都不能压缩。试图压缩已经经过压缩的数据通常得到的结果实际上是扩展数据，试图压缩经过加密的数据通常也会得到这种结果。

有关数据压缩的研究理论和实用系统日趋完善。从 PCM 编码理论到现在的多媒体数据压缩标准 JPEG、MPEG，数据压缩理论的发展日新月异，出现了大量的软件及集成电路。

5.1.2 图像压缩编码的必要性

随着信息技术的发展，图像信息被广泛应用于多媒体通信和计算机系统中，但是图像数据的一个显著特点就是信息量大。具有庞大的数据量，如果不经过压缩，不仅超出了计算机的存储和处理能力，而且在现有的通信信道的传输速率下，是无法完成大量多媒体信息实时传输的，图像压缩的目的就是把原来较大的图像用尽量少的字节表示和传输，并且要求复原图像有较好的质量。利用图像压缩，可以减轻图像存储和传输的负担，使图像在网络上实现快速传输和实时处理。因此，为了更有效地存储、处理和传输这些图像数据，必须对其进行压缩，因此有必要对图像压缩编码进行研究。

图像信号的数据量可以用公式表示如下：

$$V=W \times H \times D/8 \tag{5.1}$$

式中，V、W、H 和 D 分别表示图像数据量(字节，Byte、B)、图像宽度(像素数，pel)、图像高度(像素数，pel)和图像深度(位，bit)。图像的尺寸是 $W \times H$。

对于 640×480×256 色的中等质量静态图像，W=640pel，H=480pel，D=8bit，所以 V=9600KB。由此可见，随便一张图片存储量都可能达到几兆字节。而高清晰度电视(HDTV)的数码率可达 400Mbit/s 以上。一幅 512×512(像素)的黑白图像，若每像素用 8bit 表示，则其大小为

$$512 \times 512 \times 8 \div 8 = 262\ 144B = 256KB$$

这里请注意：大写字母"B"表示字节(Byte)；小写字母"b"表示二进制位(bit)，1KB=1024B，1MB=1024KB。

同样一幅大小为 512×512 的彩色图像，每像素用 8bit 表示，其大小应为黑白图像的 3 倍。(彩色图像的像素不仅有亮度值 Y，而且有两个色差值)。也就是

$$512 \times 512 \times 8 \times 3 = 6291456bit \approx 6.3Mbit$$

上述彩色图像按 NTSC 制，每秒传送 30 帧，其每秒的数据量为

$$6.3Mbit \times 30\ 帧/s = 188Mbit/s = 23.5MB/s$$

那么，一个 650MB 的硬盘可以存储图像时间为 $\dfrac{650\text{MB}}{23.5\text{MB}}\text{s}=27.5\text{s}$，

可见视频、图像所需的存储空间之大。

由此可见如此大的数据量单纯靠扩大存储容量、增加通信干线的传输速率是不现实的。因此数据压缩是必要的。

总之，多媒体信息包括文本、声音、动画、图形、图像以及视频等多种媒体信息。经过数字化处理后其数据量是非常大的，如果不进行数据压缩处理，计算机系统就无法对多媒体信息进行存储和交换。反之，如果将上述图像信号压缩几倍、几十倍甚至上百倍，将十分有利于图像的传输和存储。

5.1.3　图像压缩编码的可行性

数据压缩就是将庞大数据中的冗余信息(数据间的相关性)去掉，保留相互独立的信息分量。由于组成图像的各像素之间，无论是在水平方向还是在垂直方向上都存在着一定的相关性，即数据的冗余，因此只要应用某种图像压缩编码方法提取或者减少这种冗余度，就可以达到压缩数据的目的。所谓冗余度是由于一副图像的各像素之间存在着很大的相关性，图像的冗余包括空间冗余、时间冗余、结构冗余、知识冗余、视觉冗余等。为了去掉数据中的冗余，常常要考虑信号源的统计特性，或建立信号源的统计模型。

信息论的创始人 Shannon 提出把数据看作是信息和冗余度(Redundancy)的组合。它们之间可以用下述关系来表示：

$$信息量 = 数据量-冗余量$$

通常用 I 表示信息量；D 表示数据量；du 表示冗余量，即信息量与数据量之间的关系式可用式(5.2)表示：

$$I= D-du \tag{5.2}$$

图像数据存在着大量的空间冗余。例如图 5.1 中，图像 A 是一个规则物体。光的亮度、饱和度及颜色都一样，因此，数据 A 有很大的冗余。这样可以用图像 A 的某一像素点的值(如亮度、饱和度及颜色)，代表其他的像素点，实现压缩。

这就是语音数据和序列图像(电视图像和运动图像)中所经常包含的冗余。在一个图像序列的两幅相邻图像中，后一幅图像与前一幅图像之间有着较大的相关，这反映为时间冗余。

在图 5.2 中，图像 F1 和 F2 有很大的相关性。图像 F1 和 F2 是两个时刻的图像，路标和小汽车的形状与时间相关，没有变化；只是位置发生变化。

图 5.1　空间冗余

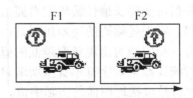

图 5.2　时间冗余

除了上述讲述的时间冗余和空间冗余外，还有其他几种数据冗余类型如结构冗余、知

识冗余、视觉冗余图像区域的相同性冗余、纹理的统计冗余等。

有些图像的纹理区，图像的像素值存在着明显的分布模式，如方格状的地板图案等。人们称此类冗余为结构冗余。已知分布模式，可以通过某一过程生成图像。

有些图像的理解与某些基础知识有相当大的相关性，如人脸的图像有固定的结构。比如说嘴的上方有鼻子，鼻子的上方有眼睛，鼻子位于正脸图像的中线上，等等。这类规律性的结构可以由先验知识和背景知识中得到，人们称此类冗余为知识冗余。

人类的视觉系统对图像场的敏感区是非均匀的和非线性的。然而，在记录原始的图像数据时，通常假定视觉系统是线性的和均匀的，对视觉敏感和不敏感的部分同等对待，从而产生了比理想编码(即把视觉敏感和不敏感的部分区分开来编码)更多的数据，这就是视觉冗余。视觉冗余是非均匀、非线性的。

人的视觉对于边缘急剧变化不敏感(视觉掩盖效应)，对颜色分辨力弱，利用这些特征可以在相应部分适当降低编码精度而使人从视觉上并不感觉到图像质量的下降，从而达到对数字图像压缩的目的。

图像区域的相似性冗余，是指在图像中的两个或多个区域所对应的所有像素值相同或相近，从而产生的数据重复性存储。

有些图像纹理尽管不严格服从某一分布规律，但是它在统计的意义上服从该规律。利用这种性质也可以减少表示图像的数据量，所以称之为纹理的统计冗余。

5.1.4　图像压缩方法的分类

目前图像编码压缩的方法很多，其分类方法根据出发点不同而有差异。

根据解压重建后的图像和原始图像之间是否具有误差，图像编码压缩分为无损编码和有损编码两大类。无损编码中删除的仅仅是图像数据中冗余的数据，经解码重建的图像和原始图像没有任何失真，常用于复制、保存十分珍贵的历史文物图像等场合；有损编码是指解码重建的图像与原图像相比有失真，不能精确复原，但视觉效果基本相同，是实现高压缩比的编码方法，数字电视、图像传输和多媒体等常采用这类编码方法。

无损压缩最主要的有统计编码，统计编码是根据信源的概率分布进行的编码，霍夫曼编码、行程编码和算术编码等都属于统计编码。有损压缩中包括预测编码、变换编码和其他编码。

1. 霍夫曼编码

霍夫曼(Huffman)编码在无损压缩的编码方法中，是一种有效的编码方法。它是霍夫曼博士在 1952 年根据可变码长最佳编码定理提出的。依据信源数据中各信号出现的频率分配不同长度的编码。霍夫曼编码的基本思想是：在编码过程中，对出现频率越高的值则分配越短的编码长度，相应地对出现频率越低的值则分配较长的编码长度。采用霍夫曼编码方法的实质是针对统计结果对字符本身重新编码，而不是对重复字符或重复子串编码，得到的单位像素的比特数最接近图像的实际熵值。

2. 行程编码

行程编码又称 RLE 压缩方法，其中 RLE 是 Run-Length-Encoding 的缩写，这种缩写方法广泛用于各种图像格式的数据压缩处理中，是最简单的压缩图像方法之一。

行程编码技术是在给定的图像数据中寻找连续重复的数值，然后用两个字符值取代这些连续值。这种方法在处理包含大量重复信息的数据时可以获得很好的压缩效率。但是，如果连续重复的数据很少，则难获得较好的压缩比，甚至可能会导致压缩后的编码字节数大于处理前的图像字节数。所以，行程编码的压缩效率与图像数据的分布情况密切相关。

3. 算术编码

算术编码与霍夫曼编码方法相似，都是利用比较短的代码取代图像数据中出现比较频繁的数据，而利用比较长的代码取代图像数据中使用频率比较低的数据从而达到数据压缩的目的。算术编码的基本思想是将被编码的数据序列表示成 0 和 1 之间的一个间隔(也就是一个小数范围)，该间隔的位置与输入数据的概率分布有关。信息越长，表示间隔就越小，因而表示这一间隔所需的二进制位数就越多(由于间隔是用小数表示的)。算术压缩算法中两个基本的要素为源数据出现的频率及其对应的编码区间。其中，源数据的出现频率、编码区间则决定算术编码算法最终的输出数据。

4. 预测编码

预测编码方式是目前应用比较广泛的编码技术之一。预测编码中典型的压缩方法有脉冲编码调制(Pulse Code Modulation，PCM)、差分脉冲编码调制(Differential Pulse Code Modulation，DPCM)、自适应差分脉冲编码调制(Adaptive Differential Pulse Code Modulation，ADPCM)等，它们较适合于声音、图像数据的压缩，因为这些数据由采样得到，相邻样值之间的差相差不会很大，可以用较少位来表示。通常，图像的相邻像素值具有较强的相关性，观察一个像素的相邻像素就可以得到关于该像素的大量信息。这种性质导致了预测编码技术。采用预测编码时，传输的不是图像的实际像素值(色度值或亮度值)，而是实际像素和预测像素值之差，即预测误差。预测编码分为无失真预测编码和有失真预测编码。无失真预测编码是指对预测误差不进行量化，所以不会丢失任何信息。有失真预测编码要对预测误差进行量化处理，而量化必然要产生一定的误差。

5. 变换编码

预测编码认为冗余度是数据固有的，通过对信源建模来尽可能精确地预测源数据，去除图像的时间冗余度。但是冗余度有时与不同的表达方法也有很大的关系，变换编码是将原始数据"变换"到另一个更为紧凑的表示空间，去除图像的空间冗余度，可得到比预测编码更高的数据压缩。

变换编码是将图像时域信号变换到系数空间(频域)上进行处理的方法。在时域空间上具有很强相关的信息，在频域上反映出在某些特定的区域内能量常常被集中在一起或者是系数矩阵的分布具有某些规律，从而可以利用这些规律分配频域上的量化比特数而达到压缩的目的。变换编码的目的在于去掉帧内或帧间图像内容的相关性，它对变换后的系数进行编码，而不是对图像的原始像素进行编码。

先对信号进行某种函数变换，从一种信号(空间)变换到另一信号(空间)，再对变换后的信号进行编码。例如将时域信号变换到频域，就是因为声音和图像的大部分信号都是低频信号，在频域中信号能比较集中，换为频域信号后再进行采样、编码，可以达到压缩数据的效果。可以看出预测编码和变换编码相比：预测编码主要在时域上进行，变换编码则主要在频域上进行。采用变换编码的有 DFT(离散傅里叶变换)、DCT(离散余弦变换)等。

6. 其他编码

矢量量化编码：利用相邻图像数据间的高度相关性，将输入图像数据序列分组，每一组 m 个数据构成 m 维矢量，一起进行编码，即一次量化多个点。矢量量化编码属于有损压缩编码，它的缺点是复杂度随矢量维数呈指数增加，数据量和计算量都很大。

新型的压缩编码方法还有分形编码等。分形编码利用宏观与微观的相似性来压缩数据量获得高的压缩比。该方法压缩过程的计算量较大，但解压缩很快，适用于图像数据的存储和重现。

5.2 统 计 编 码

统计编码是根据信源的概率分布特性，分配具有唯一可译性的可变长码字，降低平均码字长度，以提高信息的传输速度，节省存储空间。统计编码的基本原理是，在信号概率分布情况已知的基础上，概率大的信号对应的码字短，概率小的信号对应的码字长，这样降低了平均码字长度。各种统计编码的差异在于信号与编码对应的规则不同，性能亦有差异。1843 年 MORSE(摩尔斯)电报码就是最初的变长码数据压缩的例子，它把出现概率最大的字母 "E" 设置为最短的一个点，概率分布特性越不均匀，统计编码越有用武之地。

5.2.1 几个基本概念

1. 信息量

信息是用不确定的量度定义的，也就是说信息被假设为由一系列的随机变量所代表，它们往往用随机出现的符号来表示。人们称输出这些符号的源为 "信源"，也就是要进行研究与压缩的对象。

要注意理解信息概念中的 "不确定性"、"随机性"、"量度性"，也就是说，当你收到一条消息(一定内容)之前，某一事件处于不确定的状态中；当你收到消息后，分解出不确定性，从而获得信息，因此去除不确定性的多少就成为信息的量度。

例如：你在考试过后，没收到考试成绩(考试成绩通知为消息)之前，不知道自己的考试成绩是否及格，那么你就处于一个不确定的状态；当你收到成绩通知(消息)是 "及格"，此时就去除了 "不及格"(不确定状态，占 50%)。

一个消息的可能性越小，其信息含量越大；相反的，消息的可能性越大，其信息含量越小。

信息量指从 N 个相等的可能事件中选出一个事件所需要的信息量度和含量。也可以说是辨别 N 个事件中特定事件所需提问 "是" 或 "否" 的最小次数。

例如：从 64 个数(1~64 的整数)中选定某一个数(采用折半查找算法)，提问："是否大于 32？"，则不论回答是与否，都消去半数的可能事件，如此下去，只要问 6 次这类问题，就可以从 64 个数中选定一个数，则所需的信息量是 6bit。

我们现在可以换一种方式定义信息量，也就是信息论中信息量的定义。

设从 N 中选定任一个数 x 的概率为 $P(x)$，假定任选一个数的概率都相等，即 $P(x)=1/N$，则信息量 $I(x)$ 可定义为

$$I_x = \log_2 N = -\log_2 \frac{1}{N} = -\log_2 P(x) \tag{5.3}$$

式(5.3)随对数所用"底"的不同而取不同的值，因而其单位也就不同。设底取大于 1 的整数 α，当 $\alpha=2$ 时，相应的信息量单位为比特(bit)；当 $\alpha=e$ 时，相应的信息量单位为奈特(Nat)；当 $\alpha=10$ 时，相应的信息量单位为哈特(Hart)。

显然，当随机事件 x 发生的先验概率 $P(x)$ 大时，算出的 $I(x)$ 小，那么这个事件发生的可能性大，不确定性小，事件一旦发生后提供的信息量也少。必然事件的 $P(x)$ 等于 1，$I(x)$ 等于 0，所以必然事件的消息报道，不含任何信息量；但是一件人们都没有估计到的事件($P(x)$ 极小)，一旦发生后，$I(x)$ 大，包含的信息量很大。所以随机事件的先验概率，与事件发生后所产生的信息量，有密切关系。$I(x)$ 称 x 发生后的自信息量，它也是一个随机变量。

信息量计算的是一个信源的某一个事件(x)的自信息量，而一个信源若由 n 个随机事件组成，n 个随机事件的平均信息量就定义为熵(Entropy)。

2. 信息熵

信源 x 发出的 $x_j(j=1,2,\cdots,n)$，共 n 个随机事件的自信息统计平均(求数学期望)，即

$$H(x) = e\{I(x_j)\} = \sum_{j=1}^{n} P(x_j) I(x_j) = -\sum_{j=1}^{n} P(x_j) \log_a P(x_j) \tag{5.4}$$

$H(X)$ 在信息论中称为信源 x 的"熵"(Entropy)，它的含义是信源 x 发出任意一个随机变量的平均信息量。

例如：设信源 x 中有 8 个随机事件，即 $n=8$。每一个随机事件的概率都相等，即 $P(x_1)=P(x_2)=P(x_3)=\cdots=P(x_8)=1/8$，计算信源 x 的熵。

应用熵的定义可得其平均信息量为 3bit：

$$H(x) = -\sum_{j=1}^{8} \frac{1}{8} \log_2 \frac{1}{8} = 3\text{bit}$$

香农信息论认为：信源所含有的平均信息量(熵)，就是进行无失真编码的理论极限。信息中或多或少地含有自然冗余。

例如上例中，当 $P(x_1)=1$ 时，必然 $P(x_2)=P(x_3)=P(x_4)=P(x_5)=P(x_6)=P(x_7)=P(x_8)=0$，这时熵 $H(x)=-P(x_1)\log_2 P(x_1)=0$。

熵的范围：$0 \leqslant H(x) \leqslant \log_2 N$

最大离散熵定理：所有概率分布 $P(x_j)$ 所构成的熵，以等概率时为最大。

此最大值与熵之间的差值，就是信源 x 所含的冗余度(Redundancy)。

可见，只要信源不是等概率分布，就存在着数据压缩的可能性。这就是统计编码的理论基础。

3. 熵编码的概念

如果要求在编码过程中不丢失信息量，即要求保存信息熵，这种信息保持编码又称熵保存编码，或者称熵编码。熵编码是无失真数据压缩，用这种编码结果经解码后可无失真

地恢复出原图像。

5.2.2 霍夫曼编码

首先我们介绍一下可变长最佳编码定理。

在变长码中，对于概率大的符号，编以短字长的码；对于概率小的符号，编以长字长的码；如果码制长度严格按照符号概率大小的相反顺序排列，则平均码字长一定小于按任何其他符号顺序排列方式得到的码字长。这就是可变码长最佳编码定理。

霍夫曼(Huffman)在 1952 年根据可变长最佳编码定理，提出了依据信源集中符号出的概率分配不同长度的唯一可译码的算法。接收端在得到霍夫曼编码后，通过解码可得到与输入完全一致的信号。

1. 前缀码

给定一个序列集合，若任意一个序列都不能是另一个序列的前缀，该序列集合称为前缀码。例如{000,001,01,10}是前缀码，而{1,0001,000}就不是前缀码。前缀码有如下特性。

(1) 任何一棵二叉树的树叶可对应一个前缀码。

如图 5.3 所示，给定一棵二叉树，从每一个分枝点引出两条边，对左侧边标以 0，对右侧边标以 1，则每片树叶可以标定一个{0,1}序列，它是由树根到这片叶的通路上各边标记组成的序列，显然，没有一片树叶的标记是另一片树叶的标记序列的前缀，因此，任何一棵二叉树的树叶可对应一个前缀码。

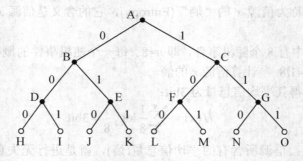

图 5.3　二叉树示意图

(2) 任何一个前缀码都对应一棵二叉树。

给定一个前缀码，h 表示前缀码中最长序列的长度。我们画出一棵高度为 h 的正则二叉树，并给每一分枝射出两条边标以 0 和 1，这样，每个结点可以标定一个二进制序列，它是由从树根到该结点通路上各边标记组成的序列所确定，因此，对长度不超过 h 的每一二进制序列必对应一个结点。对应于前缀码中的每一序列的结点，给予一个标记，并将标记结点的所有后裔和射出的边全部删去，这样得到一棵二叉树，再删去其中未标记的树叶，得到一棵新的二叉树，它的树叶就对应给定的前缀码。

图 5.4 所示为与前缀码{000, 001, 1}对应完全二叉树，其中图 5.4(a)所示为高度为 3 的正则二叉树，对应前缀码中序列的结点用方框标记，图 5.4(b)所示为对应的二叉树。

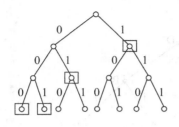
(a) 高度为3的正则二叉树

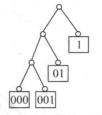
(b) 对应(a)图的二叉树

图 5.4　前缀码与二叉树

通过前缀码和二叉树的对应关系可知，如果给定前缀码对应的二叉树是完全二叉树，则此前缀码可进行解码。例如前缀码{000, 01, 1}，可对任意二进制序列进行解码。设有二进制序列 00010011011101001 可解为 000, 1, 001, 1, 01, 1, 1, 01, 001。

2. 霍夫曼编码

霍夫曼编码的具体步骤归纳如下。

(1) 将图像的灰度等级按概率大小进行升序排序。

(2) 在灰度级集合中取两个最小概率相加，合成一个概率。

(3) 新合成的概率与其他的概率成员组成新的概率集合。

(4) 在新的概率集合中，仍然按照步骤(2)和步骤(3)的规则，直至新的概率集合中只有一个概率为 1 的成员。这样的归并过程可以用二叉树描述。

(5) 从根结点按前缀码的编码规则进行二进制编码。

【例 5.1】 已知信源符号的概率分别为

$$x_1 \quad x_2 \quad x_3 \quad x_4 \quad x_5 \quad x_6$$
0.35　0.2　0.15　0.13　0.09　0.08，请对该信源序列做霍夫曼编码。

解： 编码步骤如下。

(1) 先将概率最小的 x_5、x_6 合并，合并后概率为 0.17，设为 A 点。

(2) 将 0.17 作为新的概率放入新组合中，比较后发现 x_3、x_4 概率最小，将之合并为 0.28，设为 B 点。

(3) 新的概率组合中，x_2 和 A 概率最小，合并后为 0.37，设为 C 点。

(4) 新的概率组合中，C 和 B 点概率最小，合并为 0.65，设为 D 点。

(5) 最后，D 点和 x_1 合并，总概率为 1。

编好的二叉树如图 5.5 所示。最后得到各符号的编号对应分别如表 5.1 所示。

表 5.1　霍夫曼编码表

符 号 集	x_1	x_2	x_3	x_4	x_5	x_6
概率	0.35	0.2	0.15	0.13	0.09	0.08
编码	1	010	000	001	0110	0111

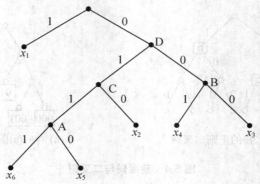

图 5.5　编码二叉树

霍夫曼编码有如下特点。

(1)　编出来的码都是异字头码(即前缀码),保证了码的唯一可译性。

(2)　由于编码长度可变。因此解码时间较长,使得霍夫曼编码的压缩与还原相当费时。

(3)　编码长度不统一,硬件实现有难度。

(4)　对不同信号源的编码效率不同,当信号源的符号概率为 2 的负幂次方时,达到100%的编码效率;若信号源符号的概率相等,则编码效率最低。

(5)　由于"0"与"1"的指定是任意的,故由上述过程编出的最佳码不是唯一的,但其平均码长是一样的,故不影响编码效率与数据压缩性能。

5.2.3　算术编码

算术编码是一种无损数据压缩方法,也是一种熵编码的方法。和其他熵编码方法不同的地方在于,其他的熵编码方法通常是把输入的消息分割为符号,然后对每个符号进行编码,而算术编码是直接把整个输入的消息编码为一个数,一个满足$(0.0 \leqslant n < 1.0)$的小数 n。

早在 1948 年,香农就提出将信源符号依其出现的概率降序排序,用符号序列累计概率的二进制作为对芯源的编码,并从理论上论证了它的优越性。1960 年,Peter Elias 发现无须排序,只要编一解码端使用相同的符号顺序即可,提出了算术编码的概念。Elias 没有公布他的发现,因为他知道算术编码在数学上虽成立,但不可能在实际中实现。1976 年,R. Pasco 和 J. Rissanen 分别用定长的寄存器实现了有限精度的算术编码。1979 年 Rissanen 和 G. G. Langdon 一起将算术编码系统化,并于 1981 年实现了二进制编码。1987 年 Witten 等人发表了一个实用的算术编码程序,即 CACM87(后用于 ITU-T 的 H.263 视频压缩标准)。同期,IBM 公司发表了著名的 Q-编码器(后用于 JPEG 和 JBIG 图像压缩标准)。从此,算术编码迅速得到了广泛的注意。

算术编码的基本原理是将编码的消息表示成实数 0 和 1 之间的一个间隔(Interval),消息越长,编码表示它的间隔就越小,表示这一间隔所需的二进制位就越多。

算术编码用到两个基本的参数:符号的概率和它的编码间隔。信源符号的概率决定压缩编码的效率,也决定编码过程中信源符号的间隔,而这些间隔包含在 0 到 1 之间。编码过程中的间隔决定了符号压缩后的输出。

给定事件序列的算术编码步骤如下。

(1) 编码器在开始时将"当前间隔"[L,H]设置为[0,1]。

(2) 对每一事件,编码器按步骤①和②进行处理:

① 编码器将"当前间隔"分为子间隔,每一个事件一个。

② 一个子间隔的大小与下一个将出现的事件的概率成比例,编码器选择子间隔对应于下一个确切发生的事件相对应,并使它成为新的"当前间隔"。

(3) 最后输出的"当前间隔"的下边界就是该给定事件序列的算术编码。

【例 5.2】 假设信源符号为{A,B,C,D},这些符号的概率分别为{0.1,0.4,0.2,0.3},根据这些概率可把间隔[0,1]分成 4 个子间隔:[0,0.1],[0.1,0.5],[0.5,0.7],[0.7,1],其中[x,y]表示半开放间隔,即包含 x 不包含 y。上面的信息可综合在表 5.2 中。

表 5.2 信源符号、概率和初始编码间隔

符 号	A	B	C	D
概率	0.1	0.4	0.2	0.3
初始编码间隔	[0,0.1]	[0.1,0.5]	[0.5,0.7]	[0.7,1]

如果二进制消息序列的输入为:C A D A C D B。编码时首先输入的符号是 C,找到它的编码范围是[0.5,0.7]。由于消息中第二个符号 A 的编码范围是[0,0.1],因此它的间隔就取[0.5,0.7]的第一个十分之一作为新间隔[0.5,0.52]。依此类推,编码第三个符号 D 时取新间隔为[0.514,0.52],编码第四个符号 A 时取新间隔为[0.514,0.5146]……消息的编码输出可以是最后一个间隔中的任意数。这个例子的编码和解码的全过程分别表示在表 5.3 和表 5.4 中。

表 5.3 编码

步骤	输入符号	编码间隔	编码判决
1	C	[0.5, 0.7]	符号的间隔范围[0.5, 0.7]
2	A	[0.5, 0.52]	[0.5, 0.7]间隔的第一个 1/10
3	D	[0.514, 0.52]	[0.5, 0.52]间隔的最后一个 1/10,三个 1/10
4	A	[0.514, 0.5146]	[0.514, 0.52]间隔的第一个 1/10
5	C	[0.5143, 0.51442]	[0.514 ,0.5146]间隔的第五个 1/10 开始,二个 1/10
6	D	[0.514384, 0.51442]	[0.5143, 0.51442]间隔的最后三个 1/10
7	B	[0.5143836, 0.514402]	[0.514384, 0.51442]间隔的四个 1/10,从第一个 1/10 开始
8	从[0.5143876,0.514402]中选择一个数作为输出:0.5143876		

表 5.4 编码过程

步骤	间隔	编码符号	编码判决
1	[0.5, 0.7]	C	0.51439 在间隔 [0.5, 0.7]
2	[0.5, 0.52]	A	0.51439 在间隔 [0.5, 0.7]的第 1 个 1/10
3	[0.514, 0.52]	D	0.51439 在间隔[0.5, 0.52]的第 7 个 1/10
4	[0.514, 0.5146]	A	0.51439 在间隔[0.514, 0.52]的第 1 个 1/10
5	[0.5143, 0.51442]	C	0.51439 在间隔[0.514, 0.5146]的第 5 个 1/10
6	[0.514384, 0.51442]	D	0.51439 在间隔[0.5143, 0.51442]的第 7 个 1/10
7	[0.51439, 0.5143948]	B	0.51439 在间隔[0.51439, 0.5143948]的第 1 个 1/10
8	编码的消息:C A D A C D B		

在上面的例子中，假定编码器和编码器已知消息的长度，因此编码器的编码过程不会无限制地运行下去。实际上在编码器中需要添加一个专门的终止符，当编码器看到终止符时就停止编码。

在算术编码中有以下几个问题需要注意。

(1) 由于实际的计算机的精度不可能无限长，一个明显的问题是运算中出现溢出，但多数机器都有 16 位、32 位或者 64 位的精度，因此这个问题可使用比例缩放方法解决。

(2) 算术编码器对整个消息只产生一个码字，这个码字是在间隔[0,1]中的一个实数，因此编码器在接收到表示这个实数的所有位之前不能进行编码。

(3) 算术编码也是一种对错误很敏感的编码方法，如果有一位发生错误就会导致整个消息编错。

(4) 算术编码可以是静态的或者自适应的。在静态算术编码中，信源符号的概率是固定的。在自适应算术编码中，信源符号的概率根据编码时符号出现的频繁程度动态地进行修改，在编码期间估算信源符号概率的过程称为建模。需要开发动态算术编码的原因是因为事先知道精确的信源概率是很难的，而且是不切实际的。当压缩消息时，我们不能期待一个算术编码器获得最大的效率，所能做的最有效的方法是在编码过程中估算概率。因此动态建模就成为确定编码器压缩效率的关键。

(5) 在算术编码的使用中还存在版权问题。JPEG 标准说明的算术编码的一些变体方案属于 IBM、AT&T 和 Mitsubishi 拥有的专利。要合法地使用 JPEG 算术编码必须得到这些公司的许可。

5.2.4　游程编码

游程指的是具有相同灰度值的像素序列。游程编码的基本思想是：将一行中颜色值相同的相邻像素(行程)用一个计数值(行程的长度)和该颜色值(行程的灰度)来代替，从而去除像素冗余。

例如：设重复次数为 iC，重复像素值为 iP，那么

编码为：iCiP iCiP iCiP

编码前：aaaaaaabbbbbbcccccccc

编码后：7a6b8c

对于有大面积色块的图像，压缩效果很好，如图 5.6(a)所示的图片(可参看前面的彩色插图)，图片中有大面积相同的色块；而对于纷杂的图像，压缩效果不好，如图 5.6(b)所示的图片(可参看前面的彩色插图)，最坏情况下(图像中每两个相邻点的颜色都不同)，会使数据量加倍，所以现在单纯采用游程编码的压缩算法用得并不多，PCX 文件算是其中之一。

二维游程编码要解决的核心问题是：将二维排列的像素，采用某种方式转化成一维排列的方式，之后按照一维游程编码方式进行编码。两种典型的二维游程编码的排列方式如图 5.7 所示。

【例 5.3】 设有一 8×8 的图像，其像素数据如下所示。试按照图 5.7(a)方式对其进行扫描后进行游程编码。

(a) 大面积色块图像

(b) 颜色纷杂图像

图 5.6   图片示例

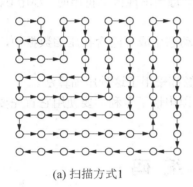

(a) 扫描方式1

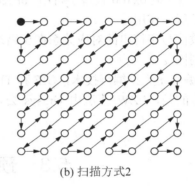

(b) 扫描方式2

图 5.7   两种扫描方式

$$f = \begin{bmatrix} 130 & 130 & 130 & 129 & 134 & 133 & 129 & 130 \\ 130 & 130 & 130 & 129 & 134 & 133 & 130 & 130 \\ 130 & 130 & 130 & 129 & 132 & 132 & 130 & 130 \\ 129 & 130 & 130 & 129 & 130 & 130 & 129 & 129 \\ 127 & 128 & 127 & 129 & 131 & 129 & 131 & 130 \\ 127 & 128 & 127 & 128 & 127 & 128 & 132 & 132 \\ 125 & 126 & 129 & 129 & 127 & 129 & 133 & 132 \\ 127 & 125 & 128 & 128 & 126 & 130 & 131 & 131 \end{bmatrix}$$

如果按照图 5.7(a)方式扫描的顺序排列，设重复次数的编码位数为 3 位，即一个游程最大值为二进制数 111，对应十进制为 7，则数据分布为

130, 130, 130, 130, 130, 130, 130, 130, 130, 129, 129, 129, 129, 130, 130, 129, 127, 128, 127, 129, 131, 130, 132, 134, 134, 133, 133, 132, 130, 129, 128, 127, 128, 127, 128, 127, 125, 126, 129, 129, 127, 129, 133, 132, 131, 129, 130, 130, 129, 130, 130, 130, 129, 130, 132, 132, 131, 131, 130, 126, 128, 128, 125, 127

对其进行游程编码的结果为

(7, 130)，(2, 130)，(4, 129)，(2, 130)，(1, 129)，(1, 127)，(1, 128)，(1, 127)，(1, 129)，(1, 131)，(1, 130)，(1, 132)，(2, 134)，(2, 133)，(1, 132)，(1, 130)，(1, 129)，(1, 128)，(1, 127)，(1, 128)，(1, 127)，(1, 128)，(1, 127)，(1, 125)，(1, 126)，(2, 129)，(1, 127)，(1, 129)，(1, 133)，

(1, 132), (1, 131), (1, 129), (2, 130), (1, 129), (3, 130), (1, 129), (1, 130), (2, 132), (2, 131), (1, 130), (1, 126), (2, 128), (2, 127)

其数据量为 43×(3+8)bit=473bit   即压缩效率为 473/512=92.38%。

5.2.5 LZW 编码

LZW 是一种比较复杂的压缩算法，压缩效率较高。

LZW 编码的基本原理如下。

(1) 每一个第一次出现的字符串用一个数值来编码，再将这个数值还原为字符串。

例如：用数值 0x100 代替字符串 "abccddeee"，每当出现该字符串时，都用 0x100 代替，从而起到了压缩作用。

(2) 数值与字符串的对应关系在压缩过程中动态生成并隐含在压缩数据中，在解压缩时逐步得到恢复。

LZW 编码是无损编码技术，GIF 和 TIFF 图像都采用了这种压缩算法。

要注意的是，LZW 算法由 Unisys 公司在美国申请了专利，要使用它首先要获得该公司的认可。

5.3 预 测 编 码

5.3.1 预测编码简介

1. 预测编码的基本原理

预测编码(Prediction Coding)是根据某一种模型，利用以前的(已收到)一个或几个样值，对当前的(正在接收的)样本值进行预测，将样本实际值和预测值之差进行编码。如果模型足够好，图像样本时间上相关性很强，一定可以获得较高的压缩比。具体来说，从相邻像素之间有很强的相关性特点考虑，比如当前像素的灰度或颜色信号，数值上与其相邻像素总是比较接近，除非处于边界状态。那么，当前像素的灰度或颜色信号的数值，可用前面已出现的像素的值，进行预测(估计)，得到一个预测值(估计值)，将实际值与预测值求差，对这个差值信号进行编码、传送，这种编码方法称为预测编码方法。

预测编码的基本思想是：首先建立一个数学模型，利用以往的样本数据，对新样本值进行预测，再将预测值与实际值相减，对其差值进行编码，这时差值很少，可以减少编码码位。

2. 预测编码的分类

最佳预测编码：在均方误差最小的准则下，使其误差最小的方法。

线性预测编码：利用线性方程计算预测值的编码方法。线性预测编码方法，也称差分脉冲编码调制(Differentiation Pulse Code Modulation，DPCM)法。

非线性预测编码：利用非线性方程计算预测值的编码方法。

根据同一帧样本进行预测的编码方法称为帧内预测编码，根据不同帧样本进行预测的编码方法称为帧间预测编码。

如果预测器和量化器参数按图像局部特性进行调整，称为自适应预测编码(ADPCM)在帧间预测编码中，若帧间对应像素样本值超过某一阈值就保留，否则不传或不存，恢复时就用上一帧对应像素样本值来代替，称为条件补充帧间预测编码。

在活动图像预测编码中，根据画面运动情况，对图像加以补偿再进行帧间预测的方法称为运动补偿预测编码方法。

5.3.2　线性预测编码(DPCM 编码)算法

一幅二维静止图像，设空间坐标(i, j)像素点的实际样本为 $f(i, j)$，$\hat{f}(i, j)$ 是预测器根据传输的相邻的样本值对该点估算得到的预测(估计)值。编码时不是对每个样本值进行量化，而是预测下一个样本值后，量化实际值与预测值之间的差。计算预测值的参考像素，可以是同一行扫描行的前几个像素，这种预测称为一维预测；也可以是本行、前一行或者前几行的像素，这种预测称为二维预测；除此之外，甚至可以是前几帧图像的像素，这种预测就是三维预测。一维预测和二维预测属于帧内预测，三维预测属于帧间预测。

实际值和预测值之间的差值，如式(5.5)表示：

$$e(i, j) = f(i, j) - \hat{f}(i, j) \tag{5.5}$$

将差值 $e(i, j)$ 定义为预测误差，由于图像像素之间有极强的相关性，所以这个预测误差是很小的。编码时，不是对像素点的实际灰度 $f(i, j)$ 进行编码，而是对预测误差信号 $\hat{f}(i, j)$ 进行量化、编码、发送，由此而得名为差分脉冲编码调制法，简写 DPCM。

DPCM 预测编、解码的原理图如图 5.8 所示。

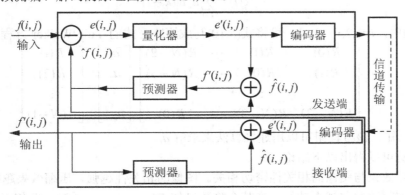

图 5.8　DPCM 编解码原理图

DPCM 系统包括发送端、接收端和信道传输三个部分。发送端由编码器、量化器、预测器和加减法器组成；接收端包括解码器和预测器等。DPCM 系统的结构简单，容易用硬件实现。

预测编码的步骤如下。

(1)　$f(i,j)$ 与发送端预测器产生的预测值 $\hat{f}(i, j)$ 相减得到预测误差 $e(i, j)$。

(2)　$e(i,j)$ 经量化器量化后变为 $e'(i, j)$，同时引起量化误差。

(3) $e'(i,j)$再经过编码器编成码字发送，同时又将 $e'(i,j)$加上 $\hat{f}(i,j)$ 恢复输入信号 $f'(i,j)$。因存在量化误差，所以 $f(i,j) \neq f'(i,j)$，但相当接近。发送端的预测器及其环路作为发送端本地解码器。

(4) 发送端预测器带有存储器，它把 $f'(i,j)$存储起来以供对后面的像素进行预测。

(5) 继续输入下一像素，重复上述过程。

1. 线性预测方法

在 DPCM 编码器中，预测器十分重要，其预测的准确程度直接影响着压缩性能，采用线性预测函数在理论上较为成熟且便于实际应用。假设经所描后的图像信号 $x(t)$是一个均值为零的平稳随机过程。线性预测就是选择 $a_i(i=1,2,\cdots,N-1)$使预测值为

$$x'_n = \sum_{i=1}^{N-1} a_i x_i \tag{5.6}$$

并且使差值 e_n 的均方值为最小。

其中预测信号的均方误差(MSE)定义为

$$E\{e_n\} = E(x_n - x'_n)^2 \tag{5.7}$$

为了设计最佳预测的系数 a_i，采用最小均方误差(MMSE)准则。可以令

$$\frac{\partial E\{e_n^2\}}{\partial a_i} = 0 \tag{5.8}$$

定义 x_i 和 x_j 的自相关函数：

$$R(i,j) = E(x_i, x_j) \tag{5.9}$$

在序列为平稳随机过程的条件下，$R(i,j)=R(i-j)$，则有

$$R(i) = \sum_{k=1}^{N-1} a_k R(k-i) \tag{5.10}$$

式(5.10)中，$i=1,2,\cdots,N-1$，可将式(5.10)写成矩阵形式的 Yule-Walker 方程组。

$$\begin{bmatrix} R(0) & R(1) & \cdots & R(N-2) \\ R(1) & R(0) & \cdots & R(N-3) \\ \vdots & \vdots & & \vdots \\ R(N-2) & R(N-3) & \cdots & R(0) \end{bmatrix} \cdot \begin{bmatrix} a_1 \\ a_2 \\ \vdots \\ a_{n-1} \end{bmatrix} = \begin{bmatrix} R(1) \\ R(2) \\ \vdots \\ R(N-1) \end{bmatrix}$$

若 $R(i)$已知，该方程组可以用递推算法来求解 a_i。

通过分析可以得出以下结论。

(1) 压缩效果与图像的相关性密切相关。图像的相关性越强，压缩效果越好。

(2) 预测阶数并非越大越好，当某个阶数已使 $E\{e_N, e_{N-1}\} = 0$ 时，即使再增加预测阶数，压缩效果也不可能继续提高。

(3) 若 $\{x_i\}$是平稳 m 阶 Markov 过程序列，则 m 阶线性预测器就是在 MMSE 意义下的最佳预测器。

【例 5.4】 设预测值是通过 m 个以前像素的线性组合来生成的，如公式

$\hat{f}_n = \text{round}\left(\sum_{i=1}^{m} a_i f_{n-i}\right)$，其中，取 $m=2$，$a_2=a_1=1/2$，若像素集合为

$f=\{154,159,151,149,139,121,112,109,129\}$，求其预测值及预测差值。

解： 预测值(从第 3 个数算起)　　　　　　　　预测差值

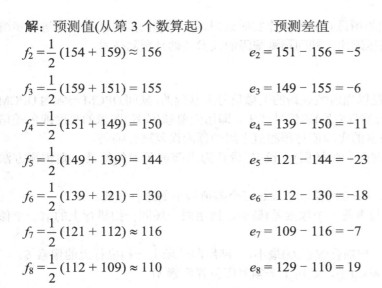

$$f_2 = \frac{1}{2}(154 + 159) \approx 156 \qquad e_2 = 151 - 156 = -5$$

$$f_3 = \frac{1}{2}(159 + 151) = 155 \qquad e_3 = 149 - 155 = -6$$

$$f_4 = \frac{1}{2}(151 + 149) = 150 \qquad e_4 = 139 - 150 = -11$$

$$f_5 = \frac{1}{2}(149 + 139) = 144 \qquad e_5 = 121 - 144 = -23$$

$$f_6 = \frac{1}{2}(139 + 121) = 130 \qquad e_6 = 112 - 130 = -18$$

$$f_7 = \frac{1}{2}(121 + 112) \approx 116 \qquad e_7 = 109 - 116 = -7$$

$$f_8 = \frac{1}{2}(112 + 109) \approx 110 \qquad e_8 = 129 - 110 = 19$$

2. 量化

在预测器中如果采用了量化器，因为造成了不可逆转的量化误差，则该种编码属于有损编码；如果不包含量化器，则属于无损编码。

量化器基本思想是减少数据量的最简单办法是将图像量化成较少的灰度级，通过减少图像的灰度级来实现图像的压缩。这种量化是不可逆的，因而解码时图像有损失。

如果输入是 256 个灰度级，对灰度级量化后输出，只剩下 4 个层次，数据量被大大减少。

3. 线性预测编码的特点

(1) 算法简单、速度快、易于硬件实现。

(2) 编码压缩比不太高，一般压缩到 2～4bit/s。

(3) 误码易于扩散，抗干扰能力差。

4. 自适应预测编码

自适应预测编码(ADPCM)具有自适应特性，该编码包括自适应量化和自适应预测两种形式，主要用于对中等质量的音频信号进行高效率压缩，例如语音信号的压缩、调幅广播音质的信号压缩等。

(1) 自适应量化。在一定的量化级数下，减少量化误差或在相同误差情况下压缩数据。自适应量化必须具有对输入信号幅度值的估算能力，否则无法确定信号改变量的大小。

(2) 自适应预测。根据常见的信息源求得多组固定的预测参数，将预测参数提供给编码使用。在实际编码时，根据信息源的特性，以实际值与预测值的均方差最小为原则，自适应地选择其中一组固定的预测参数进行编码。

5.3.3　帧间预测编码

帧间预测编码技术处理的对象是序列图像(也称为运动图像)。随着大规模集成电路的迅速发展,已有可能把几帧的图像存储起来作实时处理,利用帧间的时间相关性进一步消除图像信号的冗余度,提高压缩比。帧间预测编码的技术基础是预测技术。

1. 帧间预测

帧间DPCM预测编码,是以先前帧或场的图像信号为基础的。帧间DPCM与帧内DPCM原理一样,只是预测值由先前帧(或场)的信号产生。即用先前帧(或场)图像的亮度或色差信号进行预测,然后对当前像素的实际值与预测值之间的预测误差进行编码。

如图5.9所示(可参看前面彩色插图),设 Z 像素为当前被预测的像素,则预测方法如下。

(1) 计算$|H-G|$、$|H-A|$、$|H-L|$的值,选取这三个差值最小的进行预测。

(2) 若$|H-G|$(前一像素与再前一个像素差)最小,则用同一场同一扫描行上的前一个像素 H。

(3) 若$|H-A|$(同一场前一扫描行像素差)最小,则用同一场上一扫描行上的像素 B。

(4) 若$|H-L|$(帧间像素差)最小,则用上一帧对应位置像素 M。

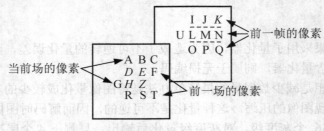

图 5.9　帧间预测示意图

2. 条件传送和内插

条件传送:设置一个阈值 T,对于帧间对应位置像素的亮度或色差信号值,大于 T 值传送,小于 T 值不传送。一帧电视画面,只传送其中一部分活动比较明显像素的帧间差值信号,可以有效降低传输速率。这种传送方式,称为条件传送。

内插方法:当帧内像素的空间分辨率降低时,如果采样频率降低一倍,那么对于未采样像素的亮度或色差信号值,可用内插(插补)方法补充。

3. 运动补偿

帧间编码除了条件补充法外,还有一个比较重要的技术就是运动补偿。近十年来,运动补偿(Motion Compensation)技术得到特别的重视,在标准化视频编码方案 MPEG 中,运动补偿技术是其使用的主要技术之一。使用运动补偿技术对提高编码压缩比很有帮助。尤其对于运动部分只占整个画面较小的会议电视和可视电话,引入运动补偿技术后,压缩比可以提高很多。用这一技术计算图像中运动部分位移的两个分量可使预测效果大大提高。

运动补偿方法是跟踪画面内的运动情况对其加以补偿之后再进行帧间预测。这项技术的关键是运动向量的计算。

5.4　变　换　编　码

变换编码不是直接对空域图像信号进行编码，而是首先将时域图像信号映射变换到另一个正交矢量空间(变换域或频域)，产生一批变换系数，然后对这些变换系数进行编码处理。变换编码是一种间接编码方法，其中关键问题是在时域或空域描述时，数据之间相关性大，数据冗余度大，经过变换在变换域中描述，数据相关性大大减少，数据冗余量减少，参数独立，数据量少，这样再进行量化，编码就能得到较大的压缩比。目前，常用的正交变换有傅里叶(Fourier)变换、沃尔什(Walsh)变换、哈尔(Haar)变换、斜(Slant)变换、余弦变换、正弦变换、K-L(Karhunen-Loeve)变换等。

5.4.1　变换编码的基本原理

与预测编码相比，预测编码在时域进行，而变换编码在频域进行。图像数据经过正交变换，从原先彼此密切相关的像素变换为统计上彼此相独立的变换域系数矩阵，原本比较分散的图像数据在新的坐标空间中得到集中，然后对该系数集合进行量化和编码。例如，从第 3 章可知，一般信号的能量主要集中在低频部分，图像进行离散余弦变换(DCT)后，有用的信息(重要系数)集中到左上方，对于小系数的量可以进行量化或直接抛弃，这样就可以大大压缩数据量。

变换编码的编码器原理框图如图 5.10 所示。对于输入的信号先进行子图像的分割，分割成小的子块，这是因为小块便于处理，而且小块内的像素相关性较大，存在的冗余度大。然后对每一子块进行正交变换，经过量化器之后再编码输出。

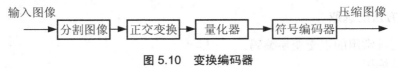

图 5.10　变换编码器

而接收端解码的原理框图如图 5.11 所示。因为量化器是非逆的，所以解码器缺少反量化器。

图 5.11　变换编码解码器

5.4.2　变换编码中的几个问题

1. 变换方式的选取

在第 3 章，介绍很多种正交变换的方法，如离散余弦变换(DCT)、离散小波变换(DWT)、K-L 变换、哈达玛变换等。在所有变换方式中，离散 K-L 变换因为其独特优越性是理论上的最佳变换，常常作为对其他变换特性进行评价的标准。但此变换没有快速算法，所以在工程应用中受到限制。

其次，DFT 和 DCT 也是常用的正交变换，它们分别有快速算法：FFT(快速傅里叶变换)和 FCT(快速余弦变换)。比较这两种方法，DFT 涉及复数运算，而 DCT 是实数变换，且计算量较小，其变换矩阵的基向量也很好地描述了人类视觉的相关性，且对于大多数图像来说，该变换的压缩性能很接近离散 K-L 变换，且其变换矩阵与图像内容无关；另外，由于 DCT 构造对称的数据序列，避免了在图像边界处的跳跃及所引起的 GIBBS 效应，因而得到的广泛的应用。它已成为一些静态图像、视频压缩国际标准的基本处理模块。

另外，离散小波变换因为多分辨率的特性在图像压缩中得到广泛应用，特别是新一代的整数小波变换采用提升方法实现整数变换，能够实现图像的无损压缩，所以在新一代的 JPEG2000 国际标准中也得到了应用。

2. 子图像的大小的选取

前面提到，变换编码中在进行正交变换前通常先进行图像的分割，即将图像分割成小的子块，是因为首先，一般的图像尺寸都比较大，进行全尺寸的直接计算量太大，尤其对于硬件实现难以承受；其次，小的子块图像间像素的相关性比较大，即小范围的像素点通常都是比较相似的，冗余度大，压缩效果就小。

假设将大小为 $M×N$ 的图像分解成 MN/n^2 个 $n×n$ 的子图像，n 越小，压缩效果会越差，且在图像复原时图像整体感较差，易出现子图像间不能较好衔接的"方块效应"或"马赛克效应"。随着 n 的增加，方块效应相应减少。

图像一般在相邻的 20 个像素之间存在相关性，若再增加 n 对改善图像质量作用不明显，相反会增加变换的计算量，且硬件的复杂程度与子图像的大小成正比。为便于降低计算复杂度，N 最好是 2 的整数次方，所以 n 一般选为 8 或 16。

3. 变换方法的选取

一般有三种常用的正交变换编码。

1) 区域编码

变换域的能量主要集中在低频区域，而高频区域的大部分能量为 0 或可以忽略不计。选取能量集中的区域进行编码，舍弃能量很小的区域，这样达到图像压缩的目的。

2) 阈值编码

阈值编码规定一个阈值，对大于阈值的变换系数幅度进行编码，舍弃在阈值以下的变换系数灵敏分量，这样不仅保留了能量较大的低频分量，而且某些有一定幅度的高频分量也能得到保留，所以这种编码方法有效地改善了重建图像的质量。阈值编码要对变换系数在二维频谱中的位置进行编码，因而比区域编码复杂。

3) 自适应阈值编码

根据子图像细节和灰度分布情况自动调整阈值，可实现自适应阈值编码。

5.4.3 DCT 变换编码

下面以 DCT 为例来介绍变换编码。DCT 压缩编码过程如图 5.12 所示。原图经过子图划分后进行 DCT，再量化取整后得到压缩编码的图像。

图 5.12　DCT 变换编码器

译码过程如图 5.13 所示。压缩图像反量化，再进行 DCT 逆变换，取整后得到解压的图像。

图 5.13　DCT 变换解码器

设有一分块后的 4×4 二维子图像，其像素值如图 5.14(a)所示。经过 DCT 之后其变换系数为 D，如图 5.14(b)所示。采用的量化矩阵为 **C**，如图 5.14(c)所示。对变换后的系数除以量化矩阵后再取整得到了编码数据，如图 5.14(d)所示。可见压缩后的数据中大部分系数为 0，而为 0 的系数在传输过程中可直接忽略，这样大大压缩了数据量。

$$F = \begin{bmatrix} 59 & 60 & 58 & 57 \\ 61 & 59 & 59 & 57 \\ 62 & 59 & 60 & 58 \\ 59 & 61 & 60 & 56 \end{bmatrix} \qquad D = \begin{bmatrix} 236.25 & 4.5169 & -2.4749 & 1.5636 \\ -1.0592 & -0.1768 & 1.1713 & -0.7803 \\ -1.7678 & -0.4387 & -2.25 & -1.7125 \\ 1.0031 & -0.2803 & 0.8678 & 0.1768 \end{bmatrix}$$

(a) 原始图像数据　　　　　　　　　　　(b) DCT 变换系数

$$C = \begin{bmatrix} 16 & 11 & 11 & 16 \\ 12 & 12 & 14 & 19 \\ 14 & 13 & 16 & 24 \\ 14 & 17 & 22 & 29 \end{bmatrix} \qquad D = \begin{bmatrix} 15 & 0 & 0 & 0 \\ 0 & 0 & 0 & 0 \\ 0 & 0 & 0 & 0 \\ 0 & 0 & 0 & 0 \end{bmatrix}$$

(c) 量化矩阵　　　　　　　　　　　　(d) 量化后系数

图 5.14　DCT 变换系数图

5.5　数字图像压缩国际标准

本节将介绍由 ISO 和 CCITT 等机构推出的一些图像压缩标准，图像压缩标准包括静止图像压缩标准和运动图像(视频图像)压缩标准，其中静止图像压缩标准最通用的即是 JPEG 及新一代标准 JPEG2000，运动图像压缩标准中有 MPEG 系列和 H.263 等系列。

5.5.1　静止图像压缩标准 JPEG

JPEG(Joint Photographic Experts Group)即"联合图像专家组"，是一个由 ISO 和 CCITT 两个组织机构联合成立的专家组，于 1992 年成立了静止图像压缩国际标准即 JPEG。

JPEG 是国际上彩色、灰度、静止图像的第一个国际标准，也是一个适用范围广泛的通用标准。它不仅适用于静止图像的压缩、电视图像序列的帧内图像的压缩编码，也常采用

JPEG 压缩方法，还可用于多媒体 CD-ROM、彩色图像传真、图文档案管理等。

该标准可以支持很高的图像分辨率及量化精度，这种标准定义了以下三种不同的编码系统：

(1) 有损基本编码系统。这个系统是以 DCT 为基础的并且足够应付大多数压缩方面的应用。

(2) 扩展的编码系统。这种系统面向的是更大规模的压缩、更高的精确性或逐渐递增的重构应用系统。

(3) 面向可逆压缩的无损独立编码系统。

为了实现 JPEG 的兼容性，产品或系统必须包含对基本系统的支持。没有规定特殊的文件格式、空间分辨率或彩色空间模型。

下面以第一种编码系统即以 DCT 为基础的有损压缩编码系统为基础来对 JPEG 进行介绍。JPEG 的基本步骤如下。

(1) 若为彩色图像，先将图像进行模式变换及采样，变换成灰度图像。

(2) 将图像分成 8×8 的子块。

(3) 对分块后的子图像进行正向 DCT。

(4) 对变换后的系数利用量化表进行量化。

(5) 对不同子块间的直流系数进行预测编码，对交流系数进行行程编码。

(6) 进行熵编码，得到压缩图像数据。

具体实现框图如图 5.15 所示。

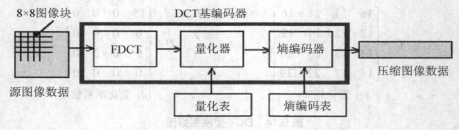

(a) DCT基压缩编码步骤

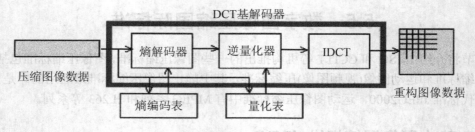

(b) DCT基解压缩步骤

图 5.15 DCT 编解码图

下面将介绍几个重要步骤的基本方法。

1. 彩色图像的模式变换及采样

JPEG 文件使用的颜色空间为 1982 年推荐的电视图像数字化标准 CCIR 601(现为 ITU-RB T.601)。在这个色彩空间中，每个分量、每个像素的电平规定为 255 级，用 8 位代码表示。JPEG 只支持 YCbCr 颜色模式。其中 Y 代表亮度，CbCr 代表色度。全彩色图像 RGB 模式变换到 YCbCr 模式，如式(5.11)所示：

$$\begin{cases} Y = 0.299R + 0.587G + 0.114B \\ Cr = (R - Y)/1.402 \\ Cb = (B - Y)/1.772 \end{cases} \qquad (5.11)$$

其逆变换为

$$\begin{cases} R = Y + 1.402Cr \\ G = Y - 0.344Cb - 0.714Cr \\ B = Y + 1.772Cb \end{cases} \qquad (5.12)$$

JPEG 是以 8×8 的块为单位来进行处理的，由于人眼对亮度 Y 的敏感度比色度 CbCr 的敏感度大得多，所以采用缩减采样的方式，通常采用 YUV422 采样，如图 5.16 所示。

即对于 16×16 的块，Y 取 4 个 8×8 的块，CbCr 各取 2 个 8×8 的块。也有 YUV411 方式，Y 取 4 个 8×8 的块，CbCr 各取 1 个 8×8 的块。YUV422 采样方式，数据减少 1/3。YUV411 采样方式，数据减少 1/2。缩减采样一般采用图 5.17 所示方法。

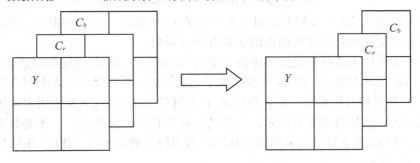

图 5.16　YUV422 采样示意图

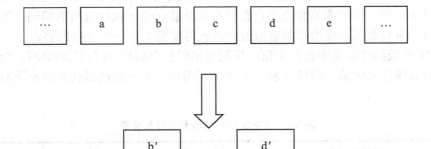

图 5.17　YUV411 缩减采样示意图

2. 量化

DCT 的作用是使空间域的能量重新分布,降低图像的相关性。DCT 本身并不能达到数据压缩的作用。要实现图像压缩,需要选择适当的比特分配方案和量化方法。量化的作用是在保证主观图像质量的前提下,丢掉那些对视觉效果影响不大的信息。

8×8 的图像块经过 DCT 后,其低频分量都集中在左上角,高频分量分布在右下角(DCT 实际上是空间域的低通滤波器)。由于该低频分量包含了图像的主要信息,而高频与之相比,就不那么重要了,所以可以忽略高频分量,从而达到压缩的目的。如何将高频分量去掉,这就要用到量化,它是产生信息损失的根源。量化操作,就是将某一个值除以量化表中对应的值。由于量化表左上角的值较小,右下角的值较大,这样就起到了保持低频分量,抑制高频分量的目的。

JPEG 标准中采用线性均匀量化器,量化过程为对 64 个 DCT 系数除以量化步长并取整,量化步长由量化表(量化矩阵)决定。量化的计算公式:

$$量化值(i,j)=T(i,j)/量化矩阵(i,j)$$

由公式可见,当量化值较大时,可以保证所有较高频率的分量实际上都将被四舍五入为 0。仅在高频系数很大时才将其编码为非 0 值,但这种情况很少出现。

在解码过程中,逆量化公式为

$$T(i,j)=量化值(i,j)×量化矩阵(i,j)$$

当使用大的量化值时,在逆量化过程中所用的 DCT 输出会有大的误差,幸运的是逆量化过程中高频分量的误差不会对图像的质量有严重影响。

有许多方案可用来选择量化矩阵中的元素值。前面提到,JPEG 使用的颜色是 YCrCb 格式。Y 分量代表了亮度信息,CrCb 分量代表了色差信息。相比而言,人眼对亮度分量更加敏感,所以 Y 分量相对更重要一些。可以对 Y 采用细量化,对 CrCb 采用粗量化,进一步提高压缩比。所以量化表通常有两张,一张是针对 Y 的亮度量化表,一张是针对 CrCb 的色度量化表。JPEG 基本算法的量化表是从广泛的实验中得出来的。JPEG 压缩色度和亮度量化表如表 5.1 所示。

量化表中元素为 1~255 的任意整数,其值规定了所对应 DCT 系统的量化步长。当频率系数经过量化后,将频率系数由浮点数转变为整数,便于执行最后的编码。不过,经过量化阶段后,所有数据只保留整数近似值,也就再度损失了一些数据内容。

经 DCT 后低频分量集中在左上角,呈圆形辐射状向高频率(右下角)衰减,而人眼对低频分量比对高频分量敏感,所以从表 5.5 中可以看出,左上角的量化步距小于右下角的量化步距。

表 5.5　JPEG 压缩色度和亮度量化表

亮度量化表								色度量化表							
16	11	10	16	24	40	51	61	17	18	24	47	99	99	99	99
12	12	14	19	26	58	60	55	18	21	26	66	99	99	99	99
14	13	16	24	40	57	69	56	24	26	56	99	99	99	99	99
14	17	22	29	51	87	80	62	47	66	99	99	99	99	99	99

续表

亮度量化表								色度量化表							
18	22	37	56	68	109	103	77	99	99	99	99	99	99	99	99
24	35	55	64	81	104	113	92	99	99	99	99	99	99	99	99
49	64	78	87	103	121	120	101	99	99	99	99	99	99	99	99
79	92	95	98	112	100	103	99	99	99	99	99	99	99	99	99

3. 编码

经过 DCT 后，低频分量集中在左上角，其中 $F(0,0)$(即第一行第一列元素)代表了直流(DC)系数，即 8×8 子块的平均值，要对它单独编码。由于两个相邻的 8×8 子块的直流系数相差很小，所以对它们采用 DPCM，可以提高压缩比，也就是说对相邻的子块直流系数的差值进行编码。8×8 的其他 63 个元素是交流(AC)系数，采用行程编码。

1) 直流系数的编码

因为图像中相邻块之间有很强的相关性，JPEG 标准对直流系数采用 DPCM 编码(差分编码)方法，即对相邻的 8×8 像素块之间的直流系数的差值进行编码(见图 5.18)，可以提高压缩比。这个差值可用公式表示为

$$\Delta DC_i = DC_i - DC_{i-1} \tag{5.13}$$

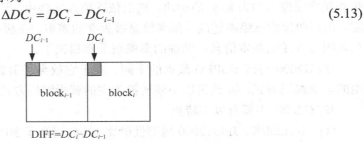

图 5.18　相邻块示意图

2) 交流系数编码

T 矩阵中有 63 个元素是交流系数，可采用行程编码进行压缩。需要考虑的问题是：这 63 个系数应该按照怎么样的顺序排列？为了保证低频分量先出现，高频分量后出现，这 63 个元素采用了"之"字形(Zig-Zag)的排列方法，称之为 Z 形扫描。如图 5.19 所示，量化系数按 Z 字形扫描读数，这样就把一个 8×8 的矩阵变成一个 1×64 的矢量，频率较低的系数放在矢量的顶部。

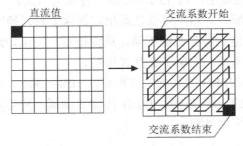

图 5.19　量化 DCT 系数的编排

Z 形扫描算法能够实现高效压缩的原因之一是经过量化后，大量的 DCT 矩阵元素被截成 0。而且零值通常是从左上角开始沿对角线方向分布的。由于这么多 0 值，对 0 的处理与对其他数的处理是不大相同的，采用行程编码算法(RLE)沿 Z 形路径可有效地累积图像中 0 的个数，所以这种编码的压缩效率非常高。

3) 熵编码

为了进一步达到压缩数据的目的，需要对 DC 码和 AC 行程编码的码字再做基于统计特性的熵编码(Entropy Coding)。

JPEG 建议使用两种熵编码方法：哈夫曼编码和自适应二进制算术编码。熵编码可分成两步进行，首先把 DC 码行程码字转换成中间符号序列，然后给这些符号赋以变长码字。这个过程比较烦琐，具体实现细节可阅读相关资料。

5.5.2 新一代静止图像压缩标准 JPEG2000

JPEG 所具有的优良品质，使它获得极大的成功。然而，随着多媒体应用领域的激增，传统 JPEG 压缩技术也存在着许多不足，无法满足人们对多媒体图像资料的要求。离散余弦变换将图像压缩为 8×8 的小块，然后依次放入文件中，这种算法靠丢弃频率信息实现压缩，因而图像的压缩率越高，频率信息被丢弃的越多。在极端情况下，JPEG 图像只保留了反映图像外貌的基本信息，精细的图像细节都损失了。

JPEG2000 与传统 JPEG 最大的不同，在于它放弃了 JPEG 所采用的以离散余弦变换为主的区块编码方式，而改用以小波转换为主的解析编码方式。

JPEG2000 主要有以下特点。

(1) 高压缩率。JPEG2000 压缩性能比 JPEG 提高了 30%～50%，也就是说，在同样的图像质量下，JPEG2000 可以使图像文件的大小比 JPEG 图像文件小 30%～50%。同时，使用 JPEG2000 的系统稳定性好，运行平稳，抗干扰性好，易于操作。

(2) 同时支持有损压缩和无损压缩。JPEG 只支持有损压缩，而 JPEG2000 能支持无损压缩。在实际应用中，诸如卫星遥感图像、医学图像、文物照片等重要的图像都非常适合于采用 JPEG2000 压缩。

(3) 实现了渐进传输。渐进传输(Progressive Transmission)是指可以首先传输图像的轮廓，然后逐步传输数据，不断提高图像质量，让图像由朦胧到清晰显示，而不必像现在的 JPEG 那样，由上到下慢慢显示，这在网络传输中有重大意义。

(4) 支持"感兴趣区域"。用户可以任意指定图像上感兴趣区域(Region of Interest)的压缩质量，还可以选择指定的部分先解压缩，从而使重点突出。这种方法的优点在于它结合了接收方对压缩的主观需求，实现了交互式压缩。

JPEG2000 的压缩比在 JPEG 的基础上可再提高 10%～30%。由于 JPEG2000 采用的是小波变换算法，它所产生的压缩图像比 JPEG 图像更细腻、更逼真。而它所采用的新文件格式更利于对图像进行数字化处理。

5.5.3　视频压缩标准

1. MPEG 标准

MPEG(Moving Pictures Experts Group)是 ISO/IEC/JTC/SC2/WG11 的一个小组，是专门从事多媒体音、视频压缩技术标准制定的国际组织。它的工作兼顾了 JPEG 标准和 CCITT 专家组的 H.261 标准。成员包括近 30 个国家、200 多个公司和组织的 400 多位专家。

该组织自 1988 年以来，已经制定了一系列国际标准，其中 MPEG-1、MPEG-2 已为人们所熟知，这两个标准为 VCD、DVD 及数字电视等产业的发展奠定了基础，MPEG-4 为网络通信环境下视频压缩标准之一；目前正在制定 MPEG-7 和 MPEG-21 将为多媒体数据压缩和基于内容检索的数据库应用提供一个更为通用的平台，必将对下一代视、音频系统和网络应用产生深远的影响。

MPEG 标准有三个组成部分：MPEG 视频、MPEG 音频和视频与音频的同步。

MPEG 视频是 MPEG 标准的核心。为满足高压缩比和随机访问两方面的要求，MPEG 采用预测和插补两种帧间编码技术。MPEG 视频压缩算法中包含两种基本技术：一种是基于 16×16 子块的运动补偿技术，用来减少帧序列的时域冗余；一种是基于 DCT 的压缩，用于减少帧序列的空域冗余，在帧内压缩及帧间预测中均使用了 DCT。

帧序列的相邻画面之间的运动部分具有连续性，即当前画面上的图像可以看成是前面某时刻画面上图像的位移，位移的幅度值和方向在画面各处可以不同。利用运动位移信息与前面某时刻的图像对当前画面图像进行预测的方法，称为前向预测。反之，根据某时刻的图像与位移信息预测该时刻之前的图像，称为后向预测。

MPEG 的运动补偿预测方法将画面分成若干 16×16 的子图像块(称为补偿单元或宏块)，并根据一定的条件分别进行帧内预测、前向预测、后向预测及平均预测。

以插补方法补偿运动信息是提高视频压缩比的最有效措施之一。在时域中插补运动补偿是一种多分辨率压缩技术。

例如以 1/15s 或 1/10s 时间间隔选取参考子图，对时域较低分辨率子图进行编码，通过低分辨率子图及反映运动趋势的附加校正信息(运动矢量)进行插值，可得到满分辨率(帧率 1/30s)的视频信号。

插值运动补偿也称为双向预测，因为它既利用了前面帧的信息又利用了后面帧的信息。

1)　MPEG-1 标准

MPEG-1 定于 1992 年，可适用于不同带宽的设备，如 CD-ROM、Video-CD、CD-I。它的目的是把 221Mbit/s 的 NTSC 图像压缩到 1.2Mbit/s，压缩率为 200：1。这是图像压缩的工业认可标准。它可针对 SIF 标准分辨率(对于 NTSC 制为 352×240，对于 PAL 制为 352×288)的图像进行压缩，传输速率为 1.5Mbit/s，每秒播放 30 帧，具有 CD 音质，其图像质量基本与 VHS(广播级录像带)相当。MPEG 的编码速率最高可达 4～5Mbit/s，但随着速率的提高，其解码后的图像质量有所降低。

MPEG-1 主要用于 VCD、非对称数字用户线路(ADSL)数字电话网络上的视频传输和视频点播(VOD)、专线通信的视频会议系统中。

2) MPEG-2 标准

MPEG-2 制定于 1994 年，设计目标是高级工业标准的图像质量以及更高的传输速率。MPEG-2 所能提供的传输速率在 3～10Mbit/s，在 NTSC 制式下的分辨率可达 720×486，MPEG-2 能够提供广播级的视像和 CD 级的音质。MPEG-2 的音频编码可提供左右中及两个环绕声道、一个加重低音声道和多达七个伴音声道。MPEG-2 另一特点是，可提供一个较广范围的可变压缩比，以适应不同的画面质量、存储容量以及带宽的要求。

MPEG-2 标准主要应用于 DVD、广播、有线电视网、电缆网络以及卫星直播提供广播级的数字视频。

3) MPEG-3 标准

MPEG-3 是其系列标准中唯一停留在设计和研究阶段而没有进行应用的标准。由于 MPEG-2 的出色性能表现，已能适用于 HDTV(高清晰度电视)，使得原打算为 HDTV 设计的 MPEG-3，还没发布就被抛弃了。

4) MPEG-4 标准

MPEG 专家组继成功定义了 MPEG-1 和 MPEG-2 之后，于 1994 年开始制定全新的 MPEG-4 标准。MPEG-4 标准将众多的多媒体应用集成于一个完整的框架内，旨在为多媒体通信及应用环境提供标准的算法及工具，用于实现音视频(Audio Visual)数据的有效编码及更为灵活的存取。

MPEG-4 试图达到两个目标：一是低比特率下的多媒体通信；二是多媒体通信的综合。据此目标，MPEG-4 引入了 AV 对象(Audio/Visual Objects)，使得更多的交互操作成为可能。

MPEG-4 于 1998 年 11 月公布，它不仅是针对一定比特率下的视频、音频编码，更加注重多媒体系统的交互性和灵活性。这个标准主要应用于视像电话、视像电子邮件等，对传输速率要求较低，在 4800～64000bit/s，分辨率为 176×144。

MPEG-4 利用很窄的带宽，通过帧重建技术、数据压缩，以求用最少的数据获得最佳的图像质量。

MPEG-4 视频格式大大优于 MPEG-1 与 MPEG-2：视频质量与分辨率高，而数据率相对较低。主要的原因在 MPEG-4 采用了 ACE(高级译码效率)技术，它是一套首次使用于 MPEG-4 的编码运算规则。与 ACE 有关的目标定向可以启用很低的数据率。这可以将整部视频电影以完全 PAL 或者 NTSC 的分辨率与立体声(16 位，48 kHz)存储在单个 CD-ROM 上。

现在最热门的应用是利用 MPEG-4 的高压缩率和高图像还原质量来把 DVD 里面的 MPEG-2 视频文件转换为体积更小的视频文件。经过这样处理，图像的视频质量下降不大体积却可缩小几倍，可以很方便地用 CD-ROM 来保存 DVD 上面的节目。另外，MPEG-4 在家庭摄影录像、网络实时影像播放(流媒体)、VOD 等方面得到极大的发展。

相比于前面的几种标准，MPEG-4 提供了很多技术改进：如图像与视频的编码独立，编码效率得以提高；对图像、视频与材质的压缩更为有效；分辨率可以变化；复杂性可以升缩；错误纠正得以扩充；提高了基于目标的编码的适应性；缓冲停滞较小；全球动画调整(GMC)；与内容有关的材质可升级性等。

5) MPEG-7 标准

准确来说，MPEG-7 并不是一种压缩编码方法，而是一个多媒体内容描述接口。是针对媒体内容检索而提出的多媒体内容描述接口(Multi-media Content Description Interface)。

它的目标是建立一套视听特征的量化标准描述器、结构以及它们相互之间的关系，这被称为描述方案(Description Schemes，DS)。

同时 MPEG-7 也建立了一套标准化的语言——描述定义语言(Description Definition Language，DDL)，用以说明描述方案，保证其具有被广泛采用的扩展性和较长的生命周期。人们可以检索和索引与 MPEG-7 数据相联系的视听材料，这些材料可以是静止图片、图形、3D 模型、声音、对话、视频以及由这些元素所组成的多媒体描述信息。

MPEG-7 的应用范围很广泛，既可应用于存储(在线或离线)，也可用于流式应用(如广播、将模型加入 Internet 等)。它涉及的应用领域包括数字图书馆(如图像目录、音乐字典等)、多媒体目录服务(如黄页)、广播媒体选择(如无线电信道、TV 信道等)、多媒体编辑(如个人电子新闻业务和媒体写作等)、远程教育、远程医疗以及远程购物、新闻浏览、娱乐业、导游信息、地理信息系统等。

6) MPEG-21 标准

MPEG-21 将由 MPEG-7 发展而来，刚刚才开始启动。MPEG-21 主要规定数字节目的网上实时交换协议。目前用户需求、与内容的交互、内容表示、内容的识别和描述、IPMP 相关技术、终端和网络技术六方面的工作正在开展，这些方面的技术报告目前还在细化之中。

2. H.261 压缩标准

1984 年国际电报电话咨询委员会的第 15 研究组成立了一个专家组，专门研究电视电话的编码问题，所用的电话网络为综合业务数据网络(ISDN)。

当时的目标是推荐一个图像编码标准，其传输速率为 $m \times 384\text{Kb/s}$，$m=1,2,3,4,5$。这里的 384Kb/s 在 ISDN 中称为 Ho 通道。另有基本通道 B 的传输速率为 64Kb/s，$6 \times B=384\text{Kb/s}$。$5 \times Ho=30 \times B=1920\text{Kb/s}$ 为窄带 ISDN 的最高传输速率。后来考虑到 384Kb/s 传输速率作为起始点偏高，广泛性受限制，另外跨度太大，灵活性受影响，所以改为 $p \times 64\text{Kb/s}$，$p=1$，2，3，30。最后把 p 扩展到 32，因为 $32 \times 64\text{Kb/s}=2084\text{Kb/s}$，其中 $2084=2^{11}$，基本上等于 2Mbit/s，实际上已超过了窄带 ISDN 的最高传输速率 1920Kb/s，也就是通道容量。

1990 年 12 月完成和批准了 CCITT 推荐书 H.261，即"采用 $p \times 64\text{Kb/s}$ 的声像业务的图像编解码"，H.261 简称 $p \times 64\text{Kb/s}$。由于 H.261 标准用于可视电话和电视会议，所以推荐的图像编码算法必须是实时处理的，并且要求最小的延迟时间，因为图像必须和语音密切配合，否则必须延迟语音时间。

当 p 取 1 或 2 时，传输速率只能达到 128Kb/s，由于传输速率较低只能传清晰度不太高的图像，所以适合于面对面的电视电话。当 $p>6$ 时，传输速率大于 384Kb/s，则传输速率较高，可以传输清晰度尚好的图像，所以适用于基于窄带的电视会议。

采用 CIF 和 QCIF 格式作为可视电话和会议电视的图像输入格式。也就是说所有的编辑器必须支持对 QCIF 进行操作，而 CIF 为可选项。

3. H.263 标准

H.263 是 ITU-T(国际电信联盟)提出的作为 H.324 终端使用的视频编解码建议，它是基于运动补偿的 DPCM 的混合编码，在运动搜索的基础上进行运动补偿，然后运用 DCT 变换和"Z"字形扫描行程编码,从而得到输出码流。

H.263 在 H.261 建议的基础上,将运动矢量的搜索增加为半像素点搜索,同时增加了无限制运动矢量、基于语法的算术编码、高级预测技术和 PB 帧编码等四个高级选项,从而达到了进一步降低码速率和提高编码质量的目的。

H.263 视频编码标准是专为中高质量运动图像压缩所设计的低码率图像压缩标准。与 H.261 的 p×64kbit/s 的传输码率相比,H.263 的码率更低,单位码率可以小于 64kbit,且支持的原始图像格式更多,包括了在视频和电视信号中常见的 QCIF、CIF、EDTV、ITU-R 601、ITU-R 709 等。

H.263 采用运动视频编码中常见的编码方法,将编码过程分为帧内编码和帧间编码两个部分。帧内采用改进的 DCT 并量化,在帧间采用 1/2 像素运动矢量预测补偿技术,使运动补偿更加精确,量化后适用改进的变长编码表(VLC)地量化数据进行熵编码,得到最终的编码系数。

H.263 的编码速度快,其设计编码延时不超过 150ms;码率低,在 512K 乃至 384K 带宽下仍可得到相当满意的图像效果,十分适用于需要双向编解码并传输的场合(如可视电话)和网络条件不是很好的场合(如远程监控)。

允许采用无限制运动矢量模式,在该模式中,运动矢量被允许指到图片的外部,可使用更大的运动矢量。

允许采用基于句法的算术编码(语意基算术编码)模式代替行程编码,可将最终的比特数显著降低。

对图片中的某些宏块采用 4 个 8×8 矢量来代替原来的 1 个 16×16 矢量。编码器必须决定使用哪一种矢量。

允许采用高级预测模式,对 P 帧的亮度部分采用了块重叠运动补偿。

允许采用 PB 帧模式,一个 PB 帧包含一个由前面解得的 P 帧图像预测得出的 P 帧和一个由前一个 P 帧和当前解码的 P 帧共同预测得出的 B 帧。使用这种模式可以在比特率增加幅度很小的情况下大幅度增加帧频。

H.263 采用句法和语义学的方法对多路视频来管理的。句法被划分为四层,四个层分别是图像、块组、宏块和块。

图像层中每帧图像的数据包含一个图像头,并紧跟着块组数据,最后是一个终端序列 (End-of-Sequence)码和填塞位。其中包括有图像开始码(PSC,22bit)、时域参照(TR,8bit)、类型信息 (PTYPE,13bit)和量化器信息 (PQUANT,5bit)等 13 个选项。

每个块组层(GOB)包含了一个块组层头,紧跟着宏块数据。每个 GOB 包含了一行或多行宏块。对于每帧图像的第一个 GOB(0 号),不需要传送 GOB 头。而对于其他的 GOB,GOB 头可以为空,这取决于编码策略。译码器可以通过外部手段发送信号给远程编码器要求只传送非空 GOB 头,例如建议 H.245。

每个宏块中包含了一个宏块头和后续的块数据。COD 只出现在用 PTYPE 指定为 "INTER"的图像帧中,对于这些图像中的宏块,当 COD 指定或 PTYPE 指示为"INTRA"时,会出现宏块类型和色度的编码块样式(MCPBC)。

如果 PTYPE 指示了"PB 帧",对于 B 块的宏块 (MODB)会出现。只有在 MODB 中指定时才会出现 CBPB(指示将传送宏块的 B 系数)和 B 宏块的运动矢量数据 (MVDB) (变长)。当 MCPBC 和 CBPY 中指定时会出现"块数据"。

块层如果不在 PB 帧模式,一个宏块包含 4 个亮度块和 2 个色差块。在 PB 帧模式下,一个宏块包含 12 个块。在默认 H.263 模式下,首先传送 6 个 P 块数据,然后是 6 个 B 块数据。

H.263 使用户可以扩展带宽利用率,可以低达 128Kb/s 的速率实现全运动视频(每秒 30 帧)。H.263 以其灵活性以及节省带宽和存储空间的特性,具有低总拥有成本并提供了迅速的投资回报。

H.263 是为以低达 20b/s～24Kb/s 带宽传送视频流而开发的,基于 H.261 编解码器来实现。但是,原则上它只需要一半的带宽就可取得与 H.261 同样的视频质量。

为 ISDN 上视频会议标准而设计的 H.261 标准中,引入了运动预测和块传输等特性,使传送具有良好质量和更平滑的图像。而 H.261 需要使用大量的带宽(64KB～2MB),主要定位于电路交换网络。

在 H.263 由于能够以低带宽传送高质量视频而变得比较流行的过程中,H.263 标准扩展和升级了九次。IT 管理员可以方便地将它安装到数据网络中,无须增加带宽和存储费用或中断已经运行在网络上的其他关键语音和数据应用。

H.263 算法为开发人员提供了二次开发接口,以产生更好的结果和更佳的压缩方案,为最终用户在选择最适合他们业务应用的 H.263 提供了更多的选择。

小　　结

图像压缩编码是图像处理中的重要技术之一,也是研究热点之一,图像压缩编码分为有损压缩编码和无损压缩编码,有损编码是指编码过程中有数据损失,接收端无法还原,即还原后的数据与原始数据有误差;无损编码是指能够无失真地还原原始数据。

无损编码主要有统计编码,统计编码中的主要方法有霍夫曼编码、算术编码、行程编码等,有损编码主要有预测编码、变换编码等。

静止图像压缩国际标准有 JPEG 及 JPEG2000,视频压缩编码标准有 MPEG 系列及 H.26*系列。

本章介绍了几种图像压缩编码方法的基本原理与方法,并对图像压缩标准进行了介绍。

习　　题

1. 说明图像压缩的必要性与可行性。

2. 图像压缩的分类有哪些? 各自的特点是什么?

3. 一幅灰度图像大小为 640×480,256 级灰度,试计算其图像数据量的大小。

4. 什么是前缀码,有何特点?

5. 设一信源有 6 个符号,分别为 A、B、C、D、E、F,其出现概率分别为 0.4、0.2、0.12、0.11、0.09、0.08,求每个符号的霍夫曼编码。

6. 设一信源有 4 个符号,分别为 A、B、C、D,其出现概率分别为 0.1、0.2、0.3、0.4,给出其算术编码的编码、编码过程,求其最后编码的码字。

7. 什么是预测编码？它有何特点？

8. 什么是变换编码？它有何特点？

9. 说明静止图像压缩标准 JPEG 压缩的基本流程。

10. JPEG 压缩中，为何采用 Zig-Zag 扫描？

11. JPEG 压缩中，DCT 变换前为何进行 8×8 的子图像分块？子图像分块是不是越小越好？为什么？

12. 视频压缩有哪些标准？有何特点？

第6章 图像分割

【教学目标】

通过本章的学习，了解图像分割的概念、目的及主要技术，掌握图像阈值分割和区域分割技术的各种方法原理；掌握图像边缘检测方法及其原理；了解图像分割技术在图像分析和图像识别领域中的应用。

图像分割的研究开始于 20 世纪 60 年代，它是图像分析、理解与识别的基础。图像分割作为前沿学科充满了挑战，吸引了众多学者从事这一领域研究。图像处理技术在航空航天、生物医学工程、工业检测、机器人视觉、公安司法、军事制导、文化艺术、地理测绘等领域受到广泛重视，并取得了重大的开拓性成就，使图像处理成为一门引人注目、前景远大的新型学科。

在图像的研究和应用中，人们往往只对图像中的某些局部区域或特征感兴趣，图像中这些特定的区域或特征称之为目标或对象。很多时候需要把目标从一幅图像中分离出来，这就是图像分割要研究的问题。图像分割在图像分析系统中占据着重要的地位，将整个图像分析过程分为图像处理、图像分析和图像理解三个层次。图像处理属于低层操作，其强调在图像之间进行变换以改善图像的视觉效果，主要在图像像素级上进行处理。图像分析是中层操作，是对图像中感兴趣的目标进行检测和测量以获得它们的客观信息，从而建立对图像的表示与描述。图像理解是高层操作，是在图像分析的基础上，进一步研究图像中各目标的性质和它们之间的相互联系，也可以理解为是对从描述中抽象出来的数据符号进行运算推理。图像分割是从图像处理到图像分析的关键步骤，也是进一步图像理解的基础。

6.1 图像分割的定义

所谓图像分割，从广义上来讲，是根据图像的某些特征或特征集合(包括灰度、颜色、纹理、形状等)的相似性准则对图像像素进行分组聚类，把图像的平面空间划分成一些有意义的、互相不重叠的若干区域，使得同一区域中的像素特征具有相似性，而不同区域间的特征应有明显的差别。利用集合来定义图像分割，设 R 集合代表整个图像区域，图像分割问题就是决定子集 R_i，所有的子集并集为整个图像。组成一个图像分割的子集需要满足以下条件。

(1) $\bigcup_{i=1}^{n} R_i = R$。

(2) 对所有的 i 和 $j(i \neq j)$，有 $R_i \cap R_j = \varnothing$。

(3) 对 $i=0,1,2,\cdots,n$，有 $P(R_i)=true$。

(4) 对 $i \neq j$，有 $P(R_i \cup R_j)=false$。

(5) 对 $i=0,1,2,\cdots,n$，R_i 是连通的区域。

其中 $P(R_i)$ 是对所有在集合 R_i 中元素的描述，可以理解为在某种标准下，每个子集内部像素之间是相似的($P(R_i)=true$)，而不同子集间的像素差异明显($i\neq j$ 时 $P(R_i\cup R_j)=false$)；$\varnothing$ 是空集。条件(1)表示图像分割得到的子区域图像的并集即为原图像，这保证了图像中的每一部分都被处理。条件(2)说明分割的各个子区域图像互不重叠。条件(3)表明图像分割得到的各个子区域图像都具有独特的特性(如同一子区域图像像素都符合某一条件)。条件(4)与条件(3)对应，表明分割结果中各个不同子区域图像具有不同特性，即各自满足的条件不同。条件(5)则要求分割结果中的同一个子区域图像内的像素是连通的。

6.2　图像分割的基本方法

图像分割算法基于灰度值的两个基本条件：不连续性和相似性。首先检查图像像素灰度级的不连续性，找到点、线(宽度为 1 个像素)、边。先找到边，再确定区域。或者，检测图像区域像素的灰度值的相似性，通过选择阈值，找到灰度值相似的区域，区域的外轮廓就是对象的边。

如图 6.1 所示的灰度图像，通过图像的行扫描线，像素灰度级从左到右的变化是，先是低平稳，遇到图像中间对象边界时，灰度级由低到高跳变，在中间对象部分保持高平稳；在中间对象时，像素灰度级由高到低跳变，然后保持低平稳。由这种像素灰度级的不连续性(像素灰度级跳变的地方)可以确定对象的边界点。当然，从图像可以看出，中间对象区域的图像像素灰度级(较亮)比较一致，且与背景像素灰度级(偏暗)差异较大，可以通过连通区域灰度相似性把它分割出来。

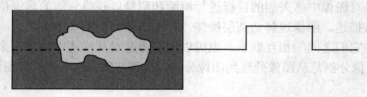

图 6.1　目标分割灰度图像

根据分割方法的不同，图像分割通常有如下三类方法。

(1) 基于边界的分割，先提取区域边界，再确定边界限定的区域。

(2) 基于区域的分割，确定每个像素的归属区域，从而形成一个区域图。

(3) 基于相关匹配的分割，根据已知目标的特征建立相应的模板，通过匹配的方式将特殊目标分离出来。

图像分割也是目前公认的图像处理难题，对某一图像一个很好的图像分割方法，可能对于另一幅图像却完全失效，其困难源于图像内容的多样性以及模糊、噪声等的干扰，至今还没有普适性分割方法和通用的分割效果评价标准，分割好还必须结合具体应用来评判。总体而言，一个好的图像分割算法应该尽可能具备以下特征。

(1) 有效性：对各种分割问题有效，能将图像目标区域分割出来。

(2) 整体性：能得到目标区域的封闭边界，该边界无断点、离散点。

(3) 精确性：获取的目标边界与实际期望的区域边界近似。

(4) 稳定性：分割结果受噪声干扰很小。

6.3　阈 值 分 割

6.3.1　基本原理

阈值分割法是一种广泛使用的基于区域的分割技术，它利用图像中要提取的目标和背景在灰度特性上的差异，把图像视为具有不同灰度级的两类区域的组合。首先确定一个处于图像灰度级范围内的灰度阈值 T，然后将图像中每个像素的灰度值都与这个阈值 T 比较，根据是否超过阈值 T 而将该像素归于两类中的一类，从而产生相应的二值图像。

阈值分割法的特点：适用于目标物体与图像背景有较强对比的情况，重要的是图像背景或目标物体的灰度比较单一，而且总可以得到封闭且连通区域的边界。

设原始图像 $f(x,y)$，以一定的准则在 $f(x,y)$ 中找出一个合适的灰度值，作为阈值 T，则分割后得到的图像为 $g(x,y)$，可用式(6.1)表示：

$$g(x,y) = \begin{cases} H_1 & f(x,y) \geqslant T \\ H_2 & f(x,y) < T \end{cases} \quad 或\ g(x,y) = \begin{cases} H_1 & f(x,y) < T \\ H_2 & f(x,y) \geqslant T \end{cases} \tag{6.1}$$

式中，H_1 为目标灰度值，H_2 为背景灰度值，$g(x,y)$ 为结果二值图像。

从该方法中可以看出，确定一个最优阈值是分割的关键，同时也是阈值分割的一个难题，阈值分割实质上就是按照某个准则求出最佳阈值的过程。若根据分割算法所具有的特征或准则，可划分为直方图双峰阈值法、最大类空间方差法、最大熵法、模糊集法、特征空间聚类法、基于过渡区的阈值选取法等。

6.3.2　双峰阈值法

在 20 世纪 60 年代中期，Prewitt 提出了直方图双峰法，该阈值化方法的依据是图像的直方图，通过对直方图进行各种分析来实现对图像的分割。图像的灰度直方图就是灰度级的像素数 n_k 与灰度级 k 的一个二维关系，它反映了一幅图像上灰度分布的统计特性，所以，直方图可以看作是像素灰度值概率分布密度函数的一个近似。设一幅图像仅包含目标和背景，其直方图所代表的像素灰度值概率分布密度函数实际上就是对应目标和背景的两个单峰分布密度函数之和。图像二值化过程通常是在该图的直方图上寻找两峰间谷底灰度值作为阈值来对图像进行分割。

若灰度图像的直方图，其灰度值范围为 $[0, L-1]$，当灰度值为 k 时的像素数为 n_k，则一幅图像的总像素数 N 为

$$N = \sum_{i=0}^{L-1} n_i = n_0 + n_1 + \cdots + n_{L-1} \tag{6.2}$$

灰度值 i 出现的概率为

$$p_i = \frac{n_i}{N} = \frac{n_i}{n_0 + n_1 + \cdots + n_{L-1}} \tag{6.3}$$

当灰度图像中图像比较简单且目标物的灰度分布比较有规律时，背景和目标对象在图像的灰度直方图上各自形成一个波峰，由于每两个波峰间形成一个低谷，因而选择双峰间低谷处所对应的灰度值为阈值，可将两个区域分离。把这种通过选取直方图阈值来分割目标和背景的方法称为直方图阈值双峰法。如图6.2所示，在灰度级 x_1 和 x_2 两处有明显的波峰，而在 x 处是一个谷底。

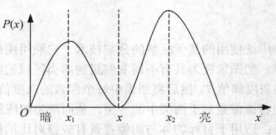

图 6.2　双峰阈值直方图

【例 6.1】 阈值分割图像实例。

从图像中可以看出，图像的目标米粒和图像背景的灰度值区分度较大，其阈值的选取准则参考图像的灰度直方图，从直方图上选取峰谷阈值 $T=80$ 和 $T=40$ 时的效果如图6.3所示。

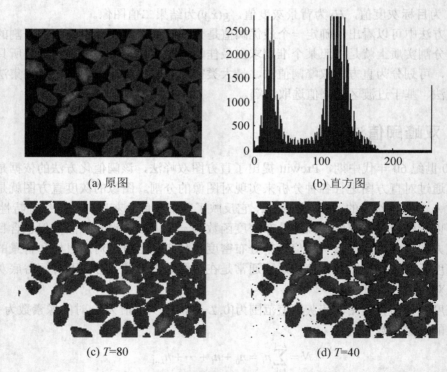

(a) 原图　　　　　　　　　　　(b) 直方图

(c) T=80　　　　　　　　　　(d) T=40

图 6.3　直方图双峰阈值分割效果示意图

例 6.1 的 MATLAB 代码如下：

```
I=imread('img/t6_01.bmp');  %图片文件的位置
subplot(221);
imshow(I);
%subplot(222);
imhist(I);
T=80;                       %T 设置 80
[m,n]=size(I);
for i=1:m
    for j=1:n
        if I(i,j)<=T
            I(i,j)=255;     %灰度值小于阈值 T 时，置为白色，否则保留原图
        end
    end
end
subplot(223);
imshow(I);
```

要注意的是，用灰度直方图双峰法来分割图像需要一定的图像先验知识。该方法不适用于直方图中双峰差别很大或者双峰中间谷底比较宽广而平坦的图像，以及单峰直方图的情况。当出现波峰间的波谷平坦、各区域直方图的波形重叠等情况时，用直方图阈值难以确定阈值，必须寻求其他方法来选择适宜的阈值。

6.3.3　最佳阈值法

所谓最佳阈值是指图像目标物与背景的分割错误最小的阈值。如图 6.4 所示，在图像直方图双峰谷底阈值 T 位置，有一部分背景图像的像素值灰度值大于阈值 T，而目标物体也有一部分像素灰度值小于阈值 T。那么，如何选择阈值 T，使得图像目标物与背景的分割错误最小，是最佳阈值分割的目标。

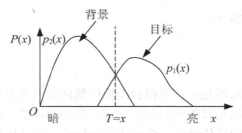

图 6.4　目标与背景部分重叠直方图

假设某一图像只由目标物和背景组成，已知其灰度级分布概率密度分别为 $p_1(x)$ 和 $p_2(x)$，目标物与背景像素占全图的比例为 P_1 和 P_2，$P_1+P_2=1$，因此该图像总的灰度级概率密度分布 $P(x)$ 可用式(6.4)表示：

$$P(x)= P_1*p_1(x)+ P_2*p_2(x) \tag{6.4}$$

设选用的灰度级门限阈值 $T=x$，图像由暗背景上的亮目标物组成，对于灰度级小于 T 的像素被认为是背景，大于 T 的像素则认为是目标物。

若选门限阈值($T=x$)进行分割，则目标物像素错误地认为是背景像素的概率是

$$E_1 = \int_{-\infty}^{T} p_1(x)\mathrm{d}x \tag{6.5}$$

而将背景错认是目标物像素的概率是

$$E_2 = \int_{T}^{+\infty} p_1(x)\mathrm{d}x \tag{6.6}$$

因此，总的错误概率 $E(T)$ 为

$$E(T) = P_1 * E_1(T) + P_2 * E_2(T) \tag{6.7}$$

最佳阈值就是使 $E(T)$ 为最小值时的 T，将 $E(T)$ 对 T 求导，并令其等于 0，可得式(6.8)

$$P_1 * p_1(T) = P_2 * p_2(T) \tag{6.8}$$

这个等式解出 T，即为最佳门限阈值。注意若 $P_1 = P_2$，则最佳门限阈值位于两概率密度函数曲线 $p_1(x)$ 和 $p_2(x)$ 的交点处，如图 6.4 所示。

得到一个 T 的分析表达式需要知道两个概率密度函数 $p_1(x)$ 与 $p_2(x)$ 的表达式，在实践中并不是总可以对这两个密度函数进行估计。通常做法是利用参数容易得到的密度函数，如使用高斯密度函数。高斯密度函数可以用两个参数完全描述：均值和方差。此时有

$$p(x) = \frac{P_1}{\sqrt{2\pi}\sigma_1} e^{-\frac{(x-\mu_1)^2}{2\sigma_1^2}} + \frac{P_2}{\sqrt{2\pi}\sigma_2} e^{-\frac{(x-\mu_2)^2}{2\sigma_2^2}} \tag{6.9}$$

这里 μ_1 和 σ_1^2 分别是某一类像素(对象)的高斯密度的均值和方差，μ_2 和 σ_2^2 分别是另一个类像素(背景)的均值和方差，将式(6.9)代入式(6.4)，并两边取对数得

$$AT^2 + BT + C = 0 \tag{6.10}$$

式中，$A = \sigma_1^2 - \sigma_2^2$，$B = 2(\mu_1\sigma_2^2 - \mu_2\sigma_1^2)$，$C = \mu_2^2\sigma_1^2 - \mu_1^2\sigma_2^2 + 2\sigma_1^2\sigma_2^2\ln(\sigma_2 P_1/\sigma_1 P_2)$

如果方差都相等，$\sigma = \sigma_1 = \sigma_2$，则有

$$T = \frac{\mu_1 + \mu_2}{2} + \frac{\sigma^2}{\mu_1 - \mu_2}\ln(P_2/P_1) \tag{6.11}$$

当方差 $\sigma = 0$ 时，门限阈值 $T = \dfrac{\mu_1 + \mu_2}{2}$。当然，这是一种相对极端的情况，在一般情况下，要求出最佳阈值并不容易。

6.3.4 迭代阈值法

迭代阈值选取的基本思路是：首先根据图像中物体的灰度分布情况，选取一个近似阈值作为初始阈值，一般情况是将图像的灰度均值作为初始阈值；然后通过分割图像和修改阈值的迭代过程获得适合的最佳阈值。迭代法最佳阈值选取过程可描述如下。

(1) 选取一个初始阈值 T。

(2) 利用阈值 T 把给定图像分割成两个子区域，分别记为 R_1 和 R_2。

(3) 计算 R_1、R_2 均值 μ_1 和 μ_2。

(4) 重新计算 $T = \dfrac{\mu_1 + \mu_2}{2}$，并将计算的 T 作为新的阈值。

(5) 重复步骤(2)~步骤(4)，直至 R_1 和 R_2 均值 μ_1 和 μ_2 不再变化为止。

【例 6.2】 迭代阈值法分割实例。

迭代后的阈值为 76，迭代阈值分割效果如图 6.5 所示。

(a) 原图

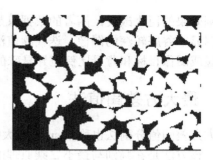
(b) 分割结果

图 6.5　迭代阈值分割示意图

例 6.2 的 MATLAB 代码如下：

```
I=imread('img/t6_01.bmp');
ZMax=max(max(I));
ZMin=min(min(I));
TK=(ZMax+ZMin)/2;        %初始阈值
flag=1;
[m,n]=size(I);
while(flag)
    fg=0;                %目标前景像素计数
    bg=0;                %背景像素计数
    fgsum=0;             %目标前景像素值总和计数
    bgsum=0;             %背景像素值总和计数
    for i=1:m
        for j=1:n
            tmp=I(i,j);
            if(tmp>=TK)
                fg=fg+1;
                fgsum=fgsum+double(tmp);
            else
                bg=bg+1;
                bgsum=bgsum+double(tmp);
            end
        end
    end
    u1=fgsum/fg;
    u2=bgsum/bg;
    TKTmp=uint8((u1+u2)/2);
    if(TKTmp==TK)
        flag=0;
    else
        TK=TKTmp;
    end
end
disp(strcat('迭代后的阈值: ',num2str(TK)));
newI=im2bw(I,double(TK)/255);
subplot(121),imshow(I)
subplot(122),imshow(newI);
```

　　迭代阈值分割的图像效果良好。基于迭代的阈值能区分出图像的前景和背景的主要区域所在，但在图像的细微处还没有很好的区分度。对某些特定图像，微小数据的变化却会引起分割效果的巨大改变，两者的数据只是稍有变化，但分割效果却反差极大。对于直方图双峰明显、谷底较深的图像，迭代阈值法可以较快地获得满意结果，但是对于直方图双峰不明显或图像目标和背景比例差异悬殊的图像，迭代阈值法所选取的阈值不如其他方法。

6.3.5 最大方差阈值法

最大方差阈值分割法也称 Otsu 法或大律法，是一种使用类间方差最大的自动确定阈值的方法。该方法是在判别与最小二乘原理的基础上推导出来的，是一种图像分割效果比较好的方法。

设一幅图像的目标前景像素数占该图像比例为 w_1，平均灰度为 u_1；背景像素数占该图像比例为 $w_2(w_2=1-w_1)$，平均灰度为 u_2，则整个图像的平均灰度值为

$$u=w_1*u_1+w_2*u_2 \tag{6.12}$$

定义类间方差为

$$g=w_1(u_1-u)^2+w_2(u_2-u)^2=w_1w_2(u_1-u_2)^2 \tag{6.13}$$

令 T 在$[0,L-1]$范围内，以步长 1 依次增长取值，当 g 取得最大值时对应的 T 即为最佳阈值。由于类间方差是灰度分布均匀性的一种量度，方差值越大，说明构成图像的两部分差别越大，当部分目标错分为背景或部分背景错分为目标都会导致两部分差别变小，因此使类间方差最大的分割意味着错分概率最小。

【例 6.3】 最大类间方差阈值法分割实例。

最大类间方差阈值法计算灰度阈值为 101，分割效果如图 6.6 所示。

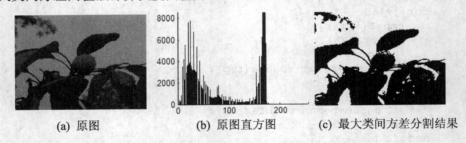

(a) 原图   (b) 原图直方图   (c) 最大类间方差分割结果

图 6.6 最大类间方差阈值分割效果示意图

例 6.3 的 MATLAB 代码如下(在 MATLAB 中，graythresh 函数实现最大类间方差法计算全局图像的阈值)：

```
I=imread('img/t6_02.bmp');
subplot(221);
imshow(I);
level=graythresh(I);%最佳阈值level
subplot(222);
g=im2bw(I,level);
imshow(g);
disp(strcat('graythresh 计算灰度阈值:',num2str(uint8(level*255))))
```

在实际应用中发现，最大类间方差阈值图像分割法选取出来的阈值非常理想，分割效果较为良好。虽然它在很多情况下都不是最佳的分割，但是分割质量通常都有一定的保障，可以说是最稳定的分割方法之一。

6.4　边　缘　检　测

6.4.1　边缘检测原理

边缘是指图像局部强度变化最显著的部分，边缘主要存在于目标与目标、目标与背景、区域与区域之间。边缘检测是图像目标识别、形状提取等图像分析系统中十分重要的基础。因为边缘是图像中所要提取的目标和背景的分界线，只有提取出了边缘才能将背景和目标区域分开来。两个灰度不同的相邻区域之间总存在边缘，边缘是灰度值不连续的结果，这种不连续通常可以利用求倒数的方法方便地检测到。图像边缘检测的算法通常通过对图形像素一阶导数的极值或者二阶导数的过零点信息来实现边缘提取。具体来说，对于图像中像素灰度级变化缓慢的区域，相邻像素的灰度变化不大，因而梯度幅度值较小而趋近于零，在图像的边缘区域，相邻像素的灰度变化剧烈，所以梯度幅度值较大，因此，用一阶导数幅度值的大小可以确定边缘位置。同理，二阶导数的符号可用来判断一个像素是在图像边缘明区还是暗区，过零点的位置就是边缘位置。图像的边缘特性如图 6.7 所示。

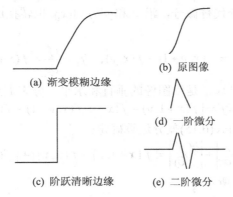

图 6.7　图像边缘特性

图 6.7(a)与图 6.7(b)所示的图像灰度剖面图说明原图像有一个由暗渐变到亮的模糊边缘，图 6.7(c)表示原图像有一个由暗阶跃跳变到亮的清晰边缘。图 6.7(d)表示可用一阶导数的幅度值来检测边缘的存在，幅度峰值一般对应于边缘位置。图 6.7(e)表示原图像灰度剖面的二阶导数在一阶导数的阶跃上升部分有一个向上的阶跃，而在一阶导数的阶跃下降部分有一个向下的阶跃，二阶导数的两个跃阶之间是过零点，这个过零点的位置正对着原图像中边缘的位置，所以可用二阶导数过零点检测边缘位置。

边缘检测的结果通常用灰度图来表示，原图像中的边缘部分用灰度级较高的像素显示，而没有边缘的部分显示为黑色。灰度图中像素的灰度可以直接通过算子计算原图像中对应像素的灰度差分得到。在实现时，依次对原图像的每个像素进行运算，并把结果保存为灰度图中的像素即可。在计算时，由于灰度差分的结果通常较小，直接转换为灰度图会使检测结果较模糊，可以使用一个比例系数对差分的结果进行缩放或者在算子运算结果满足临界条件时直接赋予最大灰度值，从而得到清晰的边缘图像。

6.4.2 梯度算子和 Roberts 算子

图像的边缘对应着图像灰度的不连续性。图像的边缘理想状况下如图 6.7(c)所示，从一个灰度阶跃跳变到另一个灰度，而真实图像的边缘通常都具有有限的宽度呈现出陡峭的斜坡状。边缘的锐利程度由图像灰度的梯度决定，梯度是一个向量，两个分量分别表示沿 x 和 y 方向的一阶导数，即

$$\nabla f(x,y) = \frac{\partial f}{\partial x} i + \frac{\partial f}{\partial y} j \tag{6.14}$$

∇f 指出灰度变化最快的方向和变化量。梯度向量的大小由式(6.11)确定，即

$$\|\nabla f\| = \sqrt{\left(\frac{\partial f}{\partial x}\right)^2 + \left(\frac{\partial f}{\partial y}\right)^2} \tag{6.15}$$

梯度方向角由式(6.12)确定：

$$\theta = \arctan\left(\frac{\partial f / \partial y}{\partial f / \partial x}\right) \tag{6.16}$$

对于数字图像，用差分代替微分，沿 x 和 y 方向(x,y 也转换成离散像素坐标)的一阶差分分别表示为

$$f_x = \frac{\partial f}{\partial x} = f(x, y+1) - f(x,y), \quad f_y = \frac{\partial f}{\partial y} = f(x+1, y) - f(x,y) \tag{6.17}$$

因此最简单的边缘检测算子是用图像的垂直和水平差分来逼近梯度算子：

$$\nabla f = [f(x+1, y) - f(x,y), f(x, y+1) - f(x,y)] \tag{6.18}$$

而梯度的大小近似地由式(6.15)差分运算确定。

$$\|\nabla f\| \approx \left|\frac{\partial f}{\partial x}\right| + \left|\frac{\partial f}{\partial y}\right| = |f(x+1,y) - f(x,y)| + |f(x, y+1) - f(x,y)| \tag{6.19}$$

梯度算子模板如图 6.8 所示。

1	-1

1
-1

图 6.8　梯度算子模板

Roberts 边缘检测算子根据任意一对互相垂直方向上的差分可用来计算梯度的原理，采用对角线方向相邻两像素之差，即

$$g(x,y) = \{[f(x,y) - f(x+1, y+1)]^2 + [f(x+1, y) - f(x, y+1)]^2\}^{1/2} \tag{6.20}$$

或

$$g(x,y) \approx (f(x,y) - f(x+1, y+1)| + |f(x+1, y) - f(x, y+1)| \tag{6.21}$$

Roberts 的 3×3 卷积算子模板如图 6.9 所示。

0	0	0
0	1	0
0	0	-1

0	0	0
0	0	1
0	-1	0

图 6.9　Roberts 算子模板

【例 6.4】 利用 Roberts 算子对图像进行边缘检测处理，如图 6.10 所示，图 6.10(a)所示为原图像，图 6.10(b)所示为利用 Roberts 算子模板计算的结果。

(a) 原图　　　　　　　　　　　　　(b) Roberts 算子计算结果

图 6.10　Roberts 算子边缘检测效果

例 6.4 的 MATLAB 代码如下：

```
f=imread('img/lena.bmp');
subplot(121);
imshow(f);
g=edge(f,'roberts', 0.035);%给定阈值门限位 0.035
subplot(122);
imshow(g);
```

Roberts 算子实际是一个 2×2 模板算子，采用对角线方向相邻两像素之差近似梯度幅值检测边缘。检测水平和垂直边缘的效果好于斜向边缘，定位精度高，对噪声敏感。

6.4.3　Sobel 算子和 Prewitt 算子

1. Sobel 算子

对数字图像的每个像素，考察其上、下、左、右邻点的灰度差，在边缘处达到极大值检测边缘，去掉伪边缘，对于噪声具有平滑作用。与 Roberts 算子相比，降低了对噪声的敏感程度。Sobel 算子的定义如式(6.22)：

$$f_x = | f(x-1,y-1) + 2f(x-1,y) + f(x-1,y+1)$$
$$-[f(x+1,y-1) + 2f(x+1,y) + f(x+1,y+1)]|$$
$$f_y = | f(x-1,y-1) + 2f(x,y-1) + f(x+1,y-1)$$
$$-[f(x-1,y+1) + 2f(x,y+1) + f(x+1,y+1)]|$$

$$g(x,y) = |f_x| + |f_y| \tag{6.22}$$

Sobel 的 3×3 卷积算子模板如图 6.11 所示。

1	0	−1		1	2	1
2	0	−2		0	0	0
1	0	−1		−1	−2	−1

图 6.11　sobel 算子模板

Sobel 算子利用像素点上下、左右邻点的灰度加权算法，根据在边缘点处达到极值这一现象进行边缘的检测。Sobel 算子对噪声具有平滑作用，提供较为精确的边缘方向信息，但同时也会检测出许多的伪边缘，边缘定位精度不够高。当对精度要求不是很高时，Sobel 是一种较为常用的边缘检测方法。

【例6.5】 利用 Sobel 算子进行图像边缘检测处理，如图 6.12 所示，图 6.12(a)所示为原图像，图 6.12(b)所示为利用 Sobel 算子模板计算的结果。

(a) 原图   (b) Sobel 算子计算结果

图 6.12　Sobel 算子边缘检测效果

例 6.5 的 MATLAB 代码如下：

```
f=imread('img/t6_03.bmp');
subplot(121);
imshow(f);
g=edge(f,'sobel',0.035);
%g=edge(f,'roberts',0.035);
subplot(122);
imshow(g);
```

2. Prewitt 算子

Prewitt 算子与 Sobel 算子的思路、形式都非常相似。Priwitt 算子的表达式为

$$\nabla f = \sqrt{D_x^2 + D_y^2}$$

式中，D_x 为水平方向的算子；D_y 为重直方向的算子。

Prewitt 的卷积算子模板的定义如图 6.13 所示。

1	0	-1
1	0	-1
1	0	-1

1	1	1
0	0	0
-1	-1	-1

图 6.13　Prewitt 算子模板

与 Sobel 算子相比，Prewitt 算子有一定的抗干扰性，图像效果比较干净。

【例6.6】 利用 Prewitt 算子进行图像边缘检测处理，如图 6.14 所示，图 6.14(a)所示为原图像，图 6.14(b)所示为利用 Prewitt 算子模板计算的结果。

(a) 原图　　　　　　　　　　　　(b) Sobel 算子计算结果

图 6.14　Prewitt 算子边缘检测效果

例 6.6 的 MATLAB 代码如下：

```
f=imread('img/t6_03.bmp');
subplot(121);
imshow(f);
g=edge(f,'prewitt',0.035);
%g=edge(f,'roberts',0.035);
subplot(122);
imshow(g);
```

6.4.4　Laplacian 算子

拉普拉斯(Laplacian)算子是二阶微分算子，二阶微分算子在两峰之间过零点处确定图像边缘位置。

Laplacian 算子的定义：

$$\nabla^2 f = \frac{\partial^2 f}{\partial x^2} + \frac{\partial^2 f}{\partial y^2} \tag{6.23}$$

x 方向的二阶偏导数为

$$\frac{\partial^2 f}{\partial x^2} = [f_x(x,y) - f_x(x+1,y)] \tag{6.24}$$
$$= [f(x,y) - f(x-1,y)] - [f(x+1,y) - f(x,y)]$$

y 方向的二阶偏导数为

$$\frac{\partial^2 f}{\partial y^2} = [f_y(x,y) - f_y(x,y+1)] \tag{6.25}$$
$$= [f(x,y) - f(x,y-1)] - [f(x,y+1) - f(x,y)]$$

Laplacian 算子近似表示为

$$\nabla^2 f = 4f(x,y) - f(x+1,y) - f(x-1,y) - f(x,y+1) - f(x,y-1) \tag{6.26}$$

Laplacian 卷积算子模板如图 6.15 所示。

0	-1	0
-1	4	-1
0	-1	0

-1	-1	-1
-1	8	-1
-1	-1	-1

图 6.15　两种 Laplacian 算子模板

一般情况下，由于 Laplacian 算子在图像边缘检测时，对图像的噪声比较敏感，会出现丢失部分边缘的方向信息，造成检测结果边缘信息不连续。所以很多时候先对图像进行平滑降噪处理，拉普拉斯-高斯算子(LoG 算子)就是基于这种原理来检测图像边缘信息的。

6.4.5 Canny 算子

边缘提取的基本问题是解决增强边缘与抗噪能力间的矛盾，由于图像边缘和噪声在频率域中同是高频分量，简单的微分提取运算同样会增加图像中的噪声，所以一般在微分运算之前应采取适当的平滑滤波，减少噪声的影响。Canny 运用严格的数学方法对此问题进行了分析，推导出由 4 个指数函数线性组合形式的最佳边缘提取算子网，其算法的实质是用一个准高斯函数作平滑运算，然后以带方向的一阶微分定位导数最大值。Canny 算子边缘检测是一种比较实用的边缘检测算子，具有很好的边缘检测性能。Canny 边缘检测法利用高斯函数的一阶微分，能在噪声抑制和边缘检测之间取得较好的平衡。

【例 6.7】 分别比较采用 Roberts、Sobel、Prewitt、Laplacian 和 Canny 算子进行图像边缘检测的结果，如图 6.16 所示。

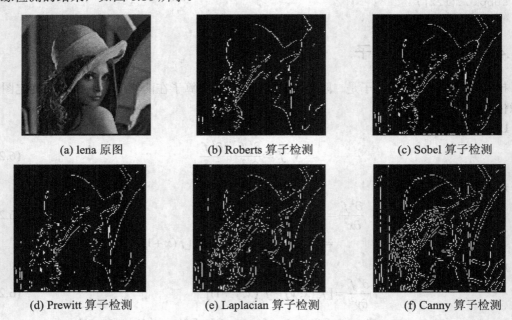

| (a) lena 原图 | (b) Roberts 算子检测 | (c) Sobel 算子检测 |
| (d) Prewitt 算子检测 | (e) Laplacian 算子检测 | (f) Canny 算子检测 |

图 6.16　利用不同算子边缘检测结果示意图

从图 6.16 可以看出，Roberts 算子提取边缘的结果边缘较粗，边缘定位不很准确，Sobel 算子和 Prewitt 算子对边缘的定位就准确了一些，而采用 LOG 算子进行边缘提取的结果要明显优于前三种算子，特别是边缘比较完整，位置比较准确。相比而言，Canny 算子提取的边缘最为完整，而且边缘的连续性很好，效果优于以上其他算子，这主要是因为它进行了"非极大值抑制"和形态学连接操作的结果。

6.5　区　域　分　割

6.5.1　区域增长

1. 基本原理

区域分割的目的是将图像划分为不同的区域。区域增长法是一种考虑区域连通性，根据一种事前定义的相似性准则将像素集合起来构成区域，以直接寻找区域为基础的分割方法。区域增长法的基本步骤如下。

(1) 根据图像的不同应用选择一个或一组种子，它或者是最亮或最暗的点，或者是位于点簇中心的点，即选择能正确代表所需区域的种子像素。

(2) 选择一个描述符(条件)，即确定在增长过程中能将相邻的满足相似性条件的像素加入到区域集合的准则。

(3) 从该种子开始向外扩张，首先把种子像素加入结果集合，然后不断将与集合中各个像素连通且满足描述符的像素加入集合。

(4) 上一过程进行到不再有满足条件的新结点加入集合为止。

2. 区域增长过程

图 6.17 所示为一个区域增长过程的实例，图 6.17(a)所示为一幅原始数字图像，选取灰度值 9 的像素为种子点进行区域增长，设相似性准则是满足所考虑像素灰度值与种子像素灰度值之差绝对值小于 2。在增长过程中，扫描种子点上、下、左、右邻域内的像素点，将它们的灰度值分别与种子点的灰度值作差取绝对值，如果绝对值满足小于给定的阈值 2，则认为该邻域像素点与种子点属于同一个区域，并将其合并进来，否则删除该邻域像素点。图 6.17(b)中，邻域像素点 8,8,8 与种子点 9 的灰度差绝对值小于 2，所以将它们合并。重复检查区域内像素点，图 6.17(c)中像素点 7 与区域像素点 8 灰度差小于 2，合并到区域，图 6.17(d)像素点 6 与区域像素点 7 灰度值差绝对值小于 2，合并到区域，到此，区域邻域内再无满足条件的像素点，因此区域增长停止。

5	5	8	3
4	8	9	6
2	2	8	7
2	2	3	2

(a) 选灰度值为 9 的　种子像素

5	5	8	3
4	8	9	6
2	2	8	7
2	2	3	2

(b) 沿 4 邻域生成区域

5	5	8	3
4	8	9	6
2	2	8	7
2	2	3	2

(c) 灰度值为 7 的像素　归并到区域中

5	5	8	3
4	8	9	6
2	2	8	7
2	2	3	2

(d) 灰度值为 6 的像素　归并到区域中

图 6.17　区域增长过程

【例 6.8】利用给定种子点进行八邻域区域增长处理。实现效果如图 6.18 所示。

例 6.8 的 MATLAB 代码如下：

```
I=imread('img/t6_03.bmp','bmp');
```

```
subplot(121),imshow(I);%显示原图像
I=double(I);
[M,N]=size(I);
 seedx=140;%水果种子增长生长点
 seedy=190;
 hold on
 plot(seedx,seedy,'rs','linewidth',2);%标识生长点
seed=I(seedx,seedy);  %将生长起始种子点的灰度值存入 seed 中
Y=zeros(M,N); %设置一个全零的图像矩阵 Y（与原图像等大），作为输出
Y(seedx,seedy)=1; %将 Y 中与所取点相对应位置的点设置为白色
count=1;  %记录处理点八邻域内符合条件的新点的数目
threshold=50;  %种子区域的域值设置为 50
while count>0
     count=0; %计数
    for i=1:M
        for j=1:N
            if Y(i,j)==1
               if (i-1)>0 & (i+1)<(M+1) & (j-1)>0 & (j+1)<(N+1)
                  %判断此点是否为图像边界上的点
                  for u= -1:1          %判断处理点周围八邻域内是否符合域值条件
                     for v= -1:1        %u,v 为偏移量
                       %判断是否未存在于输出矩阵 Y，并且为符合域值条件的点
if  Y(i+u,j+v)==0 & abs(I(i+u,j+v)-seed)<=threshold
                         Y(i+u,j+v)=1;
                       %符合以上两条件即将其在 Y 中与之位置对应的点设置为白色
                         count=count+1;
                         end
                     end
                  end
               end
            end
        end
    end
 end
subplot(122),imshow(Y);%显示分割后图像
```

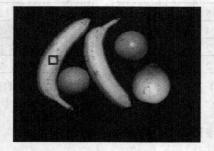

(a) 原始图像及种子点位置

(b)种子阈值为 50 的分割结果

图 6.18　区域增长分割

6.5.2　区域分裂与合并

1. 基本原理

区域增长法是从单个种子像素开始，通过不断接纳新像素最后得到整个区域。区域分裂合并算法的基本思想是先确定一个分裂合并的准则，即区域特征一致性的测度。当图像中某个区域的特征不一致时就将该区域分裂成四个相等的子区域，当相邻的子区域满足一致性特征时则将它们合成一个大区域，直至所有区域不再满足分裂合并的条件为止。当分裂到不能再分的情况时，分裂结束，然后它将查找相邻区域有没有相似的特征，如果有就将相似区域进行合并，最后达到分割的作用。在某种程度上，区域增长和区域分裂合并算法有异曲同工之妙，因为区域分裂到极致就是分割成单一像素点，然后按照一定的测量准则进行合并，在一定程度上可以认为是单一像素点的区域增长方法。区域增长比区域分裂合并的方法节省了分裂的过程，区域分裂合并的方法可以在较大的一个相似区域基础上再进行相似合并，而区域增长只能从单一像素点出发进行增长(合并)。

区域分裂与合并分割法步骤如下。

(1) 对图像中灰度级不同的区域，均分为四个子区域。

(2) 如果相邻的子区域所有像素的灰度级相同，则将其合并。

(3) 反复进行上两步操作，直至不再有新的分裂与合并为止。

在实际应用中应该给出分裂与合并的准则，可以如下定义分裂合并的准则 $P(R_i)$：

(1) 区域内多于 80% 的像素满足不等式 $|z_j - m_i| \leqslant 2\sigma_i$ 时，定义 $P(R_i)=true$。

其中：R_i 表示考察的区域，$P(R_i)$ 是该区域分裂与合并的准则，z_j 是区域 R_i 中第 j 个点的灰度级，m_i 是该区域的平均灰度级，σ_i 是区域的灰度级的标准方差。

(2) 当区域 R_i 满足 $P(R_i)=true$ 时，则将区域内所有像素的灰度级置为 m_i。

那么对于区域分裂与合并分割法步骤相应修改如下。

(1) 对于任何区域 R_i，如果 $P(R_i)=false$，就将每个区域都拆分为四个相连的互不重叠子区域。

(2) 对任意两个相邻区域 R_j 和 R_k，若满足 $P(R_j \cup R_k)=true$，则将 R_j 和 R_k 进行合并。

(3) 反复进行上两步操作，直至不再有新的分裂与合并为止。

2. 区域分裂与合并图像过程

图 6.19 所示为区域分裂与合并图像分割的过程，设图中阴影部分为目标，白色区域为背景，对原图 6.19(a)区域 R，$P(R)=false$。当某区域 R_i，$P(R_i)=true$ 表示 R_i 区域的灰度值一致时，则在原图 6.19(a)区域 R，由于 $P(R)=false$，故进行分裂为四个子区域；分裂后左上角区域满足 P 准则为 $true$，不分裂，其他三个子区域不满足继续分裂成为图 6.19(b)所示的结果，此时，除正下方居中的两个子区域不满足 P 准则外，其余子区域都满足 P。这是背景和目标子区域中满足 P 的进行合并，不满足 P 的两个子区域继续分裂成为图 6.19(c)所示的结果。到此为止，所有的区域都满足 P 准则，最后合并一次成为图 6.19(d)所示的结果。

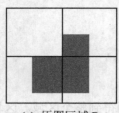 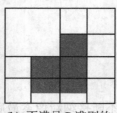 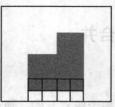 

(a) 原图区域 R　　(b) 不满足 P 准则的　　(c) 不满足 P 的两个　　(d) 区域都满足 P

(阴影部分)　　　　区域进行分裂　　　　子区域继续分裂　　　合并在一起

图 6.19　区域分裂与合并过程

【例 6.9】　利用均方差最小法作为测试准则进行图像区域分裂与合并实例，如图 6.20 所示。

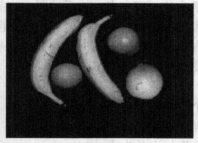 

(a) 原图　　　　　　　　　　(b) 标准方差为 3，mindim=8 分裂合并结果

(c) 标准方差为 10，mindim=8 分裂合并结果　　(d) 标准偏差为 10，mindim=2 分裂合并结果

图 6.20　区域分裂与合并实例

例 6.9 的 MATLAB 代码如下：

(1) 函数用标准偏差来设置 flag 的值。

```
function flag=predicate(region)
sd=std2(region);%计算标准偏差
flag=(sd>10);
```

(2) 函数判断区域是否被分解，函数返回值逻辑值为真的应该被分解，否则不被分解。

```
function v=IsSplit(B,mindim,fun)
K=size(B,3);
v(1:K)=false;
for I=1:K
    quadregion=B(:,:,I);
    if size(quadregion,1)<=mindim
```

```
        v(I)=false;
        continue
    end
    flag=feval(fun,quadregion);
    if flag
        v(I)=true;
    end
end
```

(3) 函数通过使用一个基于四叉树分解的分裂合并原则来分隔图像 f，其中 mindim 是一个 2 的正整数次幂的数，它规定了被准许的子图像四叉树区域的最小维数。

```
function  g=splitmerge(f,mindim,fun)
Q=2^nextpow2(max(size(f)));              %取接近于 2 的最大指数
[M,N]=size(f);
f=padarray(f,[Q-M,Q-N],'post');          %指定图像填充的方式，将图像大小转换为 2 的幂次大小
S=qtdecomp(f,@IsSplit,mindim,fun);       %图像分割成等大小的平方块
Lmax=full(max(S(:)));                    %将稀疏阵 S 转换为满矩阵
g=zeros(size(f));
MARKER=zeros(size(f));

                                         %下面的 for 循环开始进行合并
for K=1:Lmax
    [vals,r,c]=qtgetblk(f,S,K);          %使用函数 qtgetblk，分解中得到实际的四个区域
                                         像素值

    if ~isempty(vals)
        for I=1:length(r)
            xlow=r(I);
            ylow=c(I);
            xhigh=xlow+K-1;
            yhigh=ylow+K-1;
            region=f(xlow:xhigh,ylow:yhigh);
            flag=feval(fun,region);
            if flag
                g(xlow:xhigh,ylow:yhigh)=1;
                MARKER(xlow,ylow)=1;
            end
        end
    end
end
g=bwlabel(imreconstruct(MARKER,g));      %使用函数 bwlabel 获得每一个连接区域，并
                                         用不同的整数值标注

g=g(1:M,1:N);
```

(4) 图像的区域分裂与合并主程序(调用前面的函数):

```
I=imread('img/t6_03.bmp');
subplot(121);
imshow(I);
d=splitmerge(I,2,@predicate);            %调用 splitmerge 函数对图像进行分裂合并
subplot(122);
imshow(d);
```

相对于区域生长而言，区域分割于合并技术不再依赖于种子点的选择与生长顺序。但选用合适的均匀性测试准则 P 对于提高图像分割质量十分重要，当均匀性测试准则 P 选择不当时，很容易会引起"方块效应"。

6.6　Hough 变换

Hough 变换是 Hough 于 1962 年提出的一种基于形状匹配技术，运用两个坐标之间的变换来检测平面内的直线和规律曲线。Hough 变换是一种检测、定位直线和解释曲线的有效办法，它对随机噪声、部分遮挡现象不敏感，具有较强的抗干扰性，允许待检测边界不连续，且适用于并行处理。

6.6.1　基本思想

Hough 变换的基本思想是利用点-线的对偶性，即图像空间共线的点对应在参数空间里相交的线，反过来，在参数空间中交于同一个点的所有直线在图像空间里都有共线的点与之对应。

假定二维数字图像用直角坐标系来表示，(x,y)表示图像像素点，在图像空间$(x-y)$中，所有共线的点(x,y)都可以用直线斜截式方程描述为

$$y=xa+b \tag{6.27}$$

式中，a 为直线的斜率，b 为截距，同时式(6.27)可以改写为

$$b=-ax+y \tag{6.28}$$

式(6.28)可以看成是参数平面空间$(a-b)$中的一条直线方程，其中直线的斜率为 x，截距为 y。

比较式(6.27)和式(6.28)可以看出，图像空间中所有过点(x_0, y_0)的直线构成参数空间中的一条直线 $b=-ax_0+y_0$；而图像空间中的任意一条直线 $y=a_0x+b_0$ 是由参数空间中的一个点(a_0, b_0)来决定的，如图 6.21 所示。

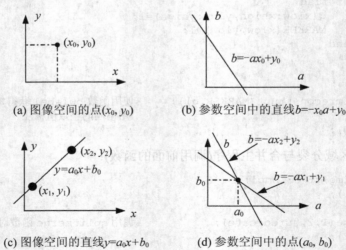

(a) 图像空间的点(x_0, y_0) 　　　(b) 参数空间中的直线 $b=-x_0a+y_0$

(c) 图像空间的直线 $y=a_0x+b_0$ 　　　(d) 参数空间中的点(a_0, b_0)

图 6.21　图像空间与参数空间中的直线、点对偶示意图

如果点(x_1,y_1)与点(x_2,y_2)共线 $y=a_0x+b_0$，如图 6.21(c)所示，那么这两点在参数 ab 平面空间上对应的直线将有一个交点(a_0,b_0)，如图 6.21(d)所示。图像空间中的一条直线上的点经

过 hough 变换后，对应的参数空间中的直线相交于一点，这一点是确定的，确定该点在参数空间中的位置就可以知道图像中直线的参数。Hough 变换把在图像空间中的直线检测问题转换到参数空间里对点的检测问题，通过在参数空间里进行简单的累加统计完成检测任务。

6.6.2　Hough 变换的实现步骤

（1）构造一个参数空间(a-b)离散化为二维的累加数组，设这个数组为 $A(a,b)$，如图 6.22 所示，同时设[a_{min}, a_{max}]和[b_{max}, b_{min}]分别为斜率和截距的取值范围。开始时置数组 A 全为零。

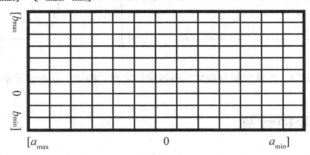

图 6.22　数组为 $A(a,b)$

（2）从图像空间 $f(x,y)$的指定区域中取(x_i,y_i)，按方程 $b=-ax_i+y_i$ 在[a_{min}, a_{max}]中取可能的 a 值计算得到可能的 b 值。

（3）再根据 a 和 b 的值(假设都已经取整)，对数组元素 $A(a,b)=A(a,b)+1$。

（4）重复(2)、(3)直到将从 $f(x,y)$的指定区域中的所有点取完。此时，$A(a,b)$数组中最大值所对应的 a、b 就是方程 $y=ax+b$ 中的 a、b 值。

（5）根据 $y=ax+b$ 方程绘出图像空间 $f(x,y)$中的直线。

如果直线的斜率无限大(比如 $x=c$ 形式的直线)，采用斜截式方程是无法完成检测的，为了能够正确识别和检测任意方向和任意位置的直线，可以用直线极坐标方程来描述。

设一条直线的一般方程式：$Ax+By+C=0(A^2+B^2\neq 0)$，不妨设 $B\neq 0$，方程两边同时除以 $\sqrt{A^2+B^2}$，得

$$\frac{A}{\sqrt{A^2+B^2}}x+\frac{B}{\sqrt{A^2+B^2}}y=-\frac{C}{\sqrt{A^2+B^2}} \tag{6.29}$$

令 $\rho=-\dfrac{C}{\sqrt{A^2+B^2}}$，$\cos=\dfrac{A}{\sqrt{A^2+B^2}}$，$\sin\theta=\dfrac{B}{\sqrt{A^2+B^2}}$

得到直线的极坐标表示形式：

$$\rho=x\cos\theta+y\sin\theta \tag{6.30}$$

如图 6.23 所示，图像空间中一条直线 l，θ 为 l 过原点的垂线与 x 轴正方向的夹角，取值范围[$-\pi/2$，$\pi/2$]，ρ 为原点到直线的代数距离，其绝对值与直角坐标系中原点到直线的距离 $d_0=\dfrac{|C|}{\sqrt{A^2+B^2}}$ 相等，对于一幅 $N\times N$ 大小的图像，ρ 的取值范围[$-\sqrt{2}N$，$\sqrt{2}N$]。这时，

参数空间就变为$(\rho-\theta)$空间，原图像$(X-Y)$空间中的任意一条直线对应了$(\rho-\theta)$空间内的一个点(ρ,θ)，而图像平面空间$(X-Y)$内的一点(x_0,y_0)对应了$(\rho-\theta)$空间中的一条正弦曲线$\rho=x_0\cos\theta+y_0\sin\theta$。如果有一组位于由参数$\rho$和$\theta$决定的直线上的点，则每个点对应了参数空间中的一条正弦曲线，所有这些曲线相交点(ρ_0,θ_0)就是这组共线点所在直线的极坐标参数。

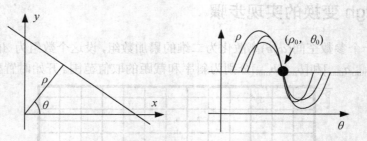

图 6.23 图像空间与极坐标参数空间之间的曲线、点对偶示意图

6.6.3 Hough 变换计算

设某 $N\times N$ 图像中有点 1、2、3、4、5，设 θ 在[-90°,90°]中取值，画出它的 Hough 变换图，如图 6.24 所示。

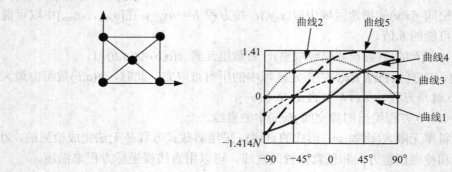

图 6.24 图像空间点与参数空间对应曲线

Hough 变换计算结果如表 6.1 所示。

从表 6.1 计算结果和图 6.24 可以就看出：

曲线 2、曲线 3、曲线 4 交于一点——代表图像空间的点 2、点 3、点 4 三点共线。

曲线 1、曲线 5、曲线 3 交于一点——代表图像空间的点 1、点 5、点 3 三点共线。

曲线 4、曲线 1 交于一点——代表图像空间的点 4、点 1 两点共线。

曲线 4、曲线 5 交于一点——代表图像空间的点 4、点 5 两点共线。

曲线 1、曲线 2 交于一点——代表图像空间的点 1、点 2 两点共线。

曲线 2、曲线 5 交于一点——代表图像空间的点 2、点 5 两点共线。

表 6.1　Hough 变换计算结果

	点 1	点 2	点 3	点 4	点 5
θ	$(0, 0)$	$(N, 0)$	$(N/2, N/2)$	$(0, N)$	(N, N)
	ρ	ρ	ρ	ρ	ρ
$-90°$	0	0	-0.5N	$-N$	$-N$
$-45°$	0	0.707N	0	$-0.707N$	0
0	0	N	0.5N	0	N
45°	0	0.707N	0.707N	0.707N	1.414N
90°	0	0	0.5N	N	N

实际上，Hough 变换不仅可以对直线方程的共线点进行检测，也可以对所有给出解析式的曲线方程的共线点进行检测。原理是一样的，所不同的是随着未知参数的增加，所构造的数组维数会上升，计算量增加。

【例 6.10】　Hough 变换直线检测实例。

如图 6.25 所示，图 6.25(a)所示为直线检查原图像，图 6.25(b)所示为利用 Canny 算子检查的结果，图 6.25(c)所示为利用 Hough 变换峰值结果，图 6.25(d)所示为利用 Hough 直线检测结果。

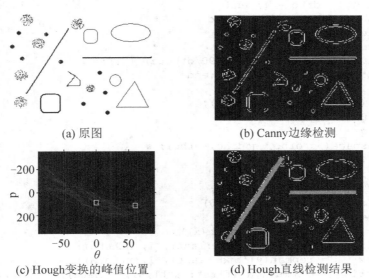

(a) 原图　　　　　　　　　　(b) Canny边缘检测

(c) Hough变换的峰值位置　　　　(d) Hough直线检测结果

图 6.25　Hough 变换直线检测实例

例 6.10 的 MATLAB 代码如下：

1)　%调用 hough、houghlines、houghpeaks 等函数实现直线检测。

```
f1=imread('img\t6_hough.bmp');
subplot(331);
imshow(f1)
title('原始图像')
[f,tc] = edge(f1, 'canny',[0.04 0.10],1.5);
```

```
subplot(334);
imshow(f)
title('canny 边缘检测')
[H,theta,rho] = hough(f,0.5); %
subplot(332);
imshow(theta,rho,H,[], 'notruesize')
axis on, axis normal
xlabel('\theta'),ylabel('\rho')
[r,c] = houghpeaks(H,10);
hold on
plot(theta(c),rho(r), 'linestyle', 'none',...
'marker', 's', 'color', 'w')
title('带有所选 10 个峰值的位置的 Hough 变换')
lines = houghlines(f,theta,rho,r,c)
subplot(333);
imshow(f),hold on
for k = 1:length(lines)
xy = [lines(k).point1;lines(k).point2];
plot(xy(:,2),xy(:,1), 'LineWidth', 4, 'Color',[0.6 1.0 0.6]);
end
title('Hough 变换峰值对应的线段')
```

2) %hough 函数

```
function [h, theta, rho] = hough(f, dtheta, drho)
if nargin < 3   drho = 1; end
if nargin < 2   dtheta = 1;  end
f = double(f);
[M,N] = size(f);
theta = linspace(-90, 0, ceil(90/dtheta) + 1);
theta = [theta -fliplr(theta(2:end - 1))];
ntheta = length(theta);
D = sqrt((M - 1)^2 + (N - 1)^2);
q = ceil(D/drho);
nrho = 2*q - 1;
rho = linspace(-q*drho, q*drho, nrho);
[x, y, val] = find(f);
x = x - 1; y = y - 1;
h = zeros(nrho, length(theta));
for k = 1:ceil(length(val)/1000)
  first = (k - 1)*1000 + 1;
  last  = min(first+999, length(x));
  x_matrix      = repmat(x(first:last), 1, ntheta);
  y_matrix      = repmat(y(first:last), 1, ntheta);
  val_matrix   = repmat(val(first:last), 1, ntheta);
  theta_matrix = repmat(theta, size(x_matrix, 1), 1)*pi/180;
  rho_matrix = x_matrix.*cos(theta_matrix) + ...
     y_matrix.*sin(theta_matrix);
  slope = (nrho - 1)/(rho(end) - rho(1));
  rho_bin_index = round(slope*(rho_matrix - rho(1)) + 1);
  theta_bin_index = repmat(1:ntheta, size(x_matrix, 1), 1);
  h = h + full(sparse(rho_bin_index(☺), theta_bin_index(☺, ...
                val_matrix(☺, nrho, ntheta));
end
```

3) % houghlines 函数

```
function lines = houghlines(f,theta,rho,rr,cc,fillgap,minlength)
if nargin < 6
   fillgap = 20;
end
if nargin < 7
   minlength = 40;
end
numlines = 0; lines = struct;
for k = 1:length(rr)
   rbin = rr(k); cbin = cc(k);
   [r, c] = houghpixels(f, theta, rho, rbin, cbin);
   if isempty(r)       continue    end

   omega = (90 - theta(cbin)) * pi / 180;
   T = [cos(omega) sin(omega); -sin(omega) cos(omega)];
   xy = [r - 1 c - 1] * T;
   x = sort(xy(:,1));
   diff_x = [diff(x); Inf];
   idx = [0; find(diff_x > fillgap)];
   for p = 1:length(idx) - 1
      x1 = x(idx(p) + 1); x2 = x(idx(p + 1));
      linelength = x2 - x1;
      if linelength >= minlength
         point1 = [x1 rho(rbin)]; point2 = [x2 rho(rbin)];
         Tinv = inv(T);
         point1 = point1 * Tinv; point2 = point2 * Tinv;
         numlines = numlines + 1;
         lines(numlines).point1 = point1 + 1;
         lines(numlines).point2 = point2 + 1;
         lines(numlines).length = linelength;
         lines(numlines).theta = theta(cbin);
         lines(numlines).rho = rho(rbin);
      end
   end
end
```

4) % houghpeaks 函数

```
function [r, c, hnew] = houghpeaks(h, numpeaks, threshold, nhood)
if nargin < 4
   nhood = size(h)/50;
   nhood = max(2*ceil(nhood/2) + 1, 1);
end
if nargin < 3   threshold = 0.5 * max(h(☺);end
if nargin < 2   numpeaks = 1;end
done = false;
hnew = h; r = []; c = [];
while ~done
   [p, q] = find(hnew == max(hnew(☺)));
   p = p(1); q = q(1);
   if hnew(p, q) >= threshold
      r(end + 1) = p; c(end + 1) = q;
      p1 = p - (nhood(1) - 1)/2; p2 = p + (nhood(1) - 1)/2;
      q1 = q - (nhood(2) - 1)/2; q2 = q + (nhood(2) - 1)/2;
```

```
    [pp, qq] = ndgrid(p1:p2,q1:q2);
    pp = pp(☺); qq = qq(☺);
    badrho = find((pp < 1) | (pp > size(h, 1)));
    pp(badrho) = []; qq(badrho) = [];
    theta_too_low = find(qq < 1);
    qq(theta_too_low) = size(h, 2) + qq(theta_too_low);
    pp(theta_too_low) = size(h, 1) - pp(theta_too_low) + 1;
    theta_too_high = find(qq > size(h, 2));
    qq(theta_too_high) = qq(theta_too_high) - size(h, 2);
    pp(theta_too_high) = size(h, 1) - pp(theta_too_high) + 1;
    hnew(sub2ind(size(hnew), pp, qq)) = 0;
    done = length(r) == numpeaks;
  else
    done = true;
  end
end
```

5)　% houghpixels 函数

```
function [r, c] = houghpixels(f, theta, rho, rbin, cbin)
[x, y, val] = find(f);
x = x - 1; y = y - 1;
theta_c = theta(cbin) * pi / 180;
rho_xy = x*cos(theta_c) + y*sin(theta_c);
nrho = length(rho);
slope = (nrho - 1)/(rho(end) - rho(1));
rho_bin_index = round(slope*(rho_xy - rho(1)) + 1);
idx = find(rho_bin_index == rbin);
r = x(idx) + 1; c = y(idx) + 1;
```

小　结

图像分割在大多数自动图像模式识别和场景分析问题中是一个基本的预备性步骤。图像分割将图像细分为构成它的子区域或对象，分割的程度取决于要解决的问题，也就是说，在应用中，当感兴趣的对象已经被分离出来时，就停止分割。图像分割算法一般是基于灰度值的两个基本特性之一：不连续性和相似性。第一类性质的应用途径是基于灰度的不连续变化分割图像，如图像的边缘。第二类性质的主要应用途径是依据事先制定的准则将图像分割为相似的区域。阈值处理、区域生长、区域分离合并都是这类方法的实例。

在本章中，阐述了所讨论的各种方法，尽管并非十分的详尽，但是确实是在实际应用中广泛使用的具有代表性的技术。

习　题

1. 图像分割的主要手段包括哪些？阈值选取的方法有哪些？
2. 什么是图像区域？什么是图像分割？
3. 设有一幅图像，背景均值为 20，方差为 400，在背景上有一些不重叠的均值为 160、方差为 200 的小目标像素点，这些目标像素点合起来占整个图像的 30%，计算最优的分割阈值。

4. 梯度法与 Laplacian 算子检测边缘的异同点有哪些？

5. 设一幅 7×7 大小的二值图像中心处有 1 个值为 0 的 3×3 大小的正方形区域，其余区域的值为 1，如图 6.26 所示。

(1) 使用 Sobel 算子来计算这幅图的梯度，并画出梯度幅度图(需给出梯度幅度图中所有像素的值)；

(2) 使用 Laplacian 算子计算拉普拉斯图，并给出图中所有像素的值。

1	1	1	1	1	1	1
1	1	1	1	1	1	1
1	1	0	0	0	1	1
1	1	0	0	0	1	1
1	1	0	0	0	1	1
1	1	1	1	1	1	1
1	1	1	1	1	1	1

图 6.26　二值图像

6. 比较各种边缘检测算子的优缺点。

7. 对图 6.27 所示灰度图像采用区域增长原理进行图像分割，相似性准则是满足所考虑像素灰度值与种子像素灰度值之差绝对值小于 2，选取图像中心位置点为种子。

1	0	4	7	5
1	0	4	7	7
0	1	5	5	5
2	0	5	6	5
2	2	5	6	4

图 6.27　灰度图像

8. 试用区域分裂与合并法给出图 6.28 所示灰度图像的图解法分割过程。

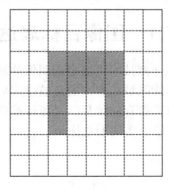

图 6.28　灰度图像

9. 什么是 Hough 变换？试述采用 Hough 变换检测直线的原理。

10. 在 Hough 变换的直线检测应用中，为什么不直接采用 $y=kx+b$ 的表示形式？

第7章 图像描述

【教学目标】

通过本章的学习，了解图像描述的基本原理，掌握链码、边界段、傅里叶描述子等图像描述常用方法，并且能够运用这些方法对给定的简单图像进行描述。

本章首先介绍了图像描述的基本原理和应用场合，说明了链码、傅里叶描述子等图像描述常用方法，以及使用这些方法进行图像描述的原理、对给定的简单图像用不同方法进行描述等。

将一幅图像利用某种图像分割方法分割成不同区域后，通常会使用一种更适合于计算机进一步处理的形式，对得到的被分割的像素集进行表示和描述。通常采用两种方法来表示一个区域，一种是使用其外部特性来表示区域(如利用区域的边界)，另一种是使用其内部特性来表示区域(如组成该区域的像素)。然而，无论选择哪一种表示方案仅仅是完成了一部分工作，我们的目的是将数据转换成可用于计算机处理的形式。所以下一步的任务就是基于选好的表示方式，对区域进行描述。例如，可以用区域的边界表示这个区域，利用边界的特征对其进行描述，如边界的长度、连接边界上特殊点的直线方向和边界上凹陷的数目。

当关注的主要焦点集中于形状特性上时，可以选择外部表示法；而当主要的焦点集中于内部性质上时，则可以选择内部表示法，如颜色、纹理。有时候需要同时使用两种表示方法。但无论哪种情况，选择特征作为描述符号对于尺寸变化、平移和旋转都是很不灵活的。

7.1 图像目标表达

利用前面章节中介绍的图像分割技术可以得到图像分割后的数据，形成沿着边界或处于区域内部的像素。当一个目标物区域边界上的点被确定后，就可以利用这些边界点来区别不同区域的形状。这样既可以节省存储信息，又可以准确地描述物体。在本节中，将讨论各种表达方法，如链码、边界段、多边形及标记。

7.1.1 边界表达

1. 链码

链码通过带有给定方向的单位长度的线段序列来描述物体，为了可重建区域，该序列的第一个元素必须带有其位置的信息。处理过程产生了一个数字序列；为了利用链码的位置不变性，忽略其包含位置信息的第一个元素，这样的链码定义就是 Freeman 码。在作边界检测时，可以很容易得到链码的描述。

如果链码用于匹配，它必须与序列中第一个边界像素的选择独立。为了归一化链码，一种可能性是：若将描述链解释成四进制数，在边界序列中找到产生最小整数的那个像素，将该像素用作起始像素。一个模 4 或模 8 的差分码，称为链码的导数，它表示区域边界元素的相对方向的另一个数字序列，以逆时针的 90° 或 45° 的倍数来量度，如图 7.1 所示。链码对噪声非常敏感，而且如果要用于识别，尺度和旋转的任意变化都可能会引起问题，链码的平滑形式(沿着指定的路径长度对方向进行平均)对噪声相对不太敏感。

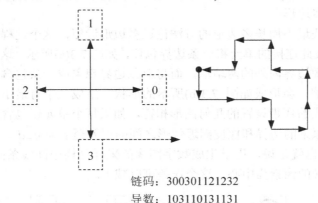

链码：300301121232
导数：103110131131

图 7.1　4-连通下的链码及其导数

2. 边界段

将边界分解为多个边界段的思路可以借助凸包的概念，如图 7.2(a)所示，任意集合 S，它的逼近凸包 H 是包含 S 的最小凸形，如图 7.2(b)所示的黑框内部为其逼近凸包 H。通常又把 H−S 称为 S 的凸残差，用字母 D 表示，如图 7.2(b)所示的黑色框内各白色部分。当把 S 的边界分解为边界段时，能分开 D 的各部分的点就是合适的边界分段点，也就是说，这些分段点可借助 D 来唯一确定，跟踪 H 的边界，每个进入 D 或从 D 出来的点就是一个分段点，如图 7.2(c)所示。这种方法不受区域尺度和取向的影响。

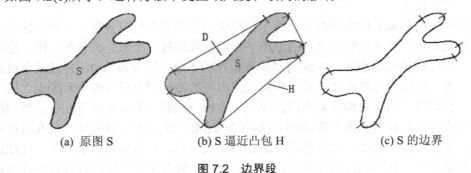

(a) 原图 S　　　　(b) S 逼近凸包 H　　　　(c) S 的边界

图 7.2　边界段

3. 多边形

由于噪声以及采样等的影响，边界有许多较小的不规则处，这些不规则处常会对链码和边界段表达产生较明显的干扰影响。一种抗干扰性能更好，更节省表达所需数据量的方法就是用多边形去近似逼近边界。

数字化边界可以用多边形进行任意精确性的近似。对一条闭合曲线，当多边形的边数等于边界线上的点数时，这种近似是准确的，此时，每对相邻点定义多边形的一条边。实际上，多边形近似的目的是，使用尽量少的多边形的边刻画边界图形的"本质"。通常，这不是一个一般的问题，解决这个问题的过程会很快转成一个耗时的循环搜索。然而，有几种在复杂性和处理需求方面较为适当的多边形近似技术还是很适合图像处理应用的。

1) 最小周长多边形

先通过一种寻找最小周长多边形的方法论述多边形近似，这个过程用一个例子很好解释。假设用一系列彼此连接的单元将一条边界包住，如图 7.3(a)所示。这条由单元组成的环带使包围圈看起来像边界内外的两堵墙，而将对象边界想象成一条包含在墙中的橡皮圈。如果橡皮圈允许收缩，会形成如图 7.3(b)所示的形状，生成一个有最小周长的多边形。这个多边形与单元组成的环带设置的几何图形相符。如果每个单元仅包含边界上的一个点，则在每个单元中，原来的边界和橡皮圈近似形之间的误差至多为 $\sqrt{2}d$，这里 d 是不同点之间可能的最小距离(也就是说，用于生成数字图像的采样网格中间线条间的距离)。通过强制每个单元以它对应的像素为中心，这个误差可以减半。

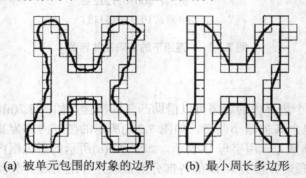

(a) 被单元包围的对象的边界　　(b) 最小周长多边形

图 7.3　最小周长多边形应用

2) 聚合技术

基于平均误差或其他准则的聚合技术已经应用于多边形近似问题。一种方法是沿着边界线寻找聚合点，直到适合聚合点的最小平方误差线超过一个预先设置的门限，这时就将点聚合。当这种情况出现时，直线的参量就被存储下来，误差设为0，并且这个过程会不断重复下去，继续沿着边界线寻找，直到误差再一次超过门限值再聚合新的点。这一过程的最后，相邻线段的交点构成多边形的顶点。这种方法的一个主要难点在于，得到的近似图形的顶点并不总是与原来边界的拐点(如拐角处)相一致，因为新的线段只有超过误差门限的时候才开始画。例如，如果沿着一条长的直线追踪，它会出现一个拐角，在超过门限之前，拐角上的一些点(取决于门限大小)会被丢弃，然而在聚合的同时进行拆分可以缓解这个难点。

3) 拆分技术

边界线拆分的一种方法是，将一条线段不断地分割为两个部分，直到满足定好的某一标准。例如，可能出现这样的要求：从边界线到某一直线的最大垂直距离不得超过预定门限，而这条直线要求连接此边界线的两个端点。如果这个条件满足，则距离此直线的最远点成为一个顶点，这样可将初始的线段再细分为两条子线段，这种方法在寻找突出的拐点时具有优势。对一条闭合边界线，最好的起始点是边界上的两个最远点。例如，图 7.4(a)显示了一条对象的边界线，而图 7.4(b)中实线显示了对这条边界线的一次关于其最远点的再分割。标记为 c 的点是从顶部边界线段到直线 ab 在垂直距离上的最远点。同样，点 d 是从底部边界线段到直线 ab 的最远点。图 7.4(c)显示了使用直线 ab 长度的 1/4 作为门限的拆分结果。

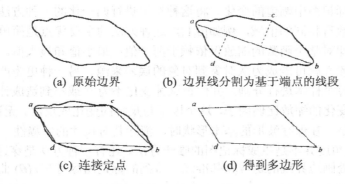

(a) 原始边界　　　(b) 边界线分割为基于端点的线段

(c) 连接定点　　　　　(d) 得到多边形

图 7.4　拆分技术应用

4. 标记

标记是边界的一维泛函表达。生成标记的方式有多种，无论用何种方式产生标记，基本思想都是把二维的边界用一维的函数形式表示。最简单的方法之一就是将从质心到边界线的距离转化成一个角度函数，如图 7.5 所示。

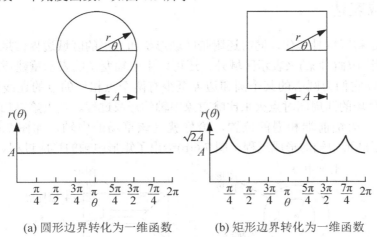

(a) 圆形边界转化为一维函数　　　(b) 矩形边界转化为一维函数

图 7.5　标记产生

上述方法生成的标记图不会在转换过程中改变，但是标记图的生成依赖于旋转和比例缩放变换。通过寻找一种方法，选择相同的起点生成标记图而忽略图形的方向，可以实现旋转变换的归一化。实现这一目的有以下三种方法：

(1) 选择距离质心最远的点，如果这一点与我们关心的每个图形的旋转畸变无关，则选择这一点作为起点。

(2) 在对象本征轴上，将离质心最远的一点定为起点。这种方法需要更多的计算，但更为严格，因为本征轴是由外形上的所有点决定的。

(3) 试图获得边界的链码，而后使用链码表示方法，并假定得到的编码有足够的近似程度，使旋转不会影响到它的曲率。

基于两轴线缩放比例的一致性和以同一个值 θ 作为间隔进行采样的假设，形状尺寸的变化导致对应的标记图中幅值的变化。将这种结果进行归一化的一种方法是，对所有函数进行换算以便函数有相同的值域，例如[0,1]。这种方法的主要优点是简单，但是它也有潜在的严重缺陷，即对整个函数的缩放仅依赖于两个值：最小值和最大值。如果图形是带有噪声的，这种依赖性就可能成为从对象到对象的误差来源。另一种更为严格的方法是依据标记图的变化对每个样本进行分割，并假设这种变化不为 0 或小到造成计算困难。变化量的应用得到一个变化的缩放比例因子，这个因子与尺寸的变化成反比。无论使用什么方法，请记住基本思想是，在保存波形的基本形状时，消除其对尺寸的依赖性。

当然，距离-角度并不是生成标记图的唯一方法。还有一种方法是穿过边界线，在边界线上的每个交点处画边界线的切线和基准线。得到的标记图尽管与 $r(\theta)$ 曲线很不同，但可以携带有关基本图形的特征信息。例如，曲线中的水平线段对应于沿着边界线的直线部分，因为在这里切线角度是常量。这种方法的变形是使用斜率密度函数作为标记图，这个函数只是简单的切线角度值的直方图。由于直方图是衡量值的密集程度的量度，斜率密度函数用恒定的切线角有力地反映了边界的各个部分(直的或近似直的线段)，并且在角度变化迅速的部分(拐角或其他突然的变化)呈现陡峭的凹陷。

7.1.2　区域表达

中轴变换是将区域骨架化，同时还附带区域形状和大小的区域边界信息。因此，中轴变换除了可以用中轴(骨架)来表示区域外，还可以由中轴变换的表示重建原始区域。我们称对象中那些以它们为圆心的某个圆和边界至少有两个点相切的点的连线为该对象的中轴，可以用从草场的四周同时点火来比喻对象中轴的形成过程。当火焰以相同的速度同时向中心燃烧时，火焰前端相遇的位置，恰好就是该草场的中轴，如图 7.6 所示，其中图 7.6 (a)给出了圆形中轴的形成过程，图 7.6(b)给出了矩形中轴的形成过程。

(a) 圆形中轴的形成过程　　　　(b) 矩形中轴的形成过程

图 7.6　中轴形成过程

当围绕边界线逐层去除外围点时，若一点被一次剥皮中遇到两次，则该点是中轴上的

点，因此这一点被除去，对象将被分割成两部分。设某个区域 S 的边界为 B，对于该区域内的任意一点 x，有

$$q(x, B) = \min[d(x, y)]|_{y \in B} \tag{7.1}$$

式中，$d(x, y)$ 是点 x 到点 y 的欧氏距离，若存在两个以上的点 $y \in B$，得到相等的 $q(x, B)$，则 x 点位于区域 S 的中轴上。这就是说，边界 B 上有两个以上点，它们距离中轴上 x 点都为相等的最小距离，因此区域 S 的中轴可以看成是一系列大小不同、与边界 B 相切的接触圆圆心的集合。

另外一种生成"中轴"的方法是以某种方式对对象中的全部内点进行试验，逐个以它们为圆心，做半径逐渐增大的圆，当圆增大到和目标边界至少有两个不相邻的点同时相切时，则该点是中轴上的点。图 7.7 给出了这种中轴生成方法，其中 x_1 点和 x_3 点是中轴点，因为以它们为圆心的圆是最大的或具有两个或两个以上的切点，而 x_2 点不属于中轴点，因为有包含它的在 S 中的更大的圆存在或以 x_2 为圆心的圆与 S 的边界只有一个切点。

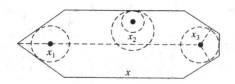

图 7.7　内接圆定义中轴

7.2　边界描述子

7.2.1　简单的边界描述子

边界的长度是一种较为简单的描述子，它是边界所包围区域的轮廓的周长，描述了边界的全局特征。一条边界上的像素数目可以大略表示其长度。对于在两个方向单位空间上定义的链码曲线，其长度定义为垂直分量和水平分量的个数加上 $\sqrt{2}$ 倍的对角线分量的个数。

边界 B 的直径定义为

$$Diam(B) = \max_{i,j}[D(p_i, p_j)] \tag{7.2}$$

式中，D 表示距离的量度，p_i 和 p_j 是边界上的点。直径的值和连接直径的两个端点的直线段(称为边界的长轴)的方向是表示边界的有用描述子。与长轴垂直的直线定义为边界线的短轴。通过有两个轴线的边界四个外侧交点的方框长度完全包围了边界的轴线。上述的方框称为基本矩形，长轴和短轴的比值定义为边界线的离心率，这也是一个有用的描述子。

斜率的变化率定义为曲率，反映了目标边界的曲率变化。由于边界较为"粗糙"，所以通常情况下不容易在数字化边界上找到某一点曲率的可靠量度。然而，有时使用相邻边界线段的斜率差作为线段交点处的曲率的描述子也是适用的。例如，像图 7.3 (b)和图 7.4(d)中所示边界的顶点也可以很好地用于曲率描述。由于是顺时针方向沿着边界运动，当顶点 P 的斜率变化量为非负的时候，称这一点为凸线段；否则，称 P 为凹线段。一点的曲率描述可以通过使用斜率变化的范围进一步精确化。例如，如果斜率的变化小于 $10°$，可认为

它属于近似直线的线段；如果大于 90°，则属于拐点。然而，要注意，这些描述子必须小心使用，因为相对于整条边界长度来说，这些描述子的解释依赖于单独的线段。

7.2.2 形状数

形状数是基于链码的一种边界形状描述。根据链码的起点位置不同，一个链码表达的边界可以有多个一阶差分。一个边界的形状数是这些差分值中最小的一个序列。也就是说，形状数是值最小的链码的差分码。

每个形状数都有一个对应的阶，阶定义为形状数序列的长度，即链码的个数。对闭合曲线，阶总是偶数。对凸性区域，阶对应边界外包矩形的周长。如图 7.8 所示，用 4-方向链码表示法来表示形状数。

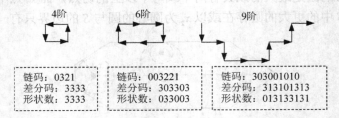

图 7.8　形状数表示

在实际中，对已给边界由给定阶计算边界形状数有以下几个步骤。

(1) 从所有满足给定阶要求的矩形中选取其长短轴比例最接近图 7.9(a)所示的边界的矩形，如图 7.9(b)所示。

(2) 根据给定阶将选出的矩形划分为图 7.9 (c)所示的多个等边正方形。

(3) 求出与边界最吻合的多边形，如图 7.9 (d)所示。

(4) 根据选出的多边形，以图 7.9 (d)中的黑点为起点计算其链码。

(5) 求出链码的差分码。

(6) 循环差分码使其数串值最小，从而得到已给边界的形状数。

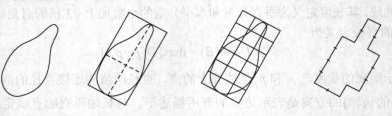

(a) 原因　　(b) 图(a)的边界矩形　　(c) 等边正方形　　　(d) 链码图

链码：0000300322232221211
差分码：300031033013003130
形状数：0003103301300313033

图 7.9　求形状数实例

形状数提供了一种有用的形状量度方法。它对每阶都是唯一的，不随边界的旋转和尺度的变化而改变。对两个区域边界而言，它们之间形状上的相似性可借助它们的形状数矩形描述。

7.2.3　傅里叶描述子

边界的离散傅里叶变换表达，可以作为定量描述边界形状的基础，它是通过一系列傅里叶系数来表示闭合曲线的形状特征的，仅适用于单封闭曲线，而不能描述复合封闭曲线。采用傅里叶描述子的优点是可将二维的问题简化为一维的问题。

假定某个目标区域边界由 N 个像素点组成，可以把这个区域看作是在复平面内，纵坐标为虚轴，横坐标为实轴，如图 7.10 所示。这个区域边界上的点可以定义为一个复数 $x+yi$。由边界上任意一点开始，按逆时针方向沿线逐点可以写出一个复数序列 $f(i)$，其中 $0\leqslant i\leqslant N-1$。对此序列进行离散傅里叶变换，即得到该边界在频域的唯一表示式 $F(k)$，此处 $0\leqslant k\leqslant N-1$。这些傅里叶系数称为边界的傅里叶描述符。

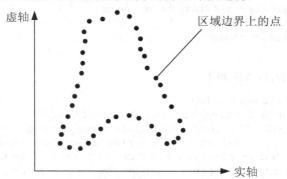

图 7.10　复平面上区域边界的表示

【**例 7.1**】　使用函数 frdescp 来计算边界的傅里叶描述子 s。

给定一组傅里叶描述子，函数 frdescp 可用给定数量的描述子计算其逆变换，以产生一条封闭的空间曲线。

函数 frdescp 的 MATLAB 代码如下：

```
function z = frdescp(s)
%FRDESCP Computes Fourier descriptors.
%   Z = FRDESCP(S) computes the Fourier descriptors of S, which is an
%   np-by-2 sequence of image coordinates describing a boundary.
%
%   Due to symmetry considerations when working with inverse Fourier
%   descriptors based on fewer than np terms, the number of points in
%   S when computing the descriptors must be even.  If the number of
%   points is odd, FRDESCP duplicates the end point and adds it at
%   the end of the sequence. If a different treatment is desired, the
%   sequence must be processed externally so that it has an even
%   number of points.
%
%   See function IFRDESCP for computing the inverse descriptors.

% Preliminaries
[np, nc] = size(s);
if nc ~= 2
  error('S must be of size np-by-2.');
```

```
end
if np/2 ~= round(np/2);
   s(end + 1, :) = s(end, :);
   np = np + 1;
end

% Create an alternating sequence of 1s and -1s for use in centering
% the transform.
x = 0:(np - 1);
m = ((-1) .^ x)';

% Multiply the input sequence by alternating 1s and -1s to
% center the transform.
s(:, 1) = m .* s(:, 1);
s(:, 2) = m .* s(:, 2);
% Convert coordinates to complex numbers.
s = s(:, 1) + i*s(:, 2);
% Compute the descriptors.
z = fft(s);
```

函数 ifrdescp 的 MATLAB 如下：

```
function s = ifrdescp(z, nd)
%IFRDESCP Computes inverse Fourier descriptors.
%  S = IFRDESCP(Z, ND) computes the inverse Fourier descriptors of
%  of Z, which is a sequence of Fourier descriptor obtained, for
%  example, by using function FRDESCP. ND is the number of
%  descriptors used to computing the inverse; ND must be an even
%  integer no greater than length(Z).  If ND is omitted, it defaults
%  to length(Z).  The output, S, is a length(Z)-by-2 matrix containing
%  the coordinates of a closed boundary.

% Preliminaries.
np = length(z);
% Check inputs.
if nargin == 1 | nd > np
   nd = np;
end

% Create an alternating sequence of 1s and -1s for use in centering
% the transform.
x = 0:(np - 1);
m = ((-1) .^ x)';

% Use only nd descriptors in the inverse.  Since the
% descriptors are centered, (np - nd)/2 terms from each end of
% the sequence are set to 0.
d = round((np - nd)/2); % Round in case nd is odd.
z(1:d) = 0;
z(np - d + 1:np) = 0;
% Compute the inverse and convert back to coordinates.
zz = ifft(z);
s(:, 1) = real(zz);
s(:, 2) = imag(zz);
% Multiply by alternating 1 and -1s to undo the earlier
% centering.
```

```
s(:, 1) = m.*s(:, 1);
s(:, 2) = m.*s(:, 2);
```

如图 7.11 所示，使用傅里叶描述子近似表达边界，利用边界傅里叶描述子的前 M 个系数可用较少的数据量表达边界的基本形状，给出一个由 $N=64$ 个点组成的正方形边界以及取不同的 M 值重建这个边界得到的结果。对很小的 M 值，重建的边界是圆形的，当 M 增加到 8 时，重建的边界才开始变得像一个圆角正方形。随着 M 值的增加，重建的边界基本没有大的变化，只有增加到 $M=56$ 时，四个角点才比较明显。增加到 $M=62$ 时，重建的边界就会与原边界一致。

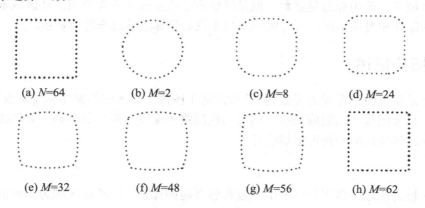

(a) $N=64$　　　(b) $M=2$　　　(c) $M=8$　　　(d) $M=24$

(e) $M=32$　　　(f) $M=48$　　　(g) $M=56$　　　(h) $M=62$

图 7.11　傅里叶描述近似表达边界

7.3　区域描述子

一般情况下，描述图像区域有各种不同的方法和途径，在实际应用中通常是将边界和区域描述子结合使用。

7.3.1　简单的区域描述子

1. 区域面积

区域面积是一个区域的最基本特征，它描述了区域的大小。区域面积定义为区域中像素的个数，而区域的周长是它的边界长度。对于二值图像中区域 R 来说，设目标像素点灰度为 1，背景像素点灰度为 0，则面积 A 为

$$A = \sum_{(x,y)\in R} f(x,y) \tag{7.3}$$

在所关注的区域大小不变的情况下，通常主要使用面积和周长做描述子。这两个描述子在衡量一个区域的致密性时更为常用，区域的致密性定义为"周长^2/面积"。致密性是无量纲的量，因此对均匀标度的变化不敏感，并且圆盘形区域的致密性是最小的。除了在数字区域的旋转变换时引入的误差之外，致密性对于方向性也是不敏感的。另外，还有其他一些简单的用作区域描述子的量，如灰度的均值和中值、最大和最小灰度级值及大于和小于均值的像素数。

2. 区域重心

区域重心是一种全局描述符，区域重心的坐标是根据所有属于区域的点计算出来的。对于大小为 $M \times N$ 的数字图像 $f(x, y)$，其重心定义为

$$\bar{X} = \frac{1}{MN} \sum_{x=1}^{M} \sum_{y=1}^{N} xf(x, y) \tag{7.4}$$

$$\bar{Y} = \frac{1}{MN} \sum_{x=1}^{M} \sum_{y=1}^{N} yf(x, y) \tag{7.5}$$

尽管区域各点的坐标总是整数，但是区域重心的坐标常不为整数。在区域本身的尺寸与各区域的距离相对很小时，可将区域用位于重心坐标的质点来近似表示。

7.3.2 拓扑描述

拓扑学是研究图形性质的理论。拓扑特性对于图像平面区域的整体描述是很有用处的。简单来说，只要图像不撕裂或连接，图形的性质将不受图形变形的影响。所以拓扑描述符是描述图形总体特征的一种理想描绘符。

1. 孔

如果在被封闭边缘包围的区域中不包含感兴趣的像素，则称此区域为图形的孔，用字母 H 表示。例如，图 7.12 显示了一个有两个孔的区域。如果一个拓扑描述子由区域内孔洞数来定义，那么这种特性明显不受伸展和旋转变换的影响。然而一般来说，在区域发生分裂或聚合时，孔的数目会发生改变。注意，由于伸展影响距离量，因此拓扑特性也不依赖于距离概念和任何隐含地基于距离量度概念的性质。

2. 连通分量

另一个区域描述的拓扑特性是连通分量的数目，用字母 C 表示。图 7.13 显示了一个有三个连通分量的区域。

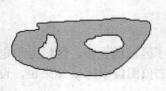　　　　

图 7.12　有两个孔的区域　　　　图 7.13　有三个连通分量的区域

3. 欧拉数

欧拉数可以用图形中孔的数目 H 和连通分量数 C 来定义，欧拉数用字母 E 表示，即

$$E = C - H \tag{7.6}$$

欧拉数也是一种拓扑特性。如图 7.14 所示，图 7.14(a)中连通分量数 C 为 1，孔的数目

为 1；而图 7.14(b)中连通分量数 C 为 1，孔数目为 2。利用上述公式可得两个区域的欧拉数分别为 0 和-1。

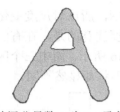

(a) 连通分量数 C 为 1，孔的数目为 1　　　(b) 连通分量为 C 为 1，孔的数目为 2

图 7.14　区域的欧拉数

由直线段表示的区域称为拓扑网络，这样的区域用欧拉数解释会相当简单。图 7.15 显示的就是一个拓扑网络。将一个拓扑网络进行内部区域分类，将其分成面和孔。V 代表顶点数，Q 代表边数，F 代表面数，则欧拉公式可表示为

$$V - Q + F = C - H \tag{7.7}$$

它等于欧拉数：

$$V - Q + F = C - H = E \tag{7.8}$$

图 7.15 中显示的网络有 7 个顶点、11 条边、2 个面、1 个连通区域和 3 个孔，因此欧拉数为 −2，即

$$7 - 11 + 2 = 1 - 3 = -2$$

拓扑描述子提供了一个附加特征，在描绘一幅场景的区域特性时非常有用。

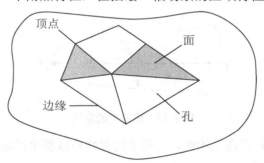

图 7.15　包含拓扑网络的区域

7.3.3　形状描述

1. 形状参数

形状参数 F 是根据区域的周长和区域的面积计算出来的，即

$$F = \frac{\|B\|^2}{4\pi A} \tag{7.9}$$

由式(7.9)可见，当一个连续区域为圆形时，F 为 1，当区域为其他形状时，F 大于 1，

即 F 的值当区域为圆时达到最小。对数字图像而言，如果边界长度是按 4-连通计算的，则对正八边形区域 F 取最小值；如果边界长度是按 8-连通计算的，则对正菱形区域 F 取最小值。

形状参数在一定程度上描述了区域的紧凑性，是无量纲，所以对尺度变化不敏感。排除由于离散区域旋转带来的误差，它对旋转也不敏感。需要注意的是，在有的情况下，仅仅靠形状参数 F 并不能把不同形状的区域区分开。如图 7.16 所示，图中三个区域的周长和面积都相同，因而它们具有相同的形状参数，但是它们的形状却显然不同。

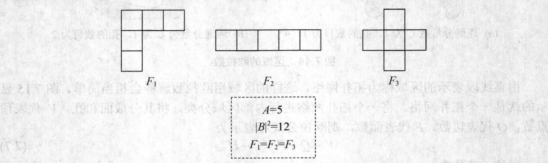

$A=5$
$|B|^2=12$
$F_1=F_2=F_3$

图 7.16 形状参数相同但形状不同

2. 偏心度

区域的偏心度是区域形状的重要描述，量度偏心度常用的一种方法是采用区域主轴和辅轴的比。如图 7.17 所示，即为 A/B。图中，主轴与辅轴相互垂直，且是两方向上的最长值。

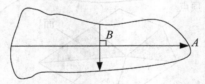

图 7.17 偏心度的度量

另外一种方法是计算惯性主轴比，它基于边界线点或整个区域来计算质量。计算任意点集 R 偏心度的近似公式。

平均向量为

$$x_0 = \frac{1}{n}\sum_{x \in R} x, \quad y_0 = \frac{1}{n}\sum_{y \in R} y \tag{7.10}$$

m_{ij} 矩为

$$m_{ij} = \sum_{(x,y) \in R} (x - x_0)^i (y - y_0)^i \tag{7.11}$$

方向角为

$$\theta = \frac{1}{2}\arctan\left[\frac{2m_{11}}{m_{20} - m_{02}}\right] + n\left[\frac{\pi}{2}\right] \tag{7.12}$$

偏心度的近似值为

$$e = \frac{(m_{20} - m_{02})^2 + 4m_{11}}{面积}$$

（7.13）

7.4　形态学描述

数学形态学(Mathematical Morphology)是建立在集合理论基础上，并用于几何形态的分析与描述的一门新兴科学。

近年来数学形态学的基本理论和方法在视觉检验、机器人视觉和医学图像分析等诸多领域都取得了非常成功的应用。许多非常成功的理论模型、图像分析系统和视觉检测系统都采用了数学形态学算法作为其理论基础或组成部分。

图像分析与处理的传统方法和理论是线性方法和线性理论，对大多数图像处理系统而言，这些方法与理论仍然是构建它们的核心和基础。但事实上，线性理论只是对实际物理过程的一种线性近似。而物理过程又往往是非线性的，所以对于物理过程中那些非线性的性质，线性理论并没有作出有效的保持和处理。同时，现实中的诸如图像处理、模式识别和计算机视觉等一系列新课题、新问题都迫切需要新的理论来解决其非线性性质。

数学形态学是一门建立在严格数学理论基础上的学科，其以集合论为基础，从几何学出发的全新的、反传统的思想和方法恰恰迎合了这种需要。实践证明，数学形态学是一种十分有效的处理图像非线性性质的方法和理论。这门学科在计算机文字识别、计算机显微图像分析(如定量金相分析、颗粒分析)、医学图像处理、工业检测(如印制电路自动检测)、机器人视觉等方面都取得了非常成功的应用。有些计算机图像处理分析系统把形态学运算作为基本运算，由此出发来考虑体系结构。一些形态学的算法，已经做成了计算机芯片，许多研究成果已经作为专利出售，其影响已波及与计算机图像处理有关的各个领域，包括图像增强、分割、恢复、边缘检测、纹理分析、颗粒分析、特征生成、骨架化、形状分析、压缩、成分分析及细化等诸多领域。目前，有关形态学的技术和应用正在不断地发展和扩大。

从某种特定意义上讲，形态学图像处理是以几何学为发展基础的。它着重研究图像的几何结构，这种结构表示的可以是分析对象的宏观性质，如在分析一个工具或印刷字符的形状时，研究的就是宏观结构形态；也可以是微观性质，如在分析颗粒分布或由小的基元产生的纹理时，研究的便是微观结构形态。

数学形态学的基本运算是通过集合的并、交和补等来定义的。因此，数学形态学的运算过程中必然需要两个构件(集合)：即输入图像和结构元素。

其实，结构元素也是一个图像。它可以被看作是一个探测图像的"探针"，一个分析图像结构、收集图像信息的工具。

所有的形态学处理都基于填放结构元素的概念。

简单来说，形态学研究图像几何结构的基本思想是利用结构元素这个"探针"去探测一个图像，看是否能够将这个结构元素很好地填放在图像的内部，同时验证填放结构元素的方法是否有效。通过对图像内适合放入结构元素的位置作标记，便可得到关于图像结构的信息，这些信息与结构元素的尺寸和形状紧密相关。因而，这些信息的性质取决于结构元素的选择。也就是说，结构元素的选择与从图像中抽取何种信息有密切的关系。构造不同的结构元素，便可完成不同的图像分析，得到不同的分析结果。

数学形态学的基本算法有腐蚀(Erosion)、膨胀(Dilation)、开(Opening)和闭(Closing)四种。这是数学形态学中最基本的 4 个运算方法，可以通过它们来组合构建其他较为复杂的形态学算法。运用这些基本算法及其组合算法，可以进行图像形状和结构的分析及处理，包括图像分割、特征抽取、边界检测、图像滤波、图像增强和恢复等方面的工作。

本节将介绍二值形态学中的两个基本运算(腐蚀和膨胀)，并介绍形态学的应用图像的细化。

7.4.1 腐蚀

腐蚀运算是数学形态学最基本的算法之一。宏观上看，腐蚀运算可以使被处理的图像缩小。也就是说，腐蚀在数学形态学算法中的作用是消除图像的边界。例如，采用 3×3(以像素为单位)的结构元素来腐蚀一个图像，则会使图像的边界减少一个像素，如图 7.18 所示。其中，虚线绘出的是原输入图像，实线绘出的是腐蚀后图像。

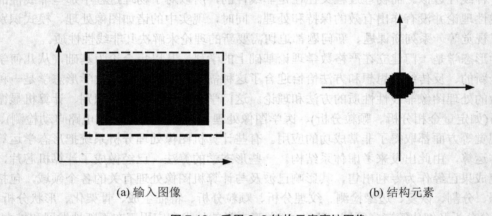

(a) 输入图像   (b) 结构元素

图 7.18 采用 3×3 结构元素腐蚀图像

由此，可得到一个重要结论：若用于腐蚀的结构元素较图像中的某些图素大，则通过腐蚀运算，便可以去除图像中的这些图素。利用这条结论，可选取不同大小的结构元素，来去除图像中不同大小的图素。

而且，如果图像中两图素间有细小的连通，那么当选取足够大的结构元素时，通过腐蚀运算就可将两图素分开，如图 7.19 所示。

在详细介绍腐蚀算法之前，下面先来了解一些术语。

腐蚀运算的具体实现过程，就是利用结构元素对图像的填充过程。这一过程，取决于一个基本的欧氏空间运算——平移。

详细来讲，对平移可理解为：将一个集合 A 平移距离 x 可表示为 $A+x$，其定义为

$$A+x=\{a+x|a\in A\} \tag{7.14}$$

从几何角度来看，$A+x$ 表示 A 沿向量 x 平移了一段距离。如图 7.20 所示，其中 $A'=A+x$，即 A 沿向量 x 平移后所得。

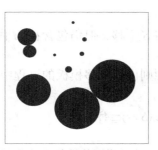 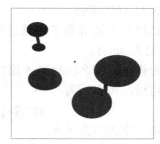

(a) 腐蚀前图像　　　　　　(b) 腐蚀后图像

图 7.19　腐蚀应用

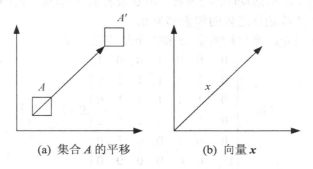

(a) 集合 A 的平移　　　　　(b) 向量 x

图 7.20　平移应用

对一个给定的目标图像 M 和一个结构元素 S，若将 S 在图像 M 上移动，则在每一个当前位置 x 上，$S+x$ 只有以下三种可能的状态。

(1)　$S + x \subseteq M$；

(2)　$S + x \subseteq MC$；

(3)　$(S + x) \bigcap M$ 与 $(S + x) \bigcup M$ 均不为空。

其中 MC 表示图像 M 的补集，如图 7.21 所示。

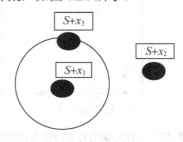

图 7.21　$S+x$ 的三种状态

第一种情况称为 $S+x$ 与 M 相关最大，第二种情况称为 $S+x$ 与 M 不相关，第三种情况称为 $S+x$ 与 M 部分相关。

因而，满足第一种情况的点 x 的全体构成了结构元素与图像的最大相关点集。

采用结构元素探测的目的，就是为了标记出图像内部那些可以将结构元素填充的位置，而这一填充的过程就可以看作结构元素平移的过程。

在此基础之上可给出腐蚀的定义：对给定的目标图像 M 和结构元素 S，$S+x$ 与 M 的最大相关点集便称为 S 对 M 的腐蚀。

换句话说，图像 M 被结构元素 S 腐蚀由将 S 平移 x 但仍包含在 M 内的所有点组成，其中 x 是 M 中的点，记为 $M\ominus S$。

如果将 S 看作为模板，那么，M 被 S 腐蚀则由在平移模板的过程中，所有可以填入 M 内部的模板的原点组成，可表示为

$$M\ominus S=\{x|(S+x)\subseteq A\} \tag{7.15}$$

下面举例来描述一下该填充过程。

数字图像可以用一个矩阵来表示。由于形态学运算一般要跟踪图像在栅格中的位置，因而需要标记出矩阵相对原点的位置。为此，可以将图像中位于原点处的像素值用带"△"符号表示出来，并用 1 表示活动(前景)像素，用 0 来表示不活动(背景)像素。在处理二值图像时，假设所有不在矩阵边框之内的像素都为 0。

那么我们为该例设定一个目标图像 M 和一个结构元素 S。

$$M = \begin{bmatrix} 0 & 0 & 0 & 1 & 0 & 0 & 1 \\ 0 & 1 & 1 & 1 & 1 & 1 & 0 \\ 0 & 1 & 1 & 1 & 1 & 1 & 0 \\ 0 & 1 & 1 & 1 & 1 & 1 & 0 \\ 0 & 0 & 1 & 0 & 0 & 1 & 0 \\ 0_\triangle & 0 & 0 & 0 & 0 & 0 & 0 \end{bmatrix} \quad S = \begin{bmatrix} 1 & 1 \\ 1_\triangle & 1 \end{bmatrix}$$

其中 M 是一个带有尖刺的矩形，而且采用矩形 S 作为结构元素。下面我们将在坐标系中实现 S 对 M 的腐蚀运算过程。

首先，在坐标系中，分别将目标图像 M 和结构元素 S 表示出来，如图 7.22(a)和图 7.22(b)所示。

然后，利用式(7.15)所给出的具体方法来实现 S 对 M 的腐蚀运算，其腐蚀结果如图 7.22(c)所示。

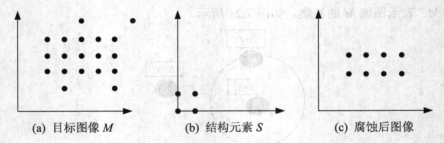

(a) 目标图像 M   (b) 结构元素 S   (c) 腐蚀后图像

图 7.22 正方形结构元素对图像的腐蚀

经过腐蚀运算后，原矩形图像中的尖刺都因 S 作相应平移后未包含在 M 内而被去除。同种原因，原图像也被剥去了右边界和上边界。如图 7.22(c)所示腐蚀后图像留下的便是结构元素与目标图像的最大相关集。

上述过程即为一次腐蚀运算的全过程。

当然，结构元素的形状、大小都是可以自行设定的，对同一目标图像 M，结构元素不同时，腐蚀结果也不同。前面已提到结构元素的大小对图像腐蚀的结果有很大的影响，这

里再讨论一下结构元素的类型对图像腐蚀结果的影响。针对上例中的目标图像 M，采用圆形作为结构元素，其腐蚀结果如图 7.23(b)所示。

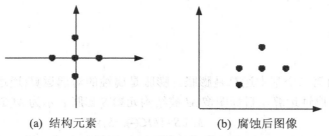

(a)　结构元素　　　　　　　(b)　腐蚀后图像

图 7.23　圆形结构元素对图像的腐蚀

对比图 7.22 和图 7.23 中对目标图像 M 的腐蚀运算结果，采用矩形作为结构元素较采用圆形效果要好得多。由此可知，对具体的目标图像，应依据图像的特征和想获取的信息，来为腐蚀运算确定相应的结构元素的类型。

一般来说，如果原点在结构元素内部，则腐蚀后的图像为输入图像的一个子集；如果原点在结构元素的外部，则腐蚀后的图像可能不在输入图像的内部。其效果如图 7.24 所示。

其中，虚线绘出的是原输入图像，实线绘出的是腐蚀后图像。

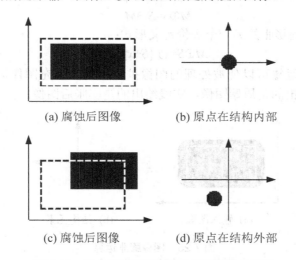

(a) 腐蚀后图像　　　　　(b) 原点在结构内部

(c) 腐蚀后图像　　　　　(d) 原点在结构外部

图 7.24　原点在结构内部及外部对图像的腐蚀

腐蚀除了可以用填充形式的公式表示外，还有一个很重要的表达形式：

$$M \ominus S = \bigcap \{M - s | s \in S\} \tag{7.16}$$

这里，腐蚀可以通过将输入图像平移 $-s$（s 属于结构元素 S），并计算所有平移的交集而得到。从图像处理的观点看，腐蚀的填充定义具有非常重要的含义，而式(7.16)则无论对计算还是理论分析都非常重要。

式(7.16)与经典的集合运算有密切的关系，明克夫斯基(Minkowski)曾对此作过研究。M 与 S 的明克夫斯基差定义为

$$M \ominus (-S) = \{M + s | s \in S\} = \{x | (-S) + x \subset M\} \tag{7.17}$$

式中，$-S = \{-s | s \in S\}$，即 S 相对于原点的对称集。而明克夫斯基是将结构元素转动 180°

后得到的腐蚀运算。

当结构元素不包含原点时，腐蚀可以用于填充图像内部的孔，这是腐蚀运算值得注意的特性。

7.4.2 膨胀

数学形态学的第二个基本运算是膨胀。膨胀是腐蚀的对偶运算(逆运算)，可定义为对图像的补集进行的腐蚀运算。目标图像 M 被结构元素 S 膨胀表示为 $M \oplus S$，其定义为

$$M \oplus S = \{MC \ominus (-S)\} C \tag{7.18}$$

式中，MC 表示 M 的补集，$(-S)$ 表示将 S 旋转 $180°$ 所得。也就是说，要获得 S 对 M 的膨胀，可以将 S 旋转 $180°$ 得到 $(-S)$，然后再利用 $(-S)$ 对 M 的补集进行腐蚀运算来实现。

根据填充的概念，膨胀可以定义为

$$M \oplus S = \{x | (-S + x) \bigcap M \neq \varnothing\} \tag{7.19}$$

与之等价的定义形式还有

$$M \oplus S = \bigcup \{M + s | s \in S\} \tag{7.20}$$

膨胀与腐蚀的不同还有一点，那就是膨胀满足交换律，即

$$M \oplus S = S \oplus M \tag{7.21}$$

由此，还可以得到膨胀的另一个等价定义形式：

$$M \oplus S = \bigcup \{S + x | x \in M\} \tag{7.22}$$

宏观上看，膨胀运算可以使被处理的图像扩大，可以扩充图像边界的凹陷部分。如图 7.25 所示，虚线绘出的是原始图像，实线绘出的是膨胀后图像。

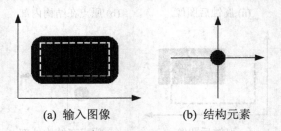

(a) 输入图像　　　　(b) 结构元素

图 7.25　图像膨胀运算

若用于膨胀的结构元素足够大，则通过膨胀运算可以填充图像中较结构元素小的孔，其效果如图 7.26 所示。

(a) 膨胀前图像　　　　(b) 膨胀后图像

图 7.26　膨胀应用

膨胀运算的实现过程同腐蚀运算的实现过程极为相似。下面仍以目标图像 M 为例，来描述膨胀运算的全过程。

$$M = \begin{bmatrix} 0 & 0 & 0 & 1 & 0 & 0 & 1 \\ 0 & 1 & 1 & 1 & 1 & 1 & 0 \\ 0 & 1 & 1 & 1 & 1 & 1 & 0 \\ 0 & 1 & 1 & 1 & 1 & 1 & 0 \\ 0 & 0 & 1 & 0 & 0 & 1 & 0 \\ 0_\Delta & 0 & 0 & 0 & 0 & 0 & 0 \end{bmatrix} \quad S = \begin{bmatrix} 1 & 1 \\ 1_\Delta & 1 \end{bmatrix}$$

首先，在坐标系中分别将目标图像 M 和结构元素 S 表示出来，如图 7.27(a)和图 7.27(b)所示。然后，利用式(7.20)所给出的具体方法来实现 S 对 M 的膨胀运算。这里 S 共有 4 个点(0,0)、(0,1)、(1,0)、(1,1)，分别将 M 沿这 4 个向量作平移，其结果分别如图 7.27(c)、图 7.27(d)、图 7.27(e)和图 7.27(f)所示，最后求出 4 个平移结果的并集，这便是人们所要的膨胀结果，如图 7.27(g)所示。所谓并集，即若某点在 4 个平移结果中的灰度都是 0，那么膨胀结果在该点除去 0，否则取 1。

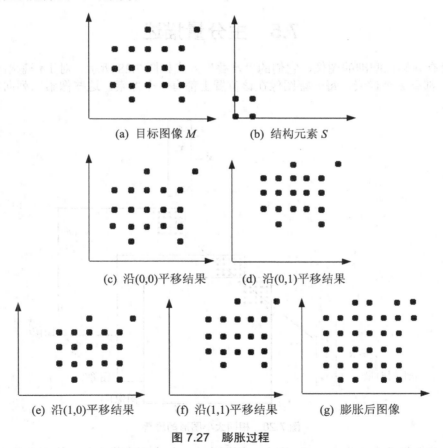

(a) 目标图像 M　　　　(b) 结构元素 S

(c) 沿(0,0)平移结果　　　(d) 沿(0,1)平移结果

(e) 沿(1,0)平移结果　　(f) 沿(1,1)平移结果　　(g) 膨胀后图像

图 7.27　膨胀过程

与腐蚀运算一样，对给定的目标图像，当取不同的结构元素时，也将获得不同的膨胀结果。

膨胀运算在数学形态学中的作用是把图像周围的背景点合并到图像中去，如果两个物体之间比较接近，那么膨胀运算可能会使两个物体连通起来。膨胀对填补图像分割后物体中的孔很有用。

7.4.3　细化

同本章前述的中轴变换类似，细化操作也是为了得到图像的骨架，即使连通的区域转化为连通的曲线，其所得的曲线也应该位于原始区域的中心，能够大致反映原区域的基本形状。

细化操作实际上可以看作是特殊的多次腐蚀的过程，即要求腐蚀过程保证区域的连通性。与中轴变换获取骨架的思想不同，细化操作利用数学形态学的腐蚀运算对图像进行多次处理可实现区域逐渐腐蚀，保持连通性使得最终处理结果能够反映区域的基本形状。

细化的骨架结果要求保持单像素宽度，骨架端点定位在原始区域的边界上。为使骨架处于区域的中心，需要从多个方向反复消除具有两个以上相邻的边界点。

7.5　主分量描述

假设有 n 幅已配准的图像，它们的"堆叠"方式如图 7.28 所示。对于任意给定的坐标对 (i, j)，都有 n 个像素，每一幅图像在该位置上都有一个像素。这些像素以列向量的形式排列如下：

$$x = \begin{bmatrix} x_1 \\ x_2 \\ \vdots \\ x_n \end{bmatrix} \tag{7.23}$$

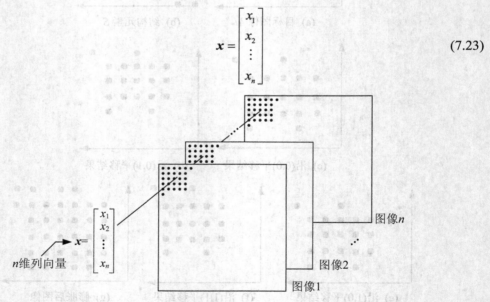

图 7.28　相同大小图形的堆叠

若这些图像的大小为 $M \times N$，则在 n 幅图像中，包含所有像素的 n 维向量共有 MN 个。一个向量群的平均向量 m_x，可以通过样本的平均值来近似：

$$m_x = \frac{1}{K} \sum_{K=1}^{K} x_k \tag{7.24}$$

式中，$K=MN$。同样，向量群的 $n \times n$ 协方差矩阵 C_x 可由式(7.25)近似计算：

$$C_x = \frac{1}{K-1} \sum_{k=1}^{K} (x_k - m_x)(x_k - m_x)^T \tag{7.25}$$

为了从样本值获得 C_x 的无偏估计，这里用 $K-1$ 代替 K。因为 C_x 是一个对称矩阵，所以总可以找到 n 个正交特征向量。

主分量变换(也称为 Hotelling 变换)由式(7.26)给出：

$$y = A(x - m_x) \tag{7.26}$$

不难看出，向量 y 的元素是不相关的。因此，协方差矩阵 C_y 是对角阵。矩阵 A 的行是 C_x 的归一化特征向量。因为 C_x 是一个实对称矩阵，这些向量构成了一个正交集，所以这些沿着 C_y 主对角线方向的元素就是 C_x 的特征值。C_y 的第 i 行主对角线元素是向量元素 y_i 的变量。

因为矩阵 A 的行向量是正交的，所以它的逆矩阵等于其转置。因此，可以通过求 A 的逆变换来获得 x：

$$x = A^T y + m_x \tag{7.27}$$

当仅使用 q 个特征向量时，矩阵 A 是一个大小为 $q \times n$ 的矩阵 A_q，这时主分量变换的重要性就显而易见了。现在，重构是一个近似值：$\hat{x} = A_q^T y + m_x$。

x 的精确值和近似重构值之间的均方差为

$$e_{ms} = \sum_{j=1}^{n} \lambda_j - \sum_{j=1}^{q} \lambda_j = \sum_{j=q+1}^{n} \lambda_j \tag{7.28}$$

该等式的第一行表示，若 $q=n$(即逆变换中使用了所有的特征向量)，则误差为零。该等式也表明对 A_q 选取最大特征值所对应的 q 个特征向量可以使误差最小。这样，在向量 x 及其近似值 $\hat{x}$ 之间的最小均方误差情况下，主分量变换是最优的。主分量变换得名于它使用了协方差矩阵的最大特征值所对应的特征向量。

【例7.2】 实现主分量分析的函数 Princomp 的 MATLAB 代码如下：

```
function P = princomp(X, q)
%PRINCOMP Obtain principal-component vectors and related quantities.
%   P = PRINCOMP(X, Q) Computes the principal-component vectors of
%   the vector population contained in the rows of X, a matrix of
%   size K-by-n where K is the number of vectors and n is their
%   dimensionality. Q, with values in the range [0, n], is the number
%   of eigenvectors used in constructing the principal-components
%   transformation matrix. P is a structure with the following
%   fields:
%
%   P.Y     K-by-Q matrix whose columns are the principal-
%           component vectors.
%   P.A     Q-by-n principal components transformation matrix
%           whose rows are the Q eigenvectors of Cx corresponding
%           to the Q largest eigenvalues.
%   P.X     K-by-n matrix whose rows are the vectors reconstructed
%           from the principal-component vectors. P.X and P.Y are
%           identical if Q = n.
```

```
%       P.ems     The mean square error incurred in using only the Q
%                 eigenvectors corresponding to the largest
%                 eigenvalues. P.ems is 0 if Q = n.
%       P.Cx      The n-by-n covariance matrix of the population in X.
%       P.mx      The n-by-1 mean vector of the population in X.
%       P.Cy      The Q-by-Q covariance matrix of the population in
%                 Y. The main diagonal contains the eigenvalues (in
%                 descending order) corresponding to the Q eigenvectors.

%   Copyright 2002-2004 R. C. Gonzalez, R. E. Woods, & S. L. Eddins
%   Digital Image Processing Using MATLAB, Prentice-Hall, 2004

[K, n] = size(X);
X = double(X);

% Obtain the mean vector and covariance matrix of the vectors in X.
[P.Cx, P.mx] = covmatrix(X);
P.mx = P.mx'; % Convert mean vector to a row vector.

% Obtain the eigenvectors and corresponding eigenvalues of Cx.  The
% eigenvectors are the columns of n-by-n matrix V.  D is an n-by-n
% diagonal matrix whose elements along the main diagonal are the
% eigenvalues corresponding to the eigenvectors in V, so that X*V =
% D*V.
[V, D] = eig(P.Cx);

% Sort the eigenvalues in decreasing order.  Rearrange the
% eigenvectors to match.
d = diag(D);
[d, idx] = sort(d);
d = flipud(d);
idx = flipud(idx);
D = diag(d);
V = V(:, idx);

% Now form the q rows of A from first q columns of V.
P.A = V(:, 1:q)';

% Compute the principal component vectors.
Mx = repmat(P.mx, K, 1); % M-by-n matrix.  Each row = P.mx.
P.Y = P.A*(X - Mx)'; % q-by-K matrix.

% Obtain the reconstructed vectors.
P.X = (P.A'*P.Y)' + Mx;

% Convert P.Y to K-by-q array and P.mx to n-by-1 vector.
P.Y = P.Y';
P.mx = P.mx';

% The mean square error is given by the sum of all the
% eigenvalues minus the sum of the q largest eigenvalues.
d = diag(D);
P.ems = sum(d(q + 1:end));

% Covariance matrix of the Y's:
```

```
P.Cy = P.A*P.Cx*P.A';
```

函数 covmatrix 用于计算平均向量和 x 中的向量的协方差矩阵。

```
function [C, m] = covmatrix(X)
%COVMATRIX Computes the covariance matrix of a vector population.
%   [C, M] = COVMATRIX(X) computes the covariance matrix C and the
%   mean vector M of a vector population organized as the rows of
%   matrix X. C is of size N-by-N and M is of size N-by-1, where N is
%   the dimension of the vectors (the number of columns of X).

%   Copyright 2002-2004 R. C. Gonzalez, R. E. Woods, & S. L. Eddins
%   Digital Image Processing Using MATLAB, Prentice-Hall, 2004

[K, n] = size(X);
X = double(X);
if n == 1 % Handle special case.
  C = 0;
  m = X;
else
  % Compute an unbiased estimate of m.
  m = sum(X, 1)/K;
  % Subtract the mean from each row of X.
  X = X - m(ones(K, 1), :);
  % Compute an unbiased estimate of C. Note that the product is
  % X'*X because the vectors are rows of X.
  C = (X'*X)/(K - 1);
  m = m'; % Convert to a column vector.
End
```

小　结

图像描述是图像分析和图像识别的基础，在图像分析中占有十分重要的地位。要对图像进行描述需要抓住图像的特征，图像特征可以是人的视觉能够识别的自然特征，也可以是通过对图像进行测量和处理，认为定义的某些特征。

在边界描述中，本章介绍了链码、傅里叶描述子和一些简单的描述子；在区域描述中，介绍了中轴变换、拓扑描述等。

腐蚀、膨胀和细化是数学形态学的内容，数学形态学强调形状在图像预处理、分割和物体描述中的作用，基本实体集是点集。形态学中的变换由来自一个较简单的非线性代数中的运算符描述。数学形态学通常分为处理二值图像的二值数学形态学和处理灰度图像的灰度级数学形态学。

习　题

1. 边界表达方式有哪些？
2. 什么是傅里叶描述子？有何特点？试编写程序实现。
3. 对于给定的二值目标，如何实现细化？

4. 给出中轴变换、偏心度的定义。

5. 常用的描述子有哪几种？

6. 给出图像腐蚀和膨胀的定义。

7. 画出一个半径为 $\frac{r}{4}$ 的圆形结构元素膨胀为 r 的圆的示意图。

8. 画出用第 7 题中结构元素膨胀一个 $r \times r$ 的正方形的示意图。

9. 画出用第 7 题中结构元素膨胀一个侧边长为 r 的等腰三角形的示意图。

10. 将第 7、8、9 题中的膨胀改为腐蚀，分别画出示意图。

第8章 图 像 复 原

【教学目标】

通过本章的学习，了解图像退化和复原的基本概念；通过连续与离散退化模型分析，理解和掌握根据离散退化模型复原的计算方法；掌握图像复原采用的常用方法；能够运用这些方法对已知退化的图像作复原处理并达到预期的效果。

本章从图像复原的定义和图像退化的基本模型出发，建立起图像复原的基本概念。阐述了图像复原的主要任务是建立 H 的冲激响应函数 $h(x,y)$ 或传递函数 $H(u,v)$，分析了连续与离散退化模型的计算方法，介绍了图像复原常用方法和技术。

8.1 图像退化与复原概述

由于光学系统的像差、光学成像衍射、成像系统的非线性畸变、成像过程的相对运动、大气湍流的扰动效应、环境随机噪声等原因，使得数字图像在获取的过程中会产生一定程度的退化。因此，必须采取一定的方法尽可能地恢复图像的原有面目，这就是图像复原。

图像复原与图像增强有类似的地方，都是为了改善图像的视觉效果，但它们又有区别。图像复原是试图利用退化过程的先验知识使已退化的图像恢复原有面目，即根据退化的原因和原理对退化过程建立相应的数学模型，并沿着使图像退化的逆过程复原图像。而图像增强的目的是想办法提高视感质量，取得好的视觉效果。

在图像复原过程中最主要任务是建立图像退化数学模型。由于引起图像退化的因素众多，而且性质不同，图像退化过程的数学模型往往多种多样，并且相当一部分图像退化数学模型的建立难度很大，因此，图像复原是一个复杂的数学过程。有些退化图像的数学模型很难精确地建立，所以图像复原通常是一个病态问题，因为没有足够的信息可以保证能唯一正确地恢复原图像，只是尽可能接近原图像。几种退化图像如图8.1所示。

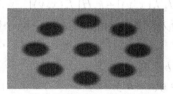　　

(a) 镜头聚焦不好引起的模糊　　　　(b) 镜头畸变引起图像的几何失真

图 8.1　几种退化图像实例

(c) 运动引起的图像模糊   (d) 大气湍流的扰动图像

图 8.1　几种退化图像实例(续)

8.2　图像的退化模型

前面讲过，图像复原的主要任务是建立图像退化数学模型，若将退化系统看成是只有输入和输出的网络，则通用图像退化系统模型如图 8.2 所示。输入图像 $f(x, y)$ 经过退化系统后输出的是一幅退化的图像 $g(x, y)$。为了讨论方便，把噪声 $n(x, y)$ 引起的退化简化为加性噪声，原始图像 $f(x, y)$ 经过 H 作用后，再和噪声 $n(x, y)$ 进行叠加，形成退化后的图像 $g(x, y)$。图 8.2 表示退化过程的输入和输出关系，其中 H 概括了不包含噪声的退化系统的物理过程，也就是所要建立的忽略噪声的退化系统的数学模型。

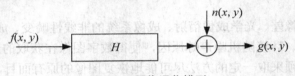

图 8.2　图像退化模型

在图像复原处理中，尽管非线性、时变和空间变化的系统模型更具有普遍性和准确性，更与复杂的退化环境相接近，但是它给实际处理工作带来了极大的困难，常常找不到解或者很难用计算机来处理，虽然近年来有了较大的突破，但是仍然没有线性和空间不变系统应用广泛。因此，在实际图像复原过程中，往往仍用线性和空间不变系统模型来加以近似，这种近似的优点使得线性系统中的许多理论可直接用于解决图像复原问题，同时又不失可用性。

若 H 为线性和空间不变系统，H 具有如下性质。

(1) 线性：设 $f_1(x, y)$ 和 $f_2(x, y)$ 为两幅输入图像，k_1 和 k_2 为常数，则有
$$H[k_1 f_1(x, y) + k_2 f_2(x, y)] = k_1 H[f_1(x, y)] + k_2 H[f_2(x, y)]$$

也就是说，如果 H 为线性系统，那么，两个输入图像之和的响应等于两个图像响应和。k_1 和 k_2 为常数，不受退化系统影响。

(2) 空间不变性：如果对任意 $f(x, y)$ 以及 a 和 b，有
$$H[f(x - a, y - b)] = g(x - a, y - b)$$

也就是说，如果 H 为空间不变系统，图像上任一点的运算结果只取决于该点的输入值，而与坐标位置无关。

8.2.1　连续系统退化模型分析

在线性系统理论中，一幅连续图像是由无穷多个极小的像素组成的，每个像素都可以看成一个点源，因此，一幅连续图像 $f(x,y)$ 可以看作是由一系列点源组成的，可以通过点源函数的卷积来表示，即

$$f(x,y) = \int_{-\infty}^{+\infty} \int_{-\infty}^{+\infty} f(\alpha,\beta)\delta(x-\alpha, y-\beta)\mathrm{d}\alpha\,\mathrm{d}\beta \tag{8.1}$$

式中，δ 函数为点源冲激函数，表示空间上的点脉冲。在不考虑噪声的情况下，连续图像经过 H 作用后的输出为

$$g(x,y) = H[f(x,y)] \tag{8.2}$$

把式(8.1)代入式(8.2)得

$$g(x,y) = H[f(x,y)] = H\left[\int_{-\infty}^{+\infty} \int_{-\infty}^{+\infty} f(\alpha,\beta)\delta(x-\alpha, y-\beta)\mathrm{d}\alpha\,\mathrm{d}\beta \right]$$

对于线性空间不变系统，输入图像经退化后的输出为

$$g(x,y) = H[f(x,y)] = H\left[\int_{-\infty}^{+\infty} \int_{-\infty}^{+\infty} f(\alpha,\beta)\delta(x-\alpha, y-\beta)\mathrm{d}\alpha\,\mathrm{d}\beta \right]$$
$$= \int_{-\infty}^{+\infty} \int_{-\infty}^{+\infty} f(\alpha,\beta)H[\delta(x-\alpha, y-\beta)]\mathrm{d}\alpha\,\mathrm{d}\beta$$
$$= \int_{-\infty}^{+\infty} \int_{-\infty}^{+\infty} f(\alpha,\beta)h(x-\alpha, y-\beta)\mathrm{d}\alpha\,\mathrm{d}\beta$$

式中，$h(x-\alpha, y-\beta)$ 为该退化系统的冲激响应函数，在图像形成的光学过程中，冲击为一光点，因此，$h(x-\alpha, y-\beta)$ 又称为系统的点扩展函数(PSF)。它表示系统对坐标为 (α,β) 处的冲激函数 $\delta(x-\alpha, y-\beta)$ 的响应。也就是说，只要系统的冲激函数的响应为已知，那么就可以清楚图像退化是如何形成的。因为对于任一输入 $f(\alpha,\beta)$ 的响应，都可以通过上式计算出来。此时，退化系统的输出就是输入图像 $f(x,y)$ 与冲激响应函数 $h(x,y)$ 的卷积，即

$$g(x,y) = \int_{-\infty}^{+\infty} \int_{-\infty}^{+\infty} f(\alpha,\beta)h(x-\alpha, y-\beta)\mathrm{d}\alpha\,\mathrm{d}\beta = f(x,y) * h(x,y)$$

图像退化除了受到成像系统本身的影响外，有时还要受到噪声的影响。假设噪声 $n(x,y)$ 是加性白噪声，这时上式可写成式(8.3)的形式：

$$g(x,y) = \int_{-\infty}^{+\infty} \int_{-\infty}^{+\infty} f(\alpha,\beta)h(x-\alpha, y-\beta)\mathrm{d}\alpha\mathrm{d}\beta + n(x,y)$$
$$= f(x,y) * h(x,y) + n(x,y) \tag{8.3}$$

即退化图像 $g(x,y)$ 等于原图像 $f(x,y)$ 与 H 的冲激响应函数 $h(x,y)$ 卷积加上噪声 $n(x,y)$。在这里，$n(x,y)$ 是一种统计性质的信息。在实际应用中，往往假设噪声是白噪声，即它的频谱密度为常数，并且与图像不相关。

在频域上可以写成式(8.4)的形式：

$$G(u,v) = F(u,v)H(u,v) + N(u,v) \tag{8.4}$$

式中，$G(u,v)$ 是退化图像 $g(x,y)$ 的傅里叶变换；$H(u,v)$ 是 H 的冲激响应函数 $h(x,y)$ 的傅里叶变换，又称为 H 的传递函数；$F(u,v)$ 是原图像 $f(x,y)$ 的傅里叶变换，$N(u,v)$ 是噪声 $n(x,y)$ 的傅里叶变换。

可见，图像复原实际上可看作是根据退化图像的傅里叶变换 $G(u,v)$、传递函数 $H(u,v)$ 和 $N(u,v)$，沿着反向去求解原图像的傅里叶变换 $F(u,v)$，再经傅里叶反变换求 $f(x,y)$ 的过程。

退化系统中 H 的数学模型一般可以从两个方面建立：一方面是在时域中求 H 的冲击响应函数 $h(x,y)$，另一方面是在频域中求 H 的传递函数 $H(u,v)$，在图像复原处理时只要找出其中一个就可以恢复原有图像。

下面介绍几种 H 数学模型的建立方法。

1. 实验法

找到退化图像获取设备或与退化图像获取设备相似的装置，若该装置的 $H(u,v)$ 可以通过实验得到，便可利用此退化模型的传递函数 $H(u,v)$ 恢复图像。

【例 8.1】 找到图像获取设备或与退化图像获取设备相似的装置，利用该装置对一个脉冲(小亮点) 如图 8.3(a)所示，进行操作。一般情况下，一个冲激激励可由明亮的亮点来模拟，并使它尽可能亮以减少噪声的干扰。得到退化的冲激响应如图 8.3(b)所示。线性空间不变系统的传递特性完全可以由它的冲激响应来描述。冲激激励(小亮点)的傅里叶变换是一个常量 A，则有

$$H(u,v) = \frac{G(u,v)}{A}$$

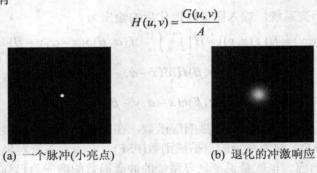

(a) 一个脉冲(小亮点)　　　　　(b) 退化的冲激响应

图 8.3　实验法的输入、输出图像

2. 观察估计法

给定一幅退化图像，但没有退化函数 H 的先验知识，那么估计 $H(u,v)$ 函数的方法之一就是收集图像自身的信息，观察退化图像，寻找简单结构的子图像，寻找受噪声影响小的子图像，构造一个估计图像，它和观察的子图像有相同大小和特性，用 $g_s(x,y)$ 定义观察的子图像，$\hat{F}_s(x,y)$ 表示构造的子图像，$G_s(u,v)$ 和 $\hat{F}_s(u,v)$ 为对应的傅里叶变换，可以推出图像的传递函数 $H_s(u,v)$。

$$H_s(u,v) = \frac{G_s(u,v)}{\hat{F}_s(u,v)}$$

假设是空间不变系统，进而用 $H_s(u,v)$ 推导出完全函数 $H(u,v)$。

3. 模型估计法

从基本原理开始估计退化系统的数学模型，在某些情况下，模型要把引起退化的环境因素考虑在内。运用先验知识如大气湍流、光学系统散焦、照相机与景物相对运动，根据导致退化的物理过程(先验知识)来确定 $h(x,y)$ 或 $H(u,v)$。

【例 8.2】 长时间曝光下大气湍流造成的图像退化如图 8.4(b)所示，长时间曝光下大气湍流的转移函数如式(8.5)所示，k 为常数，它与湍流的性质有关，利用式(8.5)复原后的图

像如图 8.4(a)所示。

$$H(u,v) = \mathrm{e}^{-k(u^2+v^2)^{5/6}} \qquad (8.5)$$

(a) 复原图像　　　　　　　(b) 大气湍流退化图像

图 8.4　大气湍流图像及复原

【例 8.3】　照相机与景物相对运动。

假设快门的开启和关闭所用时间非常短，那么光学成像过程不会受到图像运动的干扰，否则会产生退化图像如图 8.5(a)所示。设 T 为曝光时间(快门时间)，$x_0(t)$，$y_0(t)$是位移的 x 分量和 y 分量。实际采集到的退化图像为

$$g(x,y) = \int_0^T f[x-x_0(t), y-y_0(t)](\mathrm{d}t)$$

对上式进行傅里叶变换得

$$G(u,v)\int_{-\infty}^{\infty}\int_{-\infty}^{\infty}\left\{\int_0^T f[x-x_0(t),\ y-y_0(t)]\mathrm{d}t\right\}\mathrm{e}^{-\mathrm{j}2\pi(ux+vy)}\mathrm{d}x\mathrm{d}y$$

改变积分顺序，上式可表示为

$$G(u,v)\int_0^T\left[\int_{-\infty}^{\infty}\int_{-\infty}^{\infty} f[x-x_0(t),\ y-y_0(t)]\mathrm{d}t\right]\mathrm{e}^{-\mathrm{j}2\pi(ux+vy)}\mathrm{d}x\mathrm{d}y$$

外层括号内的积分项是函数 $f[x-x_0(t), y-y_0(t)]$ 的傅里叶变换。得到表达式：

$$G(u,v) = \int_0^T F(u,v)\mathrm{e}^{-\mathrm{j}2\pi[ux_0(t)+vy_0(t)]}\mathrm{d}t$$

$$= F(u,v)\int_0^T \mathrm{e}^{-\mathrm{j}2\pi[ux_0(t)+vy_0(t)]}\mathrm{d}t$$

假设只在 x 方向运动，令 $x_0(t)=at/T$。当 $t=T$ 时，$f(x,y)=a$，$y_0(t)=0$，从上式可以得到 $H(u,v)$ 的表达式如式(8.6)所示：

$$H(u,v) = \int_0^T \mathrm{e}^{-\mathrm{j}2\pi ux_0(t)}\mathrm{d}t$$

$$= \int_0^T \mathrm{e}^{-\mathrm{j}2\pi uat/T}\mathrm{d}t \qquad (8.6)$$

$$= \frac{T}{\pi ua}\sin(\pi ua)\mathrm{e}^{-\mathrm{j}\pi ua}$$

利用式(8.6)复原后的图像如图 8.5(b)所示。

(a) 退化图像   (b) 逆滤波法复原

图 8.5 照相机与景物相对运动图像及复原

例 8.3 的 MATLAB 代码如下(退化图像存在默认目录中，文件名为 yd.jpg):

```
[I1,map]=imread('yd.jpg');              %读入运动图像
figure(1);
imshow(I1)
len=30;
theta=45;
initpsf=fspecial('motion',len,theta);  %建立复原点扩散函数
[J,P]=deconvblind(I1,initpsf,30);       %去卷积
figure(2);
imshow(J)                               %显示结果图像
```

8.2.2 离散系统退化模型分析

1. 一维离散退化模型

为了更好地理解数字图像的二维离散退化模型，先看一维时的情况。设 $f(x)$ 为具有 A 个采样值的离散输入原函数，$h(x)$ 为具有 B 个采样值的退化系统的冲激响应函数，则线性和空间不变退化系统的离散输出函数 $g(x)$ 为输入 $f(x)$ 和冲激响应 $h(x)$ 的卷积，即

$$g(x)=f(x)*h(x)$$

为了避免卷积所产生的各个周期重叠(设每个采样函数的周期为 M)，分别对 $f(x)$ 和 $h(x)$ 用补零的方法扩展成周期为 $M=A+B-1$ 的周期函数，即

$$f_e(x)=\begin{cases} f(x), & 0 \leqslant x \leqslant A-1 \\ 0, & A \leqslant x \leqslant M-1 \end{cases}$$

$$h_e(x)=\begin{cases} h(x), & 0 \leqslant x \leqslant B-1 \\ 0, & B \leqslant x \leqslant M-1 \end{cases}$$

则输出 $g_e(x)$ 为

$$g_e(x)=f_e(x)*h_e(x)=\sum_{m=0}^{M-1} f_e(m)h_e(x-m)$$

式中，$x=0, 1, 2, \cdots, M-1$。因为 $f_e(x)$ 和 $h_e(x)$ 都是周期函数，所以 $g_e(x)$ 也是周期函数，用矩阵表示为

$$\begin{bmatrix} g(0) \\ g(1) \\ g(2) \\ \vdots \\ g(M-1) \end{bmatrix} = \begin{bmatrix} h_e(0) & h_e(-1) & \cdots & h_e(-M+1) \\ h_e(1) & h_e(0) & \cdots & h_e(-M+2) \\ h_e(2) & h_e(1) & \cdots & h_e(-M+3) \\ \vdots & \vdots & \vdots & \vdots \\ h_e(M-1) & h_e(M-2) & \cdots & h_e(0) \end{bmatrix} \begin{bmatrix} f_e(0) \\ f_e(1) \\ f_e(2) \\ \vdots \\ f_e(M-1) \end{bmatrix} \tag{8.7}$$

因为 $h_e(x)$ 的周期为 M，所以 $h_e(x)=h_e(x+M)$，即

$$h_e(-1) = h_e(M-1)$$
$$h_e(-2) = h_e(M-2)$$
$$h_e(-3) = h_e(M-3)$$
$$\vdots$$
$$h_e(-M+1) = h_e(1)$$

$M×M$ 阶矩阵 $\boldsymbol{H}$ 可写为

$$\boldsymbol{H} = \begin{bmatrix} h_e(0) & h_e(-1) & \cdots & h_e(1) \\ h_e(1) & h_e(0) & \cdots & h_e(2) \\ h_e(2) & h_e(1) & \cdots & h_e(3) \\ \vdots & \vdots & \vdots & \vdots \\ h_e(M-1) & h_e(M-2) & \cdots & h_e(0) \end{bmatrix}$$

可将式(8.7)写成式(8.8)的形式，即

$$\boldsymbol{g} = \boldsymbol{Hf} \tag{8.8}$$

式中，$\boldsymbol{g}$、$\boldsymbol{f}$ 都是 M 维列向量，$\boldsymbol{H}$ 是 $M×M$ 阶矩阵，矩阵中的每一行元素均相同，只是每行以循环方式右移一位，因此矩阵 $\boldsymbol{H}$ 是循环矩阵。循环矩阵相加或相乘得到的仍是循环矩阵，可以通过对角化 $\boldsymbol{H}$ 的方法来减少计算量。离散化目的是为了利用计算机来处理相关问题，因此，我们建立的一维离散退化模型为计算机能编程实现的矩阵形式。

2. 二维离散退化模型

在不考虑噪声的情况下，设输入的数字图像 $f(x,y)$ 大小为 $A×B$，$\boldsymbol{H}$ 的冲激响应函数 $h(x, y)$ 大小为 $C×D$。为避免混叠误差，对 $f(x,y)$ 和 $h(x,y)$ 仍用补零的方法都扩展成周期为 $M=A+C-1$ 和 $N=B+D-1$ 个元素的周期函数。

$$f_e(x,y) = \begin{cases} f(x,y), & 0 \leqslant x \leqslant A-1 且 0 \leqslant y \leqslant B-1 \\ 0, & 其他 \end{cases}$$

$$h_e(x,y) = \begin{cases} h(x,y), & 0 \leqslant x \leqslant C-1 且 0 \leqslant y \leqslant D-1 \\ 0, & 其他 \end{cases}$$

则线性和空间不变系统输出的退化数字图像为

$$g_e(x,y) = \sum_{m=0}^{M-1} \sum_{n=0}^{N-1} f_e(m,n) h_e(x-m, y-n) = f_e(x,y) * h_e(x,y) \tag{8.9}$$

式(8.9)的二维离散退化模型同样可以用式(8.8)所示的矩阵表示，即

$$\boldsymbol{g} = \boldsymbol{Hf}$$

式中，g、f 是 $MN \times 1$ 维列向量，即 $g = \mathrm{Vec}[g_e(x, y)]$，$f = \mathrm{Vec}[f_e(x, y)]$；$H$ 是 $MN \times MN$ 维矩阵，即

$$H = \begin{bmatrix} H_0 & H_{M-1} & H_{M-2} & \cdots & H_1 \\ H_1 & H_0 & H_{M-1} & \cdots & H_2 \\ \vdots & \vdots & \vdots & \vdots & \vdots \\ H_{M-1} & H_{M-2} & H_{M-3} & \cdots & H_0 \end{bmatrix}$$

$H_i(i = 0, 1, 2, \cdots, M-1)$ 为子矩阵，大小为 $N \times N$，即 H 矩阵由 $M \times M$ 个大小为 $N \times N$ 的子矩阵组成，称为分块循环矩阵。分块矩阵是由延拓函数 $h_e(x, y)$ 的第 j 行构成的，构成方法如下：

$$H = \begin{bmatrix} h_e(j, 0) & h_e(j, N-1) & h_e(j, N-2) & \cdots & h_e(j, 1) \\ h_e(j, 1) & h_e(j, 0) & h_e(j, N-1) & \cdots & h_e(j, 0) \\ \vdots & \vdots & \vdots & \vdots & \vdots \\ h_e(j, N-1) & h_e(j, N-2) & h_e(j, N-3) & \cdots & h_e(j, 0) \end{bmatrix}$$

若把噪声考虑进去，则离散图像退化模型为

$$g_e(x, y) = \sum_{m=0}^{M-1} \sum_{n=0}^{N-1} f_e(m, n) h_e(x - m, y - n) + n_e(x, y)$$

写成矩阵形式为

$$g = Hf + n \tag{8.10}$$

$n = \mathrm{Vec}[n_e(x, y)]$，上述线性空间不变退化模型表明，在给定了 $g(x, y)$，并且知道退化系统的点扩展函数 $h(x, y)$ 和噪声分布 $n(x, y)$ 的情况下，可估计出原始图像 $f(x, y)$。这种离散退化模型表达式为矩阵乘法与加法形式，目的是为了便于利用计算机进行恢复计算，其中 H 矩阵为分块循环矩阵可实现对角化，从而减少了计算量。

由于 H 是分块循环矩阵，H 可对角化，即

$$H = WDW^{-1}$$

W 阵的大小为 $MN \times MN$，由 M^2 个大小为 $N \times N$ 的部分组成，W 的第 im 个部分定义为

$$W(i, m) = \exp\left[\mathrm{j}\frac{2\pi}{M} im\right] W_N \qquad i, m = 0, 1, 2, \cdots, M-1$$

W_N 大小为 $N \times N$ 的矩阵为

$$W_N(k, n) = \exp\left[\mathrm{j}\frac{2\pi}{M} kn\right] \qquad k, n = 0, 1, 2, \cdots, N-1$$

对任意形如 H 的分块循环矩阵，W 都可使其对角化，D 是对角阵，其对角元素与 $h_e(x, y)$ 的傅里叶变换有关，即如果

$$H(u, v) = \frac{1}{MN} \sum \sum h_e(x, y) \exp\left[-\mathrm{j}2\pi\left(\frac{ux}{M} + \frac{vy}{N}\right)\right]$$

则 D 的 MN 个对角线元素为 $H(M, N)$，得 D 阵为

$$\begin{pmatrix} H(0,0) \\ & H(0,1) \\ & & \vdots \\ & & & H(0,N-1) \\ & & & & H(1,0) \\ & & & & & H(1,1) \\ & & & & & & \vdots \\ & & & & & & & H(1,N-1) \\ & & & & & & & & \vdots \\ & & & & & & & & & \vdots \\ & & & & & & & & & & H(M-1,0) \\ & & & & & & & & & & & H(M-1,N-1) \end{pmatrix}$$

于是式(8.10)可写为

$$\boldsymbol{g} = \boldsymbol{Hf} + \boldsymbol{n} = \boldsymbol{WDW}^{-1}\boldsymbol{f} + \boldsymbol{n}$$
$$\Rightarrow \boldsymbol{W}^{-1}\boldsymbol{g} = \boldsymbol{DW}^{-1}\boldsymbol{f} + \boldsymbol{W}^{-1}\boldsymbol{n}$$

对于任意 $g_e(x,y)$ 可以证明有

$$\boldsymbol{W}^{-1}\boldsymbol{g} = \text{Vec}[G(u,v)]$$

同理

$$\boldsymbol{W}^{-1}\boldsymbol{f} = \text{Vec}[F(u,v)]$$
$$\boldsymbol{W}^{-1}\boldsymbol{n} = \text{Vec}[N(u,v)]$$

因而有

$$G(u,v) = H(u,v)F(u,v) + N(u,v)$$

上式是进行图像复原的基础。

【例 8.4】 设 $\boldsymbol{f} = \begin{bmatrix} 1 & 4 \\ 2 & 5 \\ 3 & 6 \end{bmatrix}$，$h = \begin{bmatrix} 1 & 2 & 3 & 4 \\ 5 & 6 & 7 & 8 \end{bmatrix}$ 若忽略噪声，求退化模型的传递矩阵 $\boldsymbol{H}$。

解： 周期延拓 $M=4$，$N=5$

$$\boldsymbol{f}_e = \begin{bmatrix} 1 & 4 & 0 & 0 & 0 \\ 2 & 5 & 0 & 0 & 0 \\ 3 & 6 & 0 & 0 & 0 \\ 0 & 0 & 0 & 0 & 0 \end{bmatrix}, \quad \boldsymbol{h}_e = \begin{bmatrix} 1 & 2 & 3 & 4 & 0 \\ 5 & 6 & 7 & 8 & 0 \\ 0 & 0 & 0 & 0 & 0 \\ 0 & 0 & 0 & 0 & 0 \end{bmatrix}$$

$$\boldsymbol{H} = \begin{bmatrix} H_0 & H_3 & H_2 & H_1 \\ H_1 & H_0 & H_3 & H_2 \\ H_2 & H_1 & H_0 & H_3 \\ H_3 & H_2 & H_1 & H_0 \end{bmatrix} \tag{8.11}$$

其中：
$$H_0 = \begin{bmatrix} 1 & 0 & 4 & 3 & 2 \\ 2 & 1 & 0 & 4 & 3 \\ 3 & 2 & 1 & 0 & 4 \\ 4 & 3 & 2 & 1 & 0 \\ 0 & 4 & 3 & 2 & 1 \end{bmatrix} \qquad H_1 = \begin{bmatrix} 5 & 0 & 8 & 7 & 6 \\ 6 & 5 & 0 & 8 & 7 \\ 7 & 6 & 5 & 0 & 8 \\ 8 & 7 & 6 & 5 & 0 \\ 0 & 8 & 7 & 6 & 5 \end{bmatrix}$$

$H_2 = H_3 = 0$ ，将 H_0、H_1、H_2 和 H_3 代入式(8.11)得 H。

8.3 非约束复原

非约束复原是指在已知退化图像 g，根据退化系统 H 和 n 的一些了解或假设，满足某种事先规定的误差准则的前提下，估计出原图像 $\hat{f}$。

8.3.1 非约束复原的基本原理

在线性和空间不变系统中，由式(8.10)可知

$$n = g - Hf$$

非约束复原法是指在对 n 没有先验知识的情况下，可以依据最优准则，即寻找一个 $\hat{f}$，使得 $H\hat{f}$ 在最小二乘方误差的意义下最接近 g，使 n 的模或范数(Norm)最小。

定义 n 的范数平方为

$$\| n \|^2 = n^{\mathrm{T}} n = \| g - H\hat{f} \|^2 = (g - H\hat{f})^{\mathrm{T}}(g - H\hat{f}) \tag{8.12}$$

将式(8.12)表示成以 $\hat{f}$ 为自变量的函数形式如式(8.13)所示：

$$\begin{aligned} L(\hat{f}) &= \| g - H\hat{f} \|^2 = (g - H\hat{f})^{\mathrm{T}}(g - H\hat{f}) \\ &= (g^{\mathrm{T}} - \hat{f}^{\mathrm{T}} H^{\mathrm{T}})(g - H\hat{f}) \\ &= g^{\mathrm{T}} g - \hat{f}^{\mathrm{T}} H^{\mathrm{T}} g - g^{\mathrm{T}} H\hat{f} + \hat{f}^{\mathrm{T}} H^{\mathrm{T}} H\hat{f} \end{aligned} \tag{8.13}$$

这样，图像复原问题就转变为求以 $\hat{f}$ 为自变量对式(8.13)用导数法求极小值问题，即

$$\frac{\partial L(\hat{f})}{\partial \hat{f}} = -H^{\mathrm{T}} g - [g^{\mathrm{T}} H]^{\mathrm{T}} + 2H^{\mathrm{T}} H\hat{f}$$

$$= -H^{\mathrm{T}} g - H^{\mathrm{T}} g + 2H^{\mathrm{T}} H\hat{f}$$

$$= 0 \Rightarrow -2H^{\mathrm{T}}(g - H\hat{f}) = 0$$

$$-2H^{\mathrm{T}} g + 2H^{\mathrm{T}} H\hat{f} = 0$$

$$2H^{\mathrm{T}} H\hat{f} = 2H^{\mathrm{T}} g$$

$$(H^{\mathrm{T}} H)^{-1} H^{\mathrm{T}} H\hat{f} = (H^{\mathrm{T}} H)^{-1} H^{\mathrm{T}} g$$

$$H^{-1}[H^{\mathrm{T}}]^{-1} H^{\mathrm{T}} H\hat{f} = (H^{\mathrm{T}} H)^{-1} H^{\mathrm{T}} g$$

$$\hat{f} = (H^{\mathrm{T}} H)^{-1} H^{\mathrm{T}} g$$

解出 $\hat{f}$ 为

$$\hat{f} = H^{-1}[H^{\mathrm{T}}]^{-1} H^{\mathrm{T}} g = H^{-1} g \tag{8.14}$$

因为这种图像复原问题转变为以 $\hat{f}$ 为自变量对式(8.13)用导数法求极小值问题，而不受任何其他条件的约束，所以把它称为非约束复原。

8.3.2　逆滤波

设 $M=N$，对式(8.14)作 $\boldsymbol{H}$ 对角化处理，得

$$\hat{f} = H^{-1}g = (WDW^{-1})^{-1}g = WD^{-1}W^{-1}g$$

如将上式两边乘以 W^{-1}，得

$$W^{-1}\hat{f} = D^{-1}W^{-1}g$$

将上式两边乘以 D，得

$$DW^{-1}\hat{f} = W^{-1}g$$

由于 $W^{-1}g = \text{Vec}[G(u,v)]$，$W^{-1}f = \text{Vec}[F(u,v)]$，所以由上式得

$$D\hat{F}(u,v) = G(u,v)$$

在 $M=N$ 的情况下，$D(u,v) = N^2 H(u,v)$，所以有

$$\hat{F}(u,v) = \frac{1}{N^2}\frac{G(u,v)}{H(u,v)}$$

根据傅里叶变换系数性质将 N^2 并入有

$$\hat{F}(u,v) = \frac{G(u,v)}{H(u,v)} \tag{8.15}$$

可见，如果知道 $g(x,y)$ 和 $h(x,y)$，也就知道了 $G(u,v)$ 和 $H(u,v)$。根据式(8.15)，即可得出 $\hat{F}(u,v)$，再经过反傅里叶变换就能求出 $\hat{f}(x,y)$，这种退化图像复原的方法称为逆滤波。逆滤波是最早应用于数字图像的非约束复原方法。

由式(8.15)进行图像复原时，由于 $H(u,v)$ 在分母上，$H(u,v)$ 为 u、v 的函数，若 $H(u,v)$ 值很小或等于 0 时，实际中 $H(u,v)$ 会随 u、v 与原点距离增加而迅速减小或等于零，这种情况下就会带来计算上的困难。如果考虑噪声项 $N(u,v)$，在式(8.16)中出现零点时，噪声恢复项将会被放大，对复原的结果起主导作用，意味着退化图像中出现小的噪声干扰时，在 $H(u,v)$ 取得很小值的那些频谱上将对恢复图像产生很大的影响，会使恢复结果与预期有很大的差距，这就是无约束图像复原的病态性质。

$$\hat{F}(u,v) = F(u,v) + \frac{N(u,v)}{H(u,v)} \tag{8.16}$$

为了克服这种病态性，一方面可利用后面要讲的有约束图像复原；另一方面可利用噪声一般在高频范围衰减速度较慢，而信号的频谱随频率升高下降较快的性质，在复原时，只能在频谱坐标离原点不太远的有限区域内进行。实际上，为了避免 $H(u,v)$ 值太小，另一种改进方法是在 $H(u,v)$ 接近 0 的那些频谱点及其附近，人为地设置 $H(u,v)$ 的值，使得在这些频谱点附近 $N(u,v)/H(u,v)$ 不会对 $\hat{F}(u,v)$ 产生太大的影响。应用这种改进的数学模型如图 8.6 所示。

这种改进方法是考虑到退化系统的传递函数 $H(u,v)$ 带宽比噪声的带宽要窄得多，其频率特性具有低通性质，取恢复转移函数 $M(u,v)$ 为

$$M(u,v) = \begin{cases} \dfrac{1}{H(u,v)} & u^2 + v^2 \leqslant \omega_0^2 \\ 1 & u^2 + v^2 > \omega_0^2 \end{cases}$$

$$G(u,v) \longrightarrow \boxed{M(u,v)} \longrightarrow \hat{F}(u,v)$$

图 8.6　图像复原模型

式中，ω_0 的选取原则是将 $H(u,v)$ 为零的点除去，即 $H(u,v)$ 为零时，人为地让传递函数等于 1。这种方法的缺点是复原后的图像的振铃效果较明显。不难看出，逆滤波法形式简单，但具体求解时计算量很大，需要根据循环矩阵条件进行简化，当 $H(u,v)$ 值很小或等于 0 时，还原图像将变得无意义，这时需要人为地对传递函数进行修正，以降低由于传递函数病态而造成恢复的不确定性。

【例 8.5】　长时间曝光下大气湍流造成的图像退化如图 8.7(a)所示，采用不同半径的逆滤波器恢复的图像如图 8.7(b)、(c)、(d)、(e)所示。从本例可以看出，半径为 70 时效果最好，大于 70 时效果最差，小于 70 时仍较模糊，直接进行逆滤波的结果较差。

(a) 退化图像

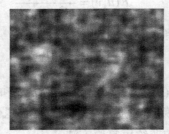
(b) 直接逆滤波的复原结果

(c) 半径为 40 时的复原结果

(d) 半径为 70 时的复原结果

(e) 半径为 85 时的复原结果

图 8.7　退化图像及逆滤波复原

【例 8.6】　退化图像如图 8.8(a)所示，存在默认目录中，文件名为 yd.jpg，构造相应的点扩散函数，采用逆滤波法复原图像。

例 8.6 的 MATLAB 代码如下：

```
[I1,map]=imread('yd.jpg');          %读入运动图像
figure(1);
imshow(I1)
len=30;
```

```
theta=45;
initpsf=fspecial('motion',len,theta);    %建立复原点扩散函数
[J,P]=deconvblind(I1,initpsf,30);         %去卷积
figure(2);
imshow(J)                                 %显示结果图像
```

采用逆滤波法复原的图像如图 8.8(b)所示。

　　(a) 退化图像　　　　　　(b) 采用逆滤波法复原的图像

图 8.8　照相机与景物相对运动图像及复原

8.4　约　束　复　原

约束复原技术是指除了要求了解退化系统的传递函数或点扩展函数外，还需要知道某些噪声的统计特性或噪声与图像的某些相关情况。即受其他条件约束，所以称为约束复原。

8.4.1　约束复原的基本原理

非约束复原是指除了使准则函数 $L(\hat{f})=\|g-H\hat{f}\|^2$ 最小外，再没有其他的约束条件。因此只需了解退化系统的传递函数或点扩展函数，就能利用如前所述的方法进行复原。但是由于传递函数存在病态问题，复原只能局限在靠近原点的有限区域内进行，这使得非约束图像复原具有相当大的局限性。

最小二乘类约束复原是指除了要求了解关于退化系统的传递函数之外，还需要知道某些噪声的统计特性或噪声与图像的某些相关情况。根据所了解的噪声的先验知识的不同，采用不同的约束条件，可得到不同的图像复原技术。在最小二乘类约束复原中，要设法寻找一个最优估计 $\hat{f}$，使得形式为 $\|Q\hat{f}\|^2$ 的函数最小化。求这类问题的最小化，常采用拉格朗日乘子算法。也就说，要寻找一个 $\hat{f}$ 使得准则函数

$$
\begin{aligned}
L(\hat{f}) &= \|Q\hat{f}\|^2 + l(\|g-H\hat{f}\|^2 - \|n\|^2) \\
&= (Q\hat{f})^{\mathrm{T}}Q\hat{f} + l[(g-H\hat{f})^{\mathrm{T}}(g-H\hat{f}) - \|n\|^2] \\
&= (Q\hat{f})^{\mathrm{T}}Q\hat{f} + l[(g^{\mathrm{T}} - \hat{f}^{\mathrm{T}}H^{\mathrm{T}})(g-H\hat{f}) - \|n\|^2] \\
&= (Q\hat{f})^{\mathrm{T}}Q\hat{f} + l[(g^{\mathrm{T}} - \hat{f}^{\mathrm{T}}H^{\mathrm{T}})(g-H\hat{f}) - \|n\|^2] \\
&= \hat{f}^{\mathrm{T}}Q^{\mathrm{T}}Q\hat{f} + l(g^{\mathrm{T}}g - \hat{f}^{\mathrm{T}}H^{\mathrm{T}}g - g^{\mathrm{T}}H\hat{f} + \hat{f}^{\mathrm{T}}H^{\mathrm{T}}H\hat{f} - \|n\|^2)
\end{aligned} \tag{8.17}
$$

为最小。式中，Q 为 $\hat{f}$ 的线性算子，l 为一常数，称为拉格朗日乘子。对式(8.17)求导得

$$\frac{\partial L(\hat{f})}{\partial f} = 2Q^{\mathrm{T}}Q\hat{f} - 2lH^{\mathrm{T}}(g - H\hat{f}) = 0$$

$$Q^{\mathrm{T}}Q\hat{f} - lH^{\mathrm{T}}(g - H\hat{f}) = 0 \tag{8.18}$$

$$Q^{\mathrm{T}}Q\hat{f} + lH^{\mathrm{T}}H\hat{f} = lH^{\mathrm{T}}g$$

式(8.18)两边同除 l 得

$$(H^{\mathrm{T}}H + sQ^{\mathrm{T}}Q)\hat{f} = H^{\mathrm{T}}g$$

两边同乘 $(H^{\mathrm{T}}H + sQ^{\mathrm{T}}Q)^{-1}$ 得到 $\hat{f}$ ，即

$$\hat{f} = (H^{\mathrm{T}}H + sQ^{\mathrm{T}}Q)^{-1}H^{\mathrm{T}}g \tag{8.19}$$

式中，$s = 1/l$，这个常数必须调整到约束被满足为止。求解式(8.19)的关键就是如何选用一个合适的变换矩阵 Q。选择的 Q 的形式不同，就可得到不同类型的有约束的最小二乘类图像复原方法。如果用图像 f 和噪声的相关矩阵 R_f 和 R_n 表示 Q，就可以得到维纳滤波复原方法。如选用拉普拉斯算子形式，即使某个函数的二阶导数最小，也可推导出有约束最小平方恢复方法。

8.4.2　维纳滤波

前面讨论过的逆滤波并没有清楚地说明怎样处理噪声，本节讨论综合退化函数和噪声统计特性两方面进行复原的处理方法，前面提过求解式(8.19)的关键就是如何选用一个合适的变换矩阵 Q，选择的 Q 的形式不同，就可得到不同类型的有约束的最小二乘类图像复原方法。在一般情况下，图像信号可近似地认为是平稳随机过程，维纳滤波将原始图像 f 和对原始图像的估计 $\hat{f}$ 作为随机变量，目的是找到一个原图像 f 的估计值 $\hat{f}$，使它们之间的均方误差最小。如果用图像 f 和噪声的相关矩阵 R_f 和 R_n 表示 Q，所得到的复原方法称为维纳滤波复原方法。R_f 和 R_n 定义为

$$R_f = E\{ff^{\mathrm{T}}\}$$

$$R_n = E\{nn^{\mathrm{T}}\}$$

式中，$E\{\cdot\}$ 代表数学期望运算。R_f 的第 ij 个元素用 $E\{f_i f_j\}$ 表示，它是 f 的第 i 个元素和第 j 个元素之间的相关值。同样，R_n 的第 ij 个元素用 $E\{n_i n_j\}$ 表示，它是 n 的第 i 个元素和第 j 个元素之间的相关值。R_f 和 R_n 均为实对称矩阵，在大多数图像中，邻近的像素点是高度相关的，而距离较远的像素点的相关性却较弱。通常，f 和 n 的元素之间的相关不会延伸到 20～30 个像素的距离之外。因此一般来说，相关矩阵在主对角线附近有一个非零元素带，而在右上角和左上角的区域内将为零值。如果像素之间的相关是像素之间距离的函数，而不是它们位置的函数，可将 R_f 和 R_n 近似为分块循环矩阵。因而，用循环矩阵的对角化，可写成：

$$R_f = WAW^{-1}$$

$$R_n = WBW^{-1} \tag{8.20}$$

式中，W 为一个 $MN \times MN$ 矩阵，包含 $M \times M$ 个 $N \times N$ 的块。M、N 的含义见二维离散模型部分。W 的第 i, m 个分块为($i, m = 0, 1, \cdots, M-1$)

$$W_N(k,n) = \exp\left(\mathrm{j}\frac{2\pi}{N}kn\right) \qquad k, n = 0, 1, \cdots, N-1$$

式(8.20)中，A 和 B 的元素分别为 $\pmb{R}_f$ 和 $\pmb{R}_n$ 中自相关元素的傅里叶变换。这些自相关的傅里叶变换被分别定义为 $f_e(x, y)$ 和 $n_e(x, y)$ 的谱密度 $S_f(u, v)$ 和 $S_n(u, v)$。

如果选择线性算子 Q 满足 $Q^{\mathrm{T}}Q = \pmb{R}_f^{-1}\pmb{R}_n$ 关系，代入式(8.19)，得

$$\hat{f} = (H^{\mathrm{T}}H + s\pmb{R}_f^{-1}\pmb{R}_n)^{-1}H^{\mathrm{T}}g$$

进一步可推导出

$$\hat{f} = (WD*DW^{-1} + sWA^{-1}BW^{-1})^{-1}WD*W^{-1}g$$

式中，$D*$ 为 D 的共轭矩阵。再进行矩阵变换：

$$\begin{aligned}
W^{-1}\hat{f} &= W^{-1}(WD*DW^{-1} + sWA^{-1}BW^{-1})^{-1}WD*W^{-1}g \\
&= W^{-1}[W(D*D)^{-1}W^{-1} + sW(A^{-1}B)^{-1}W^{-1}]WD*W^{-1}g \\
&= [(D*D)^{-1} + s(A^{-1}B)^{-1}]D*W^{-1}g \\
&= (D*D + sA^{-1}B)^{-1}D*W^{-1}g
\end{aligned}$$

假设 $M=N$，则有

$$\begin{aligned}
\hat{F}(u,v) &= \left\{\frac{H*(u,v)}{|H(u,v)|^2 + s[S_n(u,v)/S_f(u,v)]}\right\}G(u,v) \\
&= \left\{\frac{1}{H(u,v)} \cdot \frac{|H(u,v)|^2}{|H(u,v)^2| + s[S_n(u,v)/S_f(u,v)]}\right\}G(u,v)
\end{aligned} \tag{8.21}$$

式中，$u, v = 0, 1, 2, \cdots, N-1$，$|H(u,v)|^2 = H*(u,v)H(u,v)$，$S_n(u,v) = |N(u,v)|^2$，$S_f(u,v) = |F(u,v)|^2$。

对式(8.21)作如下分析：

(1) 如果 $s=1$，称之为维纳滤波器。注意，当 $s=1$ 时，并不是在约束条件下得到的最佳解，即并不一定满足 $\|g - H\hat{f}\|^2 = \|n\|^2$；若 s 为变数，此式为参数维纳滤波器。

(2) 当无噪声影响时，$S_n(u,v)=0$，称之为理想的逆滤波器。逆滤波器可看成是维纳滤波器的一种特殊情况。

(3) 如果不知道噪声的统计性质，也就是 $S_f(u,v)$ 和 $S_n(u,v)$ 未知时，式(8.21)可以用下式近似：

$$\hat{F}(u,v) \approx \left[\frac{H*(u,v)}{|H(u,v)|^2 + K}\right]G(u,v)$$

式中，K 表示噪声对信号的频谱密度之比。

【例 8.7】 长时间曝光下大气湍流造成的图像退化如图 8.9(a)所示，直接进行逆滤波恢复的图像如图 8.9(b)所示，半径为 70 时的逆滤波结果如图 8.9(c)所示，采用维纳滤波结果如图 8.9(d)所示。从本例可以看出，维纳滤波效果最好。

MATLAB 在图像处理工具箱中提供了四个图像复原函数，用于实现图像的复原操作，其中 deconvwnr 为维纳滤波复原函数，deconvreg 为约束最小平方滤波复原函数，deconvlucy 为 Lucy-Richardson 复原函数，deconvblind 为盲解卷积算法复原函数。

维纳滤波复原函数 deconvwnr 的调用格式如下。

(1) J=deconvwnr(I, PSF)。

(2)　J=deconvwnr(I, PSF, NSR)。

(3)　J=deconvwnr(I, PSF, NCORR, ICORR)。

(a) 退化图像

(b) 直接进行逆滤波复原效果

(c) 半径为70时的逆滤波结果

(d) 采用维纳滤波结果

图 8.9　退化图像的逆滤波和维纳滤波复原

其中，I 表示输入图像，PSF 表示点扩展函数，NSR(默认值为 0)、NCORR 和 ICORR 都是可选参数，分别表示信噪比、噪声的自相关函数、原始图像的自相关函数，输出参数 J 表示复原后的图像。

【例 8.8】 退化图像如图 8.10(a)所示，退化图像存在默认目录中，文件名为 wn.jpg，构造相应的点扩散函数，并采用维纳滤波法复原图像。

例 8.8 的 MATLAB 代码如下：

```
[I1,map]=imread('wn.jpg');              %读入运动图像
figure(1);
imshow(I1)
len=30;
theta=45;
initpsf=fspecial('motion',len,theta);  %建立复原点扩散函数
H=deconvwnr(I1,initpsf);                %维纳滤波
figure(2);
imshow(H)                               %显示结果图像
```

复原图像如图 8.10(b)所示。

(a) 退化图像

(b) 复原图像

图 8.10　照相机与景物相对运动图像及复原

8.4.3 约束最小平方滤波

约束最小平方滤波复原是一种以平滑度为基础的图像复原方法。只需要有关噪声均值和方差的知识就可对每个图像得到最优结果。式(8.15)实际是一个病态方程，在进行图像恢复计算时，由于退化系统矩阵 $H[\cdot]$ 的病态性质，多数在零点附近数值起伏过大，使得复原后的图像产生了多余的噪声和边缘。约束最小平方滤波复原仍然是以最小二乘方滤波复原公式(8.19)为基础，通过选择合理的 Q，从而去掉被恢复图像的尖锐部分，即增加图像的平滑性。

图像增强的拉普拉斯算子 $\nabla^2 f = \left(\dfrac{\partial^2 f}{\partial x^2} + \dfrac{\partial^2 f}{\partial y^2}\right)$ 具有突出边缘的作用，而通过 $\iint \nabla^2 f \mathrm{d}x\mathrm{d}y$ 则恢复了图像的平滑性，因此，在作图像恢复时可将其作为约束。现在的问题是如何将其表示成 $\| Qf \|^2$ 的形式，以便使用式(8.19)。

在离散情况下，拉普拉斯算子 $\nabla^2 f = \left(\dfrac{\partial^2 f}{\partial x^2} + \dfrac{\partial^2 f}{\partial y^2}\right)$ 可用下面的差分运算实现：

$$
\begin{aligned}
\left(\frac{\partial^2 f(x,y)}{\partial x^2} + \frac{\partial^2 f(x,y)}{\partial y^2}\right) &= f(x+1,y) - 2f(x,y) + f(x-1,y) + f(x,y+1) - \\
&\quad 2f(x,y) + f(x,y-1) \\
&= f(x+1,\ y) + f(x-1,y) + f(x,y+1) + \\
&\quad f(x,y-1) - 4f(x,y)
\end{aligned}
$$

利用 $f(x,y)$ 与下面的算子进行卷积可实现上式的运算：

$$
p(x,y) = \begin{bmatrix} 0 & 1 & 0 \\ 1 & -4 & 1 \\ 0 & 1 & 0 \end{bmatrix}
$$

在离散卷积的过程中，可利用延伸 $f(x,y)$ 和 $p(x,y)$ 来避免交叠误差。延伸后的函数为 $P_e(x,y)$。建立分块循环矩阵，将平滑准则表示为矩阵形式：

$$
C = \begin{bmatrix}
C_0 & C_{M-1} & C_{M-2} & \cdots & C_1 \\
C_1 & C_0 & C_{M-1} & \cdots & C_2 \\
C_2 & C_1 & C_0 & \cdots & C_3 \\
\vdots & \vdots & \vdots & \vdots & \vdots \\
C_{M-1} & C_{M-2} & C_{M-3} & \cdots & C_0
\end{bmatrix}
\tag{8.22}
$$

式中每个子矩阵 $C_j(j=0, 1,\cdots, M-1)$ 是 $P_e(x,y)$ 的第 j 行组成的 $N \times N$ 循环矩阵，即 C_j 如下表示：

$$
C_j = \begin{bmatrix}
P_e(j,0) & P_e(j,N-1) & \cdots & P_e(j,1) \\
P_e(j,1) & P_e(j,0) & \cdots & P_e(j,2) \\
\vdots & \vdots & \vdots & \vdots \\
P_e(j,N-1) & P_e(j,N-2) & \cdots & P_e(j,0)
\end{bmatrix}
$$

根据循环矩阵的对角化可知，可利用前述的矩阵 W 进行对角化，即

$$E = W^{-1}CW$$

式中，E 为对角矩阵，其元素为

$$E(k,i) = \begin{cases} \left(P\left[\dfrac{k}{N}\right], k\ MOD\ N \right) & i \neq k \\ 0 & i = k \end{cases}$$

$E(k, i)$ 是 C 中元素 $P_e(x, y)$ 的二维傅里叶变换。并且，可以将 $\iint \nabla^2 f\ dx\ dy$ 写成 $f^T C^T Cf$，取 $Q=C$，则 $f^T C^T Cf = \| Qf \|^2$。

如果要求约束条件 $\| g-Hf \| = \| n \|^2$ 得到满足，在 $Q=C$ 时，有

$$\hat{f} = (H^T H + \gamma\ C^T C)^{-1} H^T g$$
$$= (WD * DW^{-1} + sWE * EW^{-1})^{-1} WD * W^{-1} g \tag{8.23}$$

式(8.23)两边同乘以 W^{-1}，得

$$W^{-1}\hat{f} = (D*D + sE*E)^{-1} D*W^{-1}g$$

式中，$D*$ 为 D 的共轭矩阵。

所以有

$$\hat{F}(u,v) = \left[\frac{H*(u,v)}{|H(u,v)|^2 + s|P(u,v)|^2} \right] G(u,v) \tag{8.24}$$

式中，$u, v=0, 1, \cdots, N-1$，而且 $|H(u, v)|^2 = H*(u, v)H(u, v)$。本滤波器称为最小平方滤波器。式(8.24)中表明需要调节 s 以满足式(8.24)，只有当 s 满足这个条件时，式(8.24)才能达到最优。

在 MATLAB 中利用 deconveg 函数实现对模糊图像的约束最小平方复原。

deconvreg 函数的调用格式如下。

(1) J=deconvreg(I, PSF)；

(2) J=deconvreg(I, PSF, NP)；

(3) J=deconvreg(I, PSF, NP, LRANGE)；

(4) J=deconvreg(I, PSF, NP, LRANGE,REGOP)；

(5) [J, LAGRA]=deconvreg(I, PSF, NP, LRANGE,REGOP)。

其中，I 表示输入退化图像，PSF 表示点扩展函数，NP 为噪声度，LRANGE 为拉普拉斯算子的搜索范围，即指定搜索最佳拉普拉斯算子的范围，默认值为 $[10^{-9}, 10^{9}]$，REGOP 为约束算子，LAGRA 为搜索范围的拉格朗日乘子，输出参数 J 表示复原后的图像。MATLAB 提供了在调用维纳滤波函数和约束最小平方滤波函数前降低振铃影响函数 edgetaper，该函数的输出图像降低了维纳滤波和约束最小平方滤波算法中由傅里叶变换引起的振铃影响。该函数的格式为 J=edgetaper(I,psf)，edgetaper 使用规定的点扩散函数对图像 I 进行模糊操作。

【例 8.9】 退化图像如图 8.11(a)所示，退化图像存在默认目录中，文件名为 rc.jpg，构造相应的点扩散函数，并采用约束最小平方滤波复原图像。

例 8.9 的 MATLAB 代码如下：

```
[I1,map]=imread('wn.jpg');              %读入运动图像
figure(1);
imshow(I1)
len=30;
```

```
theta=45;
initpsf=fspecial('motion',len,theta);        %建立复原点扩散函数
H=deconvreg(I1,initpsf);                      %维纳滤波
figure(2);
imshow(H)                                     %显示结果图像
```

复原图像如图 8.11(b)所示。

(a) 退化图像　　　　　　　　(b) 复原图像

图 8.11　退化图像和约束最小二乘滤波器复原图像

8.5　非线性复原方法

前面介绍的是基于线性和空间不变系统的复原方法，该方法有一个显著的特点是约束方程和准则函数中的表达式都可改写为矩阵乘法形式。矩阵是分块循环阵，可实现对角化，进而减少计算量。下面介绍非线性复原方法，所采用的准则函数都不能对角化，因此采用的方法与前面不同。

8.5.1　最大后验复原

最大后验复原是一种统计方法，它把原图像 $f(x, y)$ 和退化图像 $g(x, y)$ 都作为随机场，根据贝叶斯判决理论可知，在已知 $g(x, y)$ 的前提下，求出后验条件概率密度函数 $P[f(x,y)/g(x,y)]$。若 $\hat{f}(x, y)$ 使下式

$$\max_f P\left(\frac{f}{g}\right) = \max P\left(\frac{f}{g}\right)p(f)$$

最大，则 $\hat{f}(x, y)$ 就代表最可能的原始图像 $f(x, y)$。这种图像复原方法称为最大后验图像复原方法。在最大后验图像复原中，把图像 f 和 g 看作是非平稳随机场，把图像模型表示成一个平稳随机过程对于一个不平稳的均值作零均值 Gauss 起伏，可得出如下求解迭代序列：

$$\hat{f}_{k+1} = \hat{f}_k - h * \sigma_n^{-2}(g - h * \hat{f}_k) - \sigma_n^{-2}(\hat{f}_k - \bar{f})$$

式中，$\bar{f}$ 为随空间而变的均值，k 为迭代次数，σ_n^{-2} 和 σ_f^{-2} 分别为 n 和 f 的方差的倒数。利用此迭代公式就可以进行图像恢复。

8.5.2　最大熵复原

前面讲过，由于逆滤波的病态性，图像复原后具有灰度变化较大的不均匀区域。最小二乘类约束复原方法是通过最小化某种反映图像不均匀性的准则函数作约束条件，来消除图像复原中逆滤波存在的病态性。而最大熵复原方法则是通过最大化某种反映图像平滑性的准则函数作约束条件，以解决图像复原中逆滤波法存在的病态问题。最大熵复原方法有几种形式，在这里只介绍其中一种。

首先定义一幅大小为 $M×N$ 的图像 $f(x, y)$，并假定 $f(x, y)$ 非负，根据熵的定义，图像熵定义为

$$H_f = -\sum_{x=1}^{M} \sum_{y=1}^{N} f(x,y)\ln f(x,y)$$

类似的噪声熵 H_n 定义为

$$H_n = -\sum_{x=1}^{M} \sum_{y=1}^{N} n_T(x,y)\ln n_T(x,y)$$

式中，$n_T(x, y)=n(x, y)+B$，B 为最大噪声负值。

图像的总能量 E 为

$$E = \sum_{x=1}^{M} \sum_{y=1}^{N} f(x,y) \tag{8.25}$$

最大熵复原的原理是将 $f(x, y)$ 写成随机变量的统计模型，然后在一定的约束条件下，找出用随机变量形式表示的熵的表达式，运用求极大值的方法，求得最优估计解 $\hat{f}(x, y)$。图像熵必然在图像函数均匀分布时达到最大，因此，最大熵复原的含义是对 $\hat{f}(x, y)$ 的最大平滑估计。恢复就是在满足式(8.25)和图像退化模型的约束条件下，使恢复后的图像熵和噪声熵达到最大。

引入拉格朗日(Lagrange)函数

$$R = H_f + \rho H_n + \sum_{m=1}^{N} \sum_{n=1}^{N} \lambda_{mn} \left[\sum_{x=1}^{N} \sum_{u=1}^{N} h(m-x, n-y)f(x,y) + n_T(m,n) - B - g(m,n) \right]$$

$$+ \beta \left[\sum_{x=1}^{N} \sum_{y=1}^{N} f(x,y) - E \right]$$

式中，$\lambda_{mn}(m, n=1, 2, \cdots, N)$ 和 β 为拉格朗日乘子，ρ 为加权因子，表示 H_f 和 H_n 相互之间的相互作用关系。使用如下极值条件：

$$\frac{\partial R}{\partial f(x,y)} = 0$$

$$\frac{\partial R}{\partial n_T(x,y)} = 0$$

可得

$$\hat{f}(x,y) = \exp\left[-1 + \beta + \sum_{m=1}^{N} \sum_{n=1}^{N} \lambda_{nm} h(m-x, n-y)\right], \quad x, y=1, 2, \cdots, N \tag{8.26}$$

式(8.26)即图像恢复函数为

$$\hat{n}_{\mathrm{T}}(x,y)=\exp\left(-1+\frac{\lambda_{xy}}{\rho}\right),\quad x,\ y=1,2,\cdots,N \tag{8.27}$$

并且 $\hat{f}(x,y)$ 和 $\hat{n}_{\mathrm{T}}(x,y)$ 满足下列约束条件：

$$\sum_{x=1}^{N}\sum_{y=1}^{N}\lambda\hat{f}(x,y)=E \tag{8.28}$$

$$\sum_{x=1}^{N}\sum_{y=1}^{N}h(m-x,n-y)\hat{f}(x,y)+\hat{n}_{\mathrm{T}}(m,n)-B=g(m,n),\quad m,n=1,2,\cdots,N \tag{8.29}$$

把式(8.26)和式(8.27)代入式(8.28)和式(8.29)可得(N^2+1)个方程。由此联立方程组可解得(N^2+1)个未知数解 $\lambda_{mn}(m,n=1,2,\cdots,N)$，解上述方程组可求得 $\hat{f}(x,y)$ 的值。

8.5.3　投影复原

投影复原法是用代数方程组来描述线性和非线性退化系统的。该系统可用式(8.30)描述：

$$g(x,y)=D\left[f(x,y)\right]+n(x,y) \tag{8.30}$$

式中，$f(x,y)$ 是原始图像，$g(x,y)$ 是退化图像，$n(x,y)$ 是系统噪声，D 是退化算子，表示对图像进行某种运算。图像复原的目的是解式(8.30)方程，找出 $f(x,y)$ 的最优估计 $\hat{f}(x,y)$。

在使用投影复原法进行图像复原时，引进一些先验信息附加的约束条件，可改善图像复原效果。下面介绍的投影复原方法是一种有效的迭代法。

设迭代初值 $f^{(0)}(x,y)=g(x,y)$，假设 D 为非线性的，并忽略 $n(x,y)$，则式(8.30)可写成如下形式：

$$\begin{aligned}
a_{11}f_1+a_{12}f_2+a_{13}f_3+\cdots+a_{1N}f_N&=g_1\\
a_{21}f_1+a_{22}f_2+a_{23}f_3+\cdots+a_{2N}f_N&=g_2\\
a_{31}f_1+a_{32}f_2+a_{33}f_3+\cdots+a_{3N}f_N&=g_3\\
&\vdots\\
a_{N1}f_1+a_{N2}f_2+a_{N3}f_3+\cdots+a_{NN}f_N&=g_N
\end{aligned} \tag{8.31}$$

式中，f 和 g 分别是原始图像 $f(x,y)$ 和退化图像 $g(x,y)$ 的采样，采样点数都为 N；a_{ij} 为常数。

下面从几何的观点解释投影迭代法。$f=[f_1,f_2,f_3,\cdots,f_N]$ 可以看成 N 维空间中的一个向量或一个点，而式(8.31)中的每一个方程式代表一个超平面，选取初始估计值为

$$f^{(0)}=[f_1^{(0)},f_2^{(0)},f_3^{(0)},\cdots,f_N^{(0)}]=[g_1,g_2,g_3,\cdots,g_N]$$

那么 $f^{(1)}$ 取 $f^{(0)}$ 在第一个超平面

$$a_{11}f_1+a_{12}f_2+a_{13}f_3+\cdots+a_{1N}f_N=g_1$$

上的投影，即

$$f^{(1)}=f^{(0)}-\frac{(f^{(0)}\cdot a_1-g_1)}{a_1\cdot a_1}a_1$$

其中 $a_1=[a_{11},a_{12},a_{13},\cdots,a_{1N}]$，圆点代表向量的点积。再取 $f^{(1)}$ 在第二个超平面

$$a_{21}f_1+a_{22}f_2+a_{23}f_3+\cdots+a_{2N}f_N=g_2$$

上投影得 $f^{(2)}$。依次进行直到得到 $f^{(N)}$，这样就实现了迭代的第一次循环。然后再从式(8.31)

的第一个方程式开始进行第二次迭代，即取$f^{(N)}$在第一个超平面

$$a_{11}f_1 + a_{12}f_2 + a_{13}f_3 + \cdots + a_{1N}f_N = g_1$$

上的投影，得到$f^{(N+1)}$，再取$f^{(N+1)}$在第二个超平面

$$a_{21}f_1 + a_{22}f_2 + a_{23}f_3 + \cdots + a_{2N}f_N = g_2$$

上的投影，依次进行直到式(8.31)的最后一个方程式，这样就实现了迭代的第二次循环。继续上述方法连续不断地迭代下去，便可得一系列向量$f^{(0)}$，$f^{(N)}$，$f^{(2N)}$…。可以证明，对于任何给定的N和a_{ij}，向量$f^{(KN)}$将收敛于f，而且，如果式(8.31)有唯一解，那就是f；如果式(8.31)有无穷多个解，那么f就是使下式最小的解：

$$\left\| f - f^{(0)} \right\|^2 = \sum_{j=1}^{N} (f_i - f_i^{(0)})^2$$

8.6　其他图像复原技术

从广义角度讲，图像复原技术范围相当广泛。前面讨论了几种基本图像复原技术，本节将对其他复原方法作简单介绍。

8.6.1　几何畸变校正

在数字图像获取过程中，由于成像系统的非线性，成像后的图像与原景物图像相比，像素之间的空间位置会发生变化，表现在图像整体上会产生变形，人们把这类图像退化称为几何畸变或几何失真。典型的几何失真如图 8.12 所示。

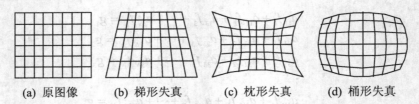

(a) 原图像　　　(b) 梯形失真　　　(c) 枕形失真　　　(d) 桶形失真

图 8.12　几种典型的几何失真

几何畸变校正就是要对失真图像中各位置的像素通过几何变换使之回到相对原处。从这个意义上讲，几何畸变校正也是一种图像复原过程。几何畸变校正一般分两步：第一步是进行图像像素点空间坐标的变换；第二步是对空间变换后的像素点赋予相应的灰度值。

1. 空间几何坐标变换

设复原图像为$f(x,y)$，几何畸变的图像为$g(x',y')$根据两幅图像的一些已知对应点点对(也称为控制点对)建立起函数关系式，将失真图像的x'，y'坐标系变换到复原图像x，y坐标系，从而实现失真图像按复原图像的几何位置校正，使$g(x', y')$中的每一像素点都可在$f(x, y)$中找到对应像素点。图像的几何失真虽是非线性的，但在一个局部小区域内可近似认为是线性的，基于这一假设，校正公式为

$$\begin{cases} x' = ax + by + c \\ y' = dx + ey + f \end{cases}$$

对一般的(非线性)二次失真，校正公式为

$$\begin{cases} x' = ax^2 + by^2 + cxy + dx + ey + f \\ y' = gx^2 + hy^2 + ixy + jx + ly + m \end{cases}$$

现在来看图 8.13，它给出了一个失真图像上的四边形区域和相应的复原图像中与其对应的四边形区域，四边的顶点是相应的对应点。

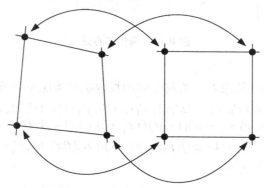

图 8.13　失真图像和复原图像的对应点

在四边形区域内的几何失真过程可以用一对双线性等式表示：

$$\begin{cases} x' = ax + by + cxy + e \\ y' = fx + gy + hxy + i \end{cases} \tag{8.32}$$

四对控制点在两个坐标系中的位置分别为(x_1, y_1)、(x_2, y_2)、(x_3, y_3)、(x_4, y_4)和(x'_1, y'_1)、(x'_2, y'_2)、(x'_3, y'_3)、(x'_4, y'_4)，并且为已知，分别代入式(8.32)则可建立方程组，解方程组可求出 a、b、c、d、e、f、g、h、i 九个系数，从而建立起失真图像与复原图像像素间的位置关系，便可将失真图像像素间位置复原。

2. 灰度值的确定

图像经几何位置校正后，在复原图像空间中各像点的灰度值等于被校正图像对应点的灰度值。要想求出复原图像某一像素点(x, y)的灰度值，就需要利用式(8.32)算出它在失真图像中的 x'、y'，有时算出来的 x'、y'不为整数，也就是说无法知道像素点(x, y)的灰度值，这样只好找与(x', y')相关的像素灰度值赋予像素点(x, y)，这种方法称为内插法。经常使用的内插方法有如下两种。

1)　最近邻点法

最近邻点法是取被校正图像中与(x', y')点相邻的四个像素点中距离最近的近邻点的灰度值作为(x, y)的灰度值，如图 8.14 所示。显然，最近邻点法计算简单，但精度不高，同时校正后的图像亮度有明显的不连续性。

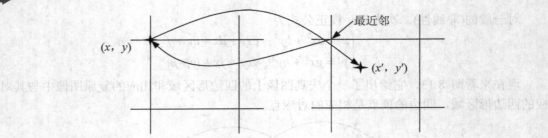

图 8.14　最近邻点法

2)　内插法

用(x',y')点周围四个近邻像素点的灰度值加权内插作为(x,y)的灰度值，如图 8.15 所示，设像素点(x',y')周围四个点(x'_1,y'_1)、(x'_1+1,y'_1)、(x'_1,y'_1+1)、(x'_1+1,y'_1+1)，则校正值为

$$f(x,y) = (1-\alpha)(1-\beta)f(x'_1,y'_1) + \alpha(1-\beta)f(x'_1+1,y'_1)$$
$$+(1-\alpha)\beta f(x'_1,y'_1+1) + \alpha\beta f(x'_1+1,y'_1+1)$$

式中，$\alpha = |x'-x_1|$，$\beta = |y'-y_1|$。

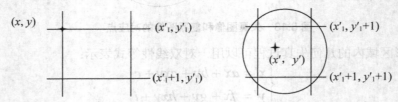

图 8.15　内插法几何校正

采用内插法复原实例如图 8.16 所示。

图 8.16　内插法复原

8.6.2　盲目图像复原

多数图像复原技术都是以图像退化先验知识为基础的，而盲目图像复原法是在没有图像退化先验知识的情况下，对退化图像以某种方式抽取退化信息，进行图像复原的方法。这种复原方法对加性噪声的模糊图像复原有良好的效果。盲目图像复原一般有两种方法：直接测量法和间接估计法。

用直接测量法复原图像时，需要测量图像的模糊脉冲响应和噪声功率谱或协方差函数。

在所观察的景物中，点光源能量往往能直接指示出冲激响应；另外，图像边缘是否陡峭也能用来推测模糊冲激响应；在背景亮度相对恒定的区域内测量图像的协方差，可以估计出观测图像的噪声协方差函数。

间接估计法复原图像类似于多图像平均法处理。如对一个景物连续拍摄 N 次，每一次获取的图像用下式表示：

$$g_i(x,y) = f(x,y) + n_i(x,y)$$

式中，$f(x,y)$ 是原始图像，$g_i(x,y)$ 是第 i 次获取的图像，$n_i(x,y)$ 是第 i 次的噪声函数。原始图像为

$$f(x,y) = \frac{1}{N}\sum_{i=1}^{N} g_i(x,y) - \frac{1}{N}\sum_{i=1}^{N} n_i(x,y)$$

当 N 很大时，上式右边的噪声项的值趋于它的数学期望 $E\{n(x,y)\}$。一般情况下白色高斯噪声在所有 (x,y) 上的数学期望等于零。因此，原始图像近似为

$$\hat{f}(x,y) = \frac{1}{N}\sum_{i=1}^{N} g_i(x,y)$$

8.6.3　人机交互式复原

前面讨论的都是自动复原方法，在具体复原工作中，常常需要人机结合，由人来控制复原过程，以达到一些特有的效果，这种复原图像的方法称为人机交互式复原。

实际中，有时图像会被 2-D 的正弦干扰模式(也称相关噪声)覆盖。令 $\eta(x,y)$ 代表幅度为 A，频率分量为 (u_0, v_0) 的正弦干扰模式，即

$$\eta(x,y) = A\sin(u_0 x + v_0 y)$$

其傅里叶变换为

$$N(u,v) = -\mathrm{j}A\left[\delta\left(u - \frac{u_0}{2\pi}, v - \frac{v_0}{2\pi}\right) - \delta\left(u + \frac{u_0}{2\pi}, v + \frac{v_0}{2\pi}\right)\right]$$

从上式可以看出，它仅含虚分量，代表频域平面上的两个脉冲，并且在 $G(u,v)$ 幅度图中以复平面原点对称。由于这种退化仅由噪声造成，所以有

$$G(u,v) = F(u,v) + N(u,v)$$

若相关噪声幅度 A 足够大，且两个噪声脉冲离 $G(u,v)$ 幅度图原点较远时会成为两个亮点，如图 8.17(b)所示。这样可以人为地观察 $G(u,v)$ 幅度图，确定出脉冲(亮点)的位置，并在该位置利用带阻滤波器将噪声干扰滤掉。噪声干扰滤掉后再对 $G(u,v)$ 进行傅里叶反变换即可得到 $\hat{f}(x,y)$。

以上为单一频率的正弦噪声干扰所模糊的图像复原情况，但在实际应用中，被单一频率的正弦噪声干扰所模糊的图像毕竟不常见，往往噪声中含有多次谐波，如图 8.18 所示。因此，这样的复原要相对复杂些。一般要人为地观察 $G(u,v)$ 幅度图找出主要干扰噪声信号然后再将它滤除。

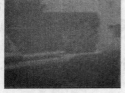  

(a) 相关噪声干扰图像　　　　(b) 傅里叶谱　　　　(c) 带阻滤波图像

图 8.17　人机交互式复原

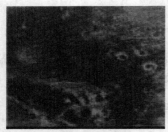 

(a) 相关噪声干扰图像　　　　　　　(b) 傅里叶谱

图 8.18　人机交互式复原

另外也可以将高通滤波器作用于 $G(u,v)$ 幅度图的主要干扰噪声信号处，提取主要干扰噪声信号(含该处的图像信息)$N_T(u,v)$，然后对 $N_T(u,v)$ 进行傅里叶反变换得到 $n_T(x,y)$，最后从模糊图像 $g(x,y)$ 中减去 $n_T(x,y)$ 便可得到复原图像 $\hat{f}(x,y)$。由于 $n_T(x,y)$ 中含有有用图像信息，所以实际处理时，将取复原图像为

$$\hat{f}(x,y) = g(x,y) - w(x,y)\,n_T(x,y) \tag{8.33}$$

式中，$w(x,y)$ 是加权函数。适当地选取 $w(x,y)$ 会使 $\hat{f}(x,y)$ 最接近 $f(x,y)$。一种具体方法是选择 $w(x,y)$ 使 $\hat{f}(x,y)$ 的方差在每一点 (x,y) 的特定邻域中最小，设 (x,y) 点的特定邻域为 $(2x+1)\times(2y+1)$，则邻域的均值和方差分别为

$$\overline{\hat{f}}(x,y) = \frac{1}{(2x+1)\times(2y+1)} \sum_{m=-x}^{x} \sum_{n=-y}^{y} \hat{f}(x+m, y+n)$$

$$\sigma^2(x,y) = \frac{1}{(2x+1)\times(2y+1)} \sum_{m=-x}^{x} \sum_{n=-y}^{y} [\hat{f}(x+m, y+n) - \overline{\hat{f}}(x,y)]^2 \tag{8.34}$$

将式(8.33)代入式(8.34)，并设 $w(x,y)$ 在临域中基本是常数，则式(8.34)变为

$$\sigma^2(x,y) = \frac{1}{(2x+1)\times(2y+1)} \sum_{m=-x}^{x} \sum_{n=-y}^{y} \{[g(x+m, y+n)$$
$$- w(x+m, y+n)n_T(x+m, y+n)] - [g(x,y) - \overline{w(x,y)n_T(x,y)}]\}^2$$

$$= \frac{1}{(2x+1)\times(2y+1)} \sum_{m=-x}^{x} \sum_{n=-y}^{y} \{[g(x+m, y+n)$$
$$- w(x,y)n_T(x+m, y+n)] - [\overline{g(x,y)} - w(x,y)\overline{n_T(x,y)}]\}^2 \tag{8.35}$$

将式(8.35)求导并取零得

$$w(x,y) = \frac{\overline{g(x,y) \times n_{\mathrm{T}}(x,y)} - \overline{g(x,y)} \times \overline{n_{\mathrm{T}}(x,y)}}{\overline{[n_{\mathrm{T}}(x,y)]^2} \quad \overline{[n_{\mathrm{T}}(x,y)]}^2}$$

小　结

本章详细分析了图像退化的基本模型，通过对图像退化基本模型的分析，推导出线性退化和复原模型的矩阵表示法，从而得出图像复原的线性代数计算方法；阐述了图像复原的主要任务是建立 H 的冲激响应函数 $h(x,y)$ 或传递函数 $H(u,v)$；介绍了其他图像复原的常用方法和技术。

习　题

1. 叙述图像退化与复原的含义。

2. 引起图像退化的原因有哪些？

3. 逆滤波有何缺点，如何改进？

4. 维纳滤波和约束最小平方滤波的区别是什么？

5. 非线性复原与线性复原有何区别？

6. 图像恢复与图像增强有何区别？

7. 图像的退化模型是什么？对降质模型有哪两个假设？点扩散函数是如何由冲激函数推导出来的？

8. 离散图像退化模型是什么？

9. 维纳滤波、约束最小平方滤波图像恢复的约束条件及表示式是怎样的？

10. 写出非线性约束还原的两种方法。

11. 写出大气湍流造成的传递函数 PSF、光学系统散焦传递函数及匀速直线运动模糊下的 PSF。

12. 图像恢复的相关指标有哪些？

13. 几何校正的两个步骤是什么？为何要进行灰度插值？有哪几种灰度插值方法？

附　录

MATLAB 图像处理工具箱函数

函　数	功　能	语　法
colorbar	显示颜色条	colorbar colorbar(...,'peer',axes_handle) colorbar(axes_handle) colorbar('location') colorbar(...,'PropertyName',propertyvalue) cbar_axes = colorbar(...)
getimage	从坐标轴取得图像数据	A = getimage(h) [x,y,A] = getimage(h) [...,A,flag] = getimage(h) [...] = getimage
image	创建并显示图像对象	image(C) image(x,y,C) image(...,'PropertyName',PropertyValue,...) image('PropertyName',PropertyValue,...) Formal syntax - PN/PV only handle = image(...)
imagesc	按图像显示数据矩阵	imagesc(C) imagesc(x,y,C) imagesc(...,clims) h = imagesc(...)
imshow	显示图像	imshow(I,n) imshow(I,[low high]) imshow(BW) imshow(X,map) imshow(RGB) imshow(…,display_option) imshow(x,y,A,…) imshow filename h = imshow(…)
imview	利用图像浏览器显示图像	imview(I) imview(RGB) imview(X,map) imview(I,range) imview(filename) imview(...,'InitialMagnification', initial_mag) h = imview(...) imview close all

函　数	功　　能	语　　法
montage	在矩形框中同时显示多帧图像	montage(I) montage(BW) montage(X,map) montage(RGB) h = montage(...)
immovie	创建多帧索引色图像的电影动画	mov = immovie(X,map) mov = immovie(RGB)
subimage	在一个图形中显示多个图像，结合函数 subplot 使用	subimage(X,map) subimage(I) subimage(BW) subimage(RGB) subimage(x,y,...) h = subimage(...)
truesize	调整图像显示尺寸	truesize(fig,[mrows mcols]) truesize(fig)
wrap	将图像显示到纹理映射表面	warp(X,map) warp(I,n) warp(BW) warp(RGB) warp(z,...) warp(x,y,z,...) h = warp(...)
zoom	缩放图像或图形	zoom on zoom off zoom out zoom reset zoom zoom xon zoom yon zoom(factor) zoom(fig, option)
imfinfo	返回图像文件信息	info = imfinfo(filename,fmt) info = imfinfo(filename)
imread	从图像文件中读取图像	A = imread(filename,fmt) [X,map] = imread(filename,fmt) [...] = imread(filename) [...] = imread(URL,...) [...] = imread(...,idx) (CUR, GIF, ICO, and TIFF only) [...] = imread(..., 'PixelRegion', { ROWS, COLS }) (TIFF only) [...] = imread(...,'frames',idx) (GIF only) [...] = imread(...,ref)　(HDF only) [...] = imread(...,'BackgroundColor',BG) (PNG only) [A,map,alpha] = imread(...) (ICO, CUR, and PNG only)

函 数	功 能	语 法
imwrite	把图像写入图像文件中	imwrite(A,filename,fmt) imwrite(X,map,filename,fmt) imwrite(...,filename) imwrite(...,Param1,Val1,Param2,Val2...)
findbounds	为空间变换寻找输出边界	outbounds = findbounds(TFORM,inbounds)
fliptform	切换空间变换结构的输入和输出角色	TFLIP = fliptform(T)
imcrop	剪切图像	I2 = imcrop(I) X2 = imcrop(X,map) RGB2 = imcrop(RGB) I2 = imcrop(I,rect) X2 = imcrop(X,map,rect) RGB2 = imcrop(RGB,rect) [...] = imcrop(x,y,...) [A,rect] = imcrop(...) [x,y,A,rect] = imcrop(...)
imresize	图像缩放	B = imresize(A,m) B = imresize(A,m,method) B = imresize(A,[mrows ncols],method) B = imresize(...,method,n) B = imresize(...,method,h)
imrotate	图像旋转	B = imrotate(A,angle) B = imrotate(A,angle,method) B = imrotate(A,angle,method,bbox)
interp2	二维数据插值	ZI = interp2(X,Y,Z,XI,YI) ZI = interp2(Z,XI,YI) ZI = interp2(Z,ntimes) ZI = interp2(X,Y,Z,XI,YI,method)
imtransform	对图像进行二维空间变换	B = imtransform(A,TFORM) B = imtransform(A,TFORM,INTERP) [B,XDATA,YDATA] = imtransform(...) [B,XDATA,YDATA] = imtransform(..., param1, val1, param2, val2,...)
makeresampler	生成重采样结构	R = makeresampler(interpolant,padmethod)
maketform	生成几何变换结构	T = maketform(transformtype,...)
tformarray	多维数组的空间变换	B = tformarray(A, T, R, TDIMS_A, TDIMS_B, TSIZE_B, TMAP_B,F)
tformfwd	正向空间变换	[X,Y] = tformfwd(T,U,V) [X1,X2,X3,...] = tformfwd(T,U1,U2,U3,...) X = tformfwd(T,U) [X1,X2,X3,...] = tformfwd(T,U) X = tformfwd(T,U1,U2,U3,...)

函　数	功　能	语　法
tforminv	逆向空间变换	U = tforminv(X,T)
corr2	计算两个矩阵的 2-D 相关系数	r = corr2(A,B)
imcontour	创建图像的轮廓图	imcontour(I) imcontour(I,n) imcontour(I,v) imcontour(x,y,...) imcontour(...,LineSpec) [C,h] = imcontour(...)
imhist	显示图像的直方图	imhist(I,n) imhist(X,map) [counts,x] = imhist(...)
impixel	确定像素颜色值	P = impixel(I) P = impixel(X,map) P = impixel(RGB) P = impixel(I,c,r) P = impixel(X,map,c,r) P = impixel(RGB,c,r) [c,r,P] = impixel(...) P = impixel(x,y,I,xi,yi) P = impixel(x,y,X,map,xi,yi) P = impixel(x,y,RGB,xi,yi) [xi,yi,P] = impixel(x,y,...)
improfile	沿线段计算剖面图的像素值	c = improfile c = improfile(n) c = improfile(I,xi,yi) c = improfile(I,xi,yi,n) [cx,cy,c] = improfile(...) [cx,cy,c,xi,yi] = improfile(...) [...] = improfile(x,y,I,xi,yi) [...] = improfile(x,y,I,xi,yi,n) [...] = improfile(...,method)
mean2	求矩阵元素平均值	B = mean2(A)
pixval	显示图像像素信息	pixval on pixval off pixval pixval(fig,option) pixval(ax,option) pixval(H,option)
regionprops	得到图像区域属性	STATS = regionprops(L,properties)

函　数	功　能	语　法
std2	计算矩阵元素的标准偏移	b = std2(A)
edge	识别灰度图像中的边界	BW = edge(I,'sobel') BW = edge(I,'sobel',thresh) BW = edge(I,'sobel',thresh,direction) [BW,thresh] = edge(I,'sobel',...) BW = edge(I,'prewitt') BW = edge(I,'prewitt',thresh) BW = edge(I,'prewitt',thresh,direction) [BW,thresh] = edge(I,'prewitt',...) BW = edge(I,'roberts') BW = edge(I,'roberts',thresh) [BW,thresh] = edge(I,'roberts',...) BW = edge(I,'log') BW = edge(I,'log',thresh) BW = edge(I,'log',thresh,sigma) [BW,threshold] = edge(I,'log',...)
qtdecomp	执行四叉树分解	S = qtdecomp(I) S = qtdecomp(I,threshold) S = qtdecomp(I,threshold,mindim) S = qtdecomp(I,threshold,[mindim maxdim]) S = qtdecomp(I,fun) S = qtdecomp(I,fun,P1,P2,...)
qtgetblk	获取四叉树分解中的数组块值	[vals,r,c] = qtgetblk(I,S,dim) [vals,idx] = qtgetblk(I,S,dim)
qtsetblk	设置四叉树分解中的数组块值	J = qtsetblk(I,S,dim,vals)
adapthisteq	执行对比度受限的直方图均衡	J = adapthisteq(I) J = adapthisteq(I,param1,val1,param2,val2...)
decorrstretch	对多通道图像应用解卷积延拓	S = decorrstretch(I) S = decorrstretch(I,TOL)
histeq	用直方图均等化增强对比度	J = histeq(I,hgram) J = histeq(I,n) [J,T] = histeq(I,...) newmap = histeq(X,map,hgram) newmap = histeq(X,map) [newmap,T] = histeq(X,...)
imadjust	调整图像灰度值或颜色映射表	J = imadjust(I) J = imadjust(I,[low_in, high_in],[low_out, high_out]) J = imadjust(...,gamma) newmap = imadjust(map,[low_in, high_in],[low_out, high_out], gamma) RGB2 = imadjust(RGB1,...)

函　数	功　能	语　法
imnoise	向图像中加入噪声	J = imnoise(I,type) J = imnoise(I,type,parameters)
medfilt2	进行二维中值滤波	B = medfilt2(A,[m n]) B = medfilt2(A) B = medfilt2(A,'indexed',...)
ordfilt2	进行二维统计顺序滤波	B = ordfilt2(A,order,domain) B = ordfilt2(A,order,domain,S) B = ordfilt2(...,padopt)
stretchlim	得到图像对比度延拓的灰度上下限	LOW_HIGH = stretchlim(I,TOL) LOW_HIGH = stretchlim(RGB,TOL)
wiener2	进行二维适应性去噪滤波	J = wiener2(I,[m n],noise) [J,noise] = wiener2(I,[m n])
conv2	二维卷积	C = conv2(A,B) C = conv2(hcol,hrow,A) C = conv2(...,'shape')
convmtx2	二维矩阵卷积	T = convmtx2(H,m,n) T = convmtx2(H,[m n])
convn	n 维卷积	C = convn(A,B) C = convn(A,B,'shape')
filter2	二维线性滤波	Y = filter2(h,X) Y = filter2(h,X,shape)
fspecial	创建预定义滤波器	h = fspecial(type) h = fspecial(type,parameters)
imfilter	多维图像滤波	B = imfilter(A,H) B = imfilter(A,H,option1,option2,...)
freqspace	确定二维频率响应的频率空间	[f1,f2] = freqspace(n) [f1,f2] = freqspace([m n]) [x1,y1] = freqspace(...,'meshgrid') f = freqspace(N) f = freqspace(N,'whole')
freqz2	计算二维频率响应	[H,f1,f2] = freqz2(h,n1,n2) [H,f1,f2] = freqz2(h,[n2 n1]) [H,f1,f2] = freqz2(h) [H,f1,f2] = freqz2(h,f1,f2) [...] = freqz2(h,...,[dx dy]) [...] = freqz2(h,...,dx) freqz2(...)
fsamp2	用频率采样法设计二维 FIR 滤波器	h = fsamp2(Hd) h = fsamp2(f1,f2,Hd,[m n])
ftrans2	通过频率转换法设计二维 FIR 滤波器	h = ftrans2(b,t) h = ftrans2(b)

函　数	功　能	语　法
fwind1	用一维窗口方法设计二维 FIR 滤波器	h = fwind1(Hd,win) h = fwind1(Hd,win1,win2) h = fwind1(f1,f2,Hd,...)
fwind2	用二维窗口方法设计二维 FIR 滤波器	h = fwind2(Hd,win) h = fwind2(f1,f2,Hd,win)
dct2	进行二维离散余弦变换	B = dct2(A) B = dct2(A,m,n) B = dct2(A,[m n])
dctmtx	计算离散余弦变换矩阵	D = dctmtx(n)
fft2	进行二维快速傅里叶变换	Y = fft2(X) Y = fft2(X,m,n)
fftn	进行 n 维快速傅里叶变换	Y = fftn(X) Y = fftn(X,siz)
fftshift	转换快速傅里叶变换的输出象限	Y = fftshift(X) Y = fftshift(X,dim)
idct2	计算二维逆离散余弦变换	B = idct2(A) B = idct2(A,m,n) B = idct2(A,[m n])
ifft2	计算二维逆快速傅里叶变换	Y = ifft2(X) Y = ifft2(X,m,n) y = ifft2(..., 'nonsymmetric') y = ifft2(..., 'nonsymmetric')
ifftn	计算 n 维逆快速傅里叶变换	Y = ifftn(X) Y = ifftn(X,siz) y = ifftn(..., 'nonsymmetric') y = ifftn(..., 'nonsymmetric')
iradon	逆 Radon 变换	I = iradon(R,theta) I = iradon(R, theta, interp, filter, frequency_scaling, output_size) [I,H] = iradon(...)
phantom	产生一个头部幻影图像	P = phantom(def,n) P = phantom(E,n) [P,E] = phantom(...)
radon	计算 Radon 变换	R=radon(I,theta) [R,xp]=radon(...)
fanbeam	计算扇形投影变换	F = fanbeam(I,D) F = fanbeam(...,param1,val1,param1,val2,...) [F,sensor_positions,fan_rotation_angles] = fanbeam(...)
bestblk	确定进行块操作的块大小	siz = bestblk([m n],k) [mb,nb] = bestblk([m n],k)

函　数	功　能	语　法
blkproc	实现图像的非重叠（distinct）块操作	B = blkproc(A,[m n],fun) B = blkproc(A,[m n],fun,P1,P2,...) B=blkproc(A,[m n],[mborder nborder], fun, ...) B = blkproc(A,'indexed',...)
col2im	将矩阵的列重新组织到块中	A = col2im(B,[m n],[mm nn],block_type) A = col2im(B,[m n],[mm nn])
colfilt	利用列相关函数进行边沿操作	B = colfilt(A,[m n],block_type,fun) B = colfilt(A,[m n],block_type,fun,P1,P2,...) B = colfilt(A, [m n], [mblock nblock], block_type, fun,...) B = colfilt(A,'indexed',...)
im2col	重调图像块为列	B = im2col(A,[m n],block_type) B = im2col(A,[m n]) B = im2col(A,'indexed',...)
nlfilter	通用滑动邻域操作	B = nlfilter(A,[m n],fun) B = nlfilter(A,[m n],fun,P1,P2,...) B = nlfilter(A,'indexed',...)
applylut	在二值图像中利用查找表进行邻域操作	A = applylut(BW,LUT)
bwarea	计算二值图像的对象面积	total = bwarea(BW)
bweuler	计算二值图像的欧拉数	eul = bweuler(BW,n)
bwhitmiss	执行二值图像的击中和击不中操作	BW2 = bwhitmiss(BW1,SE1,SE2) BW2 = bwhitmiss(BW1,INTERVAL)
bwlabel	标注二值图像中已连接的部分	L = bwlabel(BW,n) [L,num] = bwlabel(BW,n)
bwmorph	二值图像的通用形态学操作	BW2 = bwmorph(BW,operation) BW2 = bwmorph(BW,operation,n)
bwperim	计算二值图像中对象的周长	BW2 = bwperim(BW1) BW2 = bwperim(BW1,CONN)
bwselect	在二值图像中选择对象	BW2 = bwselect(BW,c,r,n) BW2 = bwselect(BW,n) [BW2,idx] = bwselect(...) BW2 = bwselect(x,y,BW,xi,yi,n) [x,y,BW2,idx,xi,yi] = bwselect(...)
makelut	创建用于 applylut 函数的查找表	lut = makelut(fun,n) lut = makelut(fun,n,P1,P2,...)
bwdist	距离变换	D = bwdist(BW) [D,L] = bwdist(BW) [D,L] = bwdist(BW,METHOD)
imbothat	执行形态学的闭包运算	IM2 = imbothat(IM,SE) IM2 = imbothat(IM,NHOOD)

数字图像处理

函 数	功 能	语 法
imclose	图像的闭运算	IM2 = imclose(IM,SE) IM2 = imclose(IM,NHOOD)
imopen	图像的开运算	IM2 = imopen(IM,SE) IM2 = imopen(IM,NHOOD)
imdilate	图像的膨胀	IM2 = imdilate(IM,SE) IM2 = imdilate(IM,NHOOD) IM2 = imdilate(IM,SE,PACKOPT) IM2 = imdilate(...,PADOPT)
imerode	图像的腐蚀	IM2 = imerode(IM,SE) IM2 = imerode(IM,NHOOD) IM2 = imerode(IM,SE,PACKOPT,M) IM2 = imerode(...,PADOPT)
imfill	填充图像区域	BW2 = imfill(BW,locations) BW2 = imfill(BW,'holes') I2 = imfill(I) BW2 = imfill(BW) [BW2 locations] = imfill(BW) BW2 = imfill(BW,locations,CONN) BW2 = imfill(BW,CONN,'holes') I2 = imfill(I,CONN)
imtophat	用开运算后的图像减去原图像	IM2 = imtophat(IM,SE) IM2 = imtophat(IM,NHOOD)
strel	创建形态学结构元素	SE = strel(shape,parameters)
roicolor	选择感兴趣的颜色区	BW = roicolor(A,low,high) BW = roicolor(A,v)
roifill	在图像的任意区域中进行平滑插补	J = roifill(I,c,r) J = roifill(I) J = roifill(I,BW) [J,BW] = roifill(...) J = roifill(x,y,I,xi,yi) [x,y,J,BW,xi,yi] = roifill(...)
roifilt2	滤波特定区域	J = roifilt2(h,I,BW) J = roifilt2(I,BW,fun) J = roifilt2(I,BW,fun,P1,P2,...)
roipoly	选择一个感兴趣的多边形区域	BW = roipoly(I,c,r) BW = roipoly(I) BW = roipoly(x,y,I,xi,yi) [BW,xi,yi] = roipoly(...) [x,y,BW,xi,yi] = roipoly(...)
imadd	加运算	Z = imadd(X,Y)
imsubtract	减运算	Z = imsubtract(X,Y)

函　数	功　能	语　法
immultiply	乘运算	Z = immultiply(X,Y)
imdivide	除运算	Z = imdivide(X,Y)
hsv2rgb	转换 HSV 的值为 RGB 颜色空间	M = hsv2rgb(H)
ntsc2rgb	转换 NTSC 的值为 RGB 颜色空间	rgbmap = ntsc2rgb(yiqmap) RGB = ntsc2rgb(YIQ)
rgb2hsv	转换 RGB 的值为 HSV 颜色空间	cmap = rgb2hsv(M)
rgb2ntsc	转换 RGB 的值为 NTSC 颜色空间	yiqmap = rgb2ntsc(rgbmap) YIQ = rgb2ntsc(RGB)
rgb2ycbcr	转换 RGB 的值为 YCbCr 颜色空间	ycbcrmap = rgb2ycbcr(rgbmap) YCBCR = rgb2ycbcr(RGB)
ycbcr2rgb	转换 YCbCr 的值为 RGB 颜色空间	rgbmap = ycbcr2rgb(ycbcrmap) RGB = ycbcr2rgb(YCBCR)
dither	通过抖动增加外观颜色分辨率，转换图像	X = dither(RGB,map) BW = dither(I)
gray2ind	转换灰度图像为索引色图像	[X,map] = gray2ind(I,n) [X,map] = gray2ind(BW,n)
grayslice	从灰度图像为索引色图像	X = grayslice(I,n) X = grayslice(I,v)
im2bw	转换图像为二值图像	BW = im2bw(I,level) BW = im2bw(X,map,level) BW = im2bw(RGB,level)
im2double	转换图像矩阵为双精度类型	I2 = im2double(I) RGB2 = im2double(RGB) I = im2double(BW) X2 = im2double(X,'indexed')
double	转换数据为双精度类型	double(X)
uint8	转换数据为 8 位无符号整型	I = uint8(X)
im2uint8	转换图像阵列为 8 位为无符号整型	I2 = im2uint8(I) RGB2 = im2uint8(RGB) I = im2uint8(BW) X2 = im2uint8(X,'indexed')
im2uint16	转换图像阵列为 16 位为无符号整型	I2 = im2uint16(I) RGB2 = im2uint16(RGB) I = im2uint16(BW) X2 = im2uint16(X,'indexed')
uint16	转换数据为 16 位无符号整型	I = uint16(X)
ind2gray	转换索引色图像为灰度图像	I = ind2gray(X,map)
ind2rgb	转换索引色图像为 RGB 图像	RGB = ind2rgb(X,map)

数字图像处理

函　数	功　能	语　法
isbw	判断是否为二值图像	`flag = isbw(A)`
isgray	判断是否为灰度图像	`flag = isgray(A)`
isind	判断是否为索引色图像	`flag = isind(A)`
isrgb	判断是否为 RGB 图像	`flag = isrgb(A)`
mat2gray	转换矩阵为灰度图像	`I = mat2gray(A,[amin amax])` `I = mat2gray(A)`
rgb2gray	转换 RGB 图像或颜色映射表为灰度图像	`I = rgb2gray(RGB)` `newmap = rgb2gray(map)`

rgb2ind	转换 RGB 图像为索引色图像	`[X,map] = rgb2ind(RGB,tol)`
		`[X,map] = rgb2ind(RGB,n)`
		`X = rgb2ind(RGB,map)`
		`[...] = rgb2ind(...,dither_option)`

deconvwnr	用维纳滤波复原图像	`J = deconvwnr(I,PSF)`
		`J = deconvwnr(I,PSF,NSR)`
		`J = deconvwnr(I,PSF,NCORR,ICORR)`

deconvreg	用最小约束二乘滤波复原图像	`J = deconvreg(I,PSF)`
		`J = deconvreg(I,PSF,NOISEPOWER)`
		`J=deconvreg(I, PSF, NOISEPOWER, LRANGE )`
		`J = deconvreg(I, PSF, NOISEPOWER, LRANGE, REGOP)`
		`[J, LAGRA] = deconvreg(I,PSF,...)`

deconvlucy	用 Richardson-Lucy 滤波复原图像	`J = deconvlucy(I,PSF)`
		`J = deconvlucy(I,PSF,NUMIT)`
		`J = deconvlucy(I,PSF,NUMIT,DAMPAR)`
		`J = deconvlucy(I, PSF, NUMIT, DAMPAR, WEIGHT)`
		`J = deconvlucy(I, PSF, NUMIT, DAMPAR, WEIGHT, READOUT)`
		`J = deconvlucy(I, PSF, NUMIT, DAMPAR, WEIGHT, READOUT, SUBSMPL)`

deconvblind	用盲卷积滤波复原图像	`[J,PSF] = deconvblind(I,INITPSF)`
		`[J,PSF] = deconvblind(I,INITPSF,NUMIT)`
		`[J,PSF] = deconvblind(I, INITPSF, NUMIT, DAMPAR)`
		`[J,PSF] = deconvblind(I, INITPSF, NUMIT, DAMPAR, WEIGHT)`
		`[J,PSF] = deconvblind(I, INITPSF, NUMIT, DAMPAR, WEIGHT, READOUT )`
		`[J,PSF]=deconvblind(..., FUN, P1, P2, ..., PN)`

参 考 文 献

[1] Kenneth.R.Castleman 著，朱志刚，等译. 数字图像处理[M]. 北京：电子工业出版社，1998.

[2] 章毓晋. 图像工程：图像处理和分析[M]. 北京：清华大学出版社，1999.

[3] 何东健. 数字图像处理[M]. 西安：西安电子科技大学出版社，2003.

[4] 王桥. 数字图像处理[M]. 北京：科学出版社，2009.

[5] 张德丰. 数字图像处理(MATLAB 版)[M]. 北京：人民邮电出版社，2009.

[6] 何斌，马天予，等. Visual C++数字图像处理(第二版)[M]. 北京：人民邮电出版社，2002.

[7] 陈天华. 数字图像处理[M]. 北京：清华大学出版社，2007.

[8] 杨杰. 数字图像处理 MATLAB 实现[M]. 北京：电子工业出版社，2010.

[9] 张汗灵. MATLAB 在图像处理中的应用[M]. 北京：清华大学出版社，2008.

[10] 陈传波，金先级. 数字图像处理[M]. 北京：机械工业出版社，2004.

参考文献

[1] Kreyszig E. Advanced Engineering Mathematics[M]. 北京：机械工业出版社，1998.

[2] 同济大学. 高等数学[M]. 北京：高等教育出版社，1999.

[3] 华东师范大学. 数学分析[M]. 北京：高等教育出版社，2001.

[4] 陈怀琛. 数值分析[M]. 北京：科学出版社，2009.

[5] 陈怀琛. 电工数学与MATLAB[M]. 北京：电子工业出版社，2009.

[6] 陈怀琛. 实用数值计算方法及MATLAB实现[M]. 北京：人民邮电出版社，2007.

[7] 陈怀琛. 数值分析[M]. 北京：科学出版社，2007.

[8] 张志涌. 精通MATLAB[M]. 北京：北京航空航天大学出版社，2010.

[9] 薛定宇. MATLAB语言与应用[M]. 北京：清华大学出版社，2008.

[10] 陈怀琛. 数字信号处理[M]. 北京：电子工业出版社，2004.